系统与控制丛书

非均匀采样系统分析与控制

孙 健　陈国梁　陈 杰　孟 苏　著

科学出版社

北 京

内 容 简 介

本书系统介绍非均匀采样系统的理论与分析方法，从非均匀采样网络化控制系统、非均匀采样马尔可夫跳变系统、事件触发网络化系统三个角度，详细介绍系统的稳定性分析方法、控制器设计方法等内容。针对非均匀采样系统的稳定性问题，提出一种基于不确定离散切换系统的分析方法；针对非均匀采样网络化控制系统，研究基于状态观测器的输出反馈控制、执行器分段策略下的状态反馈和输出反馈控制以及积分二次型约束框架下的稳定性分析问题；针对非均匀采样马尔可夫跳变系统，研究均方指数镇定和基于无源性的采样控制器设计问题；针对事件触发网络化系统，考虑系统参数不确定性，研究基于观测器的事件触发控制、存在数据丢包和动态量化器的事件触发控制问题；针对一类带加性干扰的连续时间非线性系统，提出绝对事件触发模型预测控制算法和混合事件触发模型预测控制算法。

本书可供系统与控制及其相关领域的科研工作者、工程技术人员参考，也可作为控制科学与工程专业研究生和自动化专业高年级本科生的教材。

图书在版编目（CIP）数据

非均匀采样系统分析与控制/孙健等著. —北京：科学出版社，2022.6
（系统与控制丛书）
ISBN 978-7-03-072103-7

I. ①非… II. ①孙… III. ①采样系统–系统分析②采样控制 IV. ①O231

中国版本图书馆 CIP 数据核字（2022）第 065130 号

责任编辑：朱英彪／责任校对：任苗苗
责任印制：师艳茹／封面设计：蓝正设计

科 学 出 版 社 出版
北京东黄城根北街 16 号
邮政编码：100717
http://www.sciencep.com
三河市春园印刷有限公司 印刷
科学出版社发行　各地新华书店经销
*
2022 年 6 月第 一 版　开本：720 × 1000　1/16
2022 年 6 月第一次印刷　印张：13 1/2
字数：272 000
定价：120.00 元
（如有印装质量问题，我社负责调换）

编 者 的 话

我们生活在一个科学技术飞速发展的信息时代，诸如宇宙飞船、机器人、因特网、智能机器及汽车制造等高新技术对自动化提出了更高的要求。系统与控制理论也因此面临着更大的挑战。它必须能够为设计高水平的物理或信息系统提供原理和方法，使得设计出的系统能感知并自动适应快速变化的环境。

为帮助系统控制专业的专家、工程师以及青年学生迎接这些挑战，科学出版社和中国自动化学会控制理论专业委员会合作，设立了《系统与控制丛书》的出版项目。本丛书分中、英文两个系列，目的是出版一些具有创新思想的高质量著作，内容既可以是新的研究方向，也可以是至今仍然活跃的传统方向。研究生是本丛书的主要读者群，因此，我们强调内容的可读性和表述的清晰。我们希望丛书能达到这些目的，为此，期盼着大家的支持和奉献！

《系统与控制丛书》编委会

2007 年 4 月 1 日

前　言

传统的数字控制系统往往假设所有的信号均为等周期采样，这给采样控制系统的分析与设计带来了方便。经过广大科研人员的不懈努力，传统采样控制系统的理论日趋成熟。近年来，随着嵌入式控制与网络化控制的广泛应用，非均匀采样控制系统日益受到关注。一方面，非均匀采样广泛存在于各类实际控制系统中，如化工过程中关键变量的分析获取、网络化控制系统中的数据丢包与事件触发控制、实时操作系统中的多个分配任务实现等。另一方面，非均匀采样能够获得更多的有用信号，有助于降低平均采样频率，提高处理器的效率。与等周期采样相比，非均匀采样系统能够进一步提高系统的控制性能。但是，非均匀采样在给系统带来诸多优势的同时也使系统的分析与综合变得更加困难。非均匀采样系统的分析与综合问题受到了广泛关注，每年都有大量的研究成果发表，已经成为控制领域的一个研究热点。

本书以非均匀采样系统的分析与控制为主线，首先介绍非均匀采样系统的研究现状与基础知识，然后分别从非均匀采样网络化控制系统、非均匀采样马尔可夫跳变系统、事件触发网络化系统三个角度介绍系统的稳定性分析方法、控制器设计方法等内容，旨在向读者介绍非均匀采样系统的最新研究成果。

本书由 10 章构成，第 1 章是绪论，主要介绍非均匀采样系统的相关概念、研究现状以及本书用到的一些基本知识和重要引理。第 2 章针对非均匀采样系统的稳定性分析问题，提出一种不确定离散切换系统的方法。第 3~5 章研究非均匀采样网络化控制系统的稳定性、状态反馈控制和输出反馈控制问题。第 6、7 章研究非均匀采样马尔可夫跳变系统的均方指数稳定性和无源性问题。第 8 章研究参数不确定网络化控制系统的事件触发控制。第 9 章研究基于小增益定理的非线性系统动态事件触发控制问题。第 10 章研究一类带加性干扰的连续时间非线性系统事件触发模型预测控制算法。

本书得到国家重点研发计划项目 (2018YFB1700100)、国家自然科学基金项目 (61522303, 61925303, 61720106011, 62088101, 62003154) 等的资助，在此表示衷心的感谢。

由于作者水平有限，书中难免存在疏漏和不妥之处，希望读者批评指正。

作　者

2022 年 2 月

目　　录

主要符号说明

$\mathbb{R}$	实数集
$\mathbb{R}^n$	n 维实向量空间
$\mathbb{R}^{n \times m}$	$n \times m$ 维实矩阵空间
$\mathbb{N}$	自然数集
$\mathbb{Z}_+$	正整数集
$\mathbb{L}_2$	平方可积函数空间
P^{T}	矩阵 P 的转置
$I(I_n)$	适当维数（或 n 维）的单位矩阵
P^*	矩阵 P 的共轭转置
$P > 0 (\geqslant 0, < 0, \leqslant 0)$	矩阵 P 是正定（半正定、负定、半负定）矩阵
$\mathrm{He}\{P\}$	$P + P^{\mathrm{T}}$
$\lambda_{\max}(P)$	实对称矩阵 P 的最大特征值
$\lambda_{\min}(P)$	实对称矩阵 P 的最小特征值
$\sup\{\}$	上确界
$\inf\{\}$	下确界
$\|P\|_2$	矩阵 P 的算子范数，$\sup\{|Px| : |x| = 1\} = \sqrt{\lambda_{\max}(P^{\mathrm{T}}P)}$
$\|x\|_2$	向量 x 的欧几里得范数，$x \in \mathbb{R}^n$，$|x| = \sqrt{x^{\mathrm{T}}x}$
$\mathrm{diag}\{\}$	对角矩阵
$\mathbb{E}\{\}$	数学期望
$\lfloor \ \rfloor$	向下取整
$\mathrm{co}\{\}$	凸包
$\mathrm{Trace}\{P\}$	矩阵 P 的迹
$\mathrm{col}\{x_1, x_2\}$	$[x_1 \ \ x_2]^{\mathrm{T}}$
$\begin{bmatrix} X & Y \\ * & Z \end{bmatrix}$	$\begin{bmatrix} X & Y \\ Y^{\mathrm{T}} & Z \end{bmatrix}$

第 1 章 绪 论

1.1 非均匀采样系统

近年来，基于数字控制器的计算机控制系统和网络化控制广泛应用于生产、生活的各个方面，作为其基础的采样控制系统理论起到了重要作用[1,2]。传统的采样控制系统往往假设采样周期是单一恒定的，但在实际应用中，受系统本身硬件的限制、环境及资源能耗等因素的影响，采样周期往往并不能保持恒定。当系统的输入采样和/或输出采样呈现非等周期性时，即为非均匀采样[3,4]。非均匀采样广泛存在于各类实际系统中，例如，在化工过程中，考虑各种因素的影响，需要经过多次的非均匀采样才能获得最优的关键变量[5]；在网络化控制系统 (networked control system) 中，受网络因素的影响，系统在数据传输过程中存在网络诱导延时、时序错乱、数据包丢失、时钟同步和通信受限等现象，往往会导致数据采样间隔变得不均匀[6-9]；在实时多任务操作系统中，由于任务优先级和资源共享，可能会出现处理器运行内存的抢占和阻塞，从而导致采样不规则[10]；在事件触发和自触发控制系统中，传感器或控制器根据事件触发条件是否满足来判断是否采取动作，得到的事件触发间隔也是非均匀的[11-18]；在相控阵雷达系统中，为了提高雷达的射频隐身能力，在分析相控阵雷达采样周期与射频隐身性能关系的基础上，往往需要根据目标运动状态的不同，自适应地设计下一时刻的采样周期从而满足跟踪精度的要求[19]。相对于周期采样方式，非均匀采样能够获得更多的有用信号，有助于降低平均采样频率，提高处理器的效率，从而进一步提高系统的控制性能[20]。

图 1.1 给出了常见的采样控制系统结构[20]，主要包括被控对象、控制器和保持器。图中，$y(t)$ 代表被控输出的连续时间信号，在离散采样时刻 t_k，输出信号 $y(t)$ 基于采样触发信号的请求，通过模拟/数字转换器获得 $y(t_k)$。采样时刻由正的单调实数递增序列表示 $\sigma = \{t_k\}_{k \in \mathbb{N}}$，其中 $t_0 = 0$, $t_{k+1} - t_k > 0$, $\lim_{k \to \infty} l_k = \infty$, $T_k = t_{k+1} - t_k$ 代表第 k 个采样周期。在采样控制部分，数字控制器产生控制序列 $\{u(t_k)\}_{k \in \mathbb{N}}$，通过保持器获得 $u(t)$。输入信号 $u(t)$ 是分段定常信号，$u(t) = u(t_k)$, $\forall t \in [t_k, t_{k+1})$。

考虑如下的线性采样控制系统：

$$\begin{cases} \dot{x}(t) = Ax(t) + Bu(t) \\ u(t) = Kx(t_k), \quad k \in \mathbb{N} \end{cases} \tag{1.1}$$

如果系统采样周期 T_k 非恒定且满足 $T_{\min} \leqslant T_k \leqslant T_{\max}$, $k \in \mathbb{N}$, $T_{\min}$ 和 $T_{\max}$ 分别为最小和最大采样周期，则称系统 (1.1) 为线性非均匀采样系统。

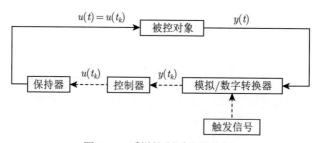

图 1.1   采样控制系统结构图

1.2   非均匀采样系统稳定性

稳定性问题是非均匀采样系统的一个重要问题，它是分析和设计非均匀采样系统的基础。回顾近些年来针对非均匀采样系统稳定性的研究，目前主要的分析方法有时滞系统方法、混杂系统方法、离散系统方法和输入/输出方法等。

1.2.1   时滞系统方法

考虑系统 (1.1)，将控制输入 $u(t)$ 重新表示为

$$u(t) = Kx(t_k) = Kx(t - \tau(t)), \quad \tau(t) = t - t_k, \quad \forall t \in [t_k, t_{k+1}) \tag{1.2}$$

其中时滞 $\tau(t)$ 是分段线性的，当 $t \neq t_k$ 时，$\dot{\tau}(t) = 1$，并且 $\tau(t_k) = 0$，这里时滞表示自上次采样时刻起经过的时间。因此，非均匀采样系统 (1.1) 可建模为如下时变时滞线性系统[21]:

$$\dot{x}(t) = Ax(t) + BKx(t - \tau(t)), \quad \forall t \geqslant 0 \tag{1.3}$$

在此基础上，通过分析系统 (1.3) 的稳定性来获取系统 (1.1) 的稳定性条件。对于系统 (1.3) 的稳定性分析，最直接的方法就是构建李雅普诺夫 (Lyapunov) 泛函[22-30]。通常主要有以下三个步骤：首先，构建合适的 Lyapunov 泛函，例如可以构建含有三重积分的增广 Lyapunov 泛函[31,32]、采样点不连续的 Lyapunov 泛函[33-37]；其次，对构建的 Lyapunov 泛函求微分；最后，估计 Lyapunov 泛函导数，一般可以通过詹森 (Jensen) 不等式方法、维廷格 (Wirtinger) 不等式方法[38]、

基于自由权矩阵不等式的方法[39]、倒凸组合法[40]等来放缩 Lyapunov 泛函导数中的积分项,将所得结果转化成线性矩阵不等式来表示。时滞系统方法可以比较容易地设计系统的控制器,并可推广到具有参数不确定性的系统[41-43]、带有时滞的采样控制系统[43-46]和网络化控制系统[47-49]等。

1.2.2 混杂系统方法

由于连续状态和离散状态的存在,很自然地可以将采样控制系统建模为混杂系统 (hybrid system)[50,51]。针对具有均匀和多速率采样的线性采样控制系统,文献 [52] ~ [54] 利用混杂系统模型解决了系统的 H_∞ 和 H_2 控制问题。文献 [55] 和 [56] 则把更加一般的混杂系统模型应用于非线性采样控制系统,给出系统的稳定性准则。Goebel 等[51] 提出的基于混杂系统的理论框架为采样控制系统的研究建立了坚实的理论基础,并可以直接用于解决采样控制系统的控制器设计[57]、观测器设计[58-62] 以及时滞采样控制系统的分析[63,64] 等问题。文献 [65] 和 [66] 利用脉冲模型分析非均匀采样系统的稳定性问题。一般情况下,通过脉冲模型方法分析采样控制系统稳定性主要有以下两步。首先,构建采样控制系统的脉冲模型:考虑采样控制系统,令 $\hat{x}$ 为一个分段常量信号,代表控制器在采样时刻的状态测量值,有 $\hat{x}(t) = x(t_k)$, $\forall t \in [t_k, t_{k+1})$, $k \in \mathbb{N}$。由增广的系统状态 $\chi(t) = \begin{bmatrix} x^{\mathrm{T}}(t) & \hat{x}^{\mathrm{T}}(t) \end{bmatrix}^{\mathrm{T}} \in \mathbb{R}^{n_\chi}$, $n_\chi = 2n$,系统有如下形式:

$$\dot{\chi}(t) = F\chi(t), \quad \chi(t_k) = J\chi(t_k^-), \quad t \neq t_k, \ k \in \mathbb{N} \tag{1.4}$$

其中,$\chi(t_k^-) = \lim_{\theta \to t_k^-} \chi(\theta)$, $F = \begin{bmatrix} A & BK \\ 0 & 0 \end{bmatrix}$, $J = \begin{bmatrix} I & 0 \\ I & 0 \end{bmatrix}$。其次,利用脉冲系统的相关理论分析采样控制系统的稳定性。更一般的非线性采样控制系统可以通过如下的脉冲系统[67] 表示:

$$\dot{\chi}(t) = F_k(t, \chi(t)), \quad t \geqslant t_k, \ k \in \mathbb{N} \tag{1.5}$$

$$\chi(t_k) = J_k(t_k, \chi(t_k^-)), \quad k \in \mathbb{N} \tag{1.6}$$

对于形如式 (1.5) 的脉冲系统,可以通过构建 Lyapunov 泛函来分析系统的稳定性。例如,针对系统 (1.5),文献 [67] 给出如下定理。

定理 1.1[67] 对于系统 (1.5),任意的脉冲序列 $\sigma = \{t_k\}$ 满足 $T_{\min} \leqslant t_{k+1} - t_k \leqslant T_{\max}$。令 $\tau(t) = t - t_k$, $\forall t \in [t_k, t_{k+1})$,假定 F_k 和 J_k 满足 $\mathbb{R}_+ \times \mathbb{R}^{n_\chi} \to \mathbb{R}^{n_\chi}$ 是利普希茨 (Lipschitz) 连续的,并且 $F_k(t, 0) = 0$, $J_k(t, 0) = 0$, $\forall t \geqslant 0$,存在正常数 c_1、c_2、c_3、b,对于给定的 Lyapunov 泛函 $V : \mathbb{R}_+ \times \mathbb{R}^{n_\chi} \to \mathbb{R}^{n_\chi}$,满足

如下条件:

$$c_1 \mid \chi \mid^b \leqslant V(\chi, \tau) \leqslant c_2 \mid \chi \mid^b, \quad \chi \in \mathbb{R}^{n_\chi}, \tau \in [0, T_{\max}] \tag{1.7}$$

$$\frac{\mathrm{d}V(\chi(t), \tau(t))}{\mathrm{d}t} \leqslant -c_3 V(\chi(t), \tau(t)), \quad t \geqslant t_k, \forall k \in \mathbb{N} \tag{1.8}$$

$$V(\chi(t_k, 0)) \leqslant \lim_{t \to t_k^-} V(\chi(t), \tau(t)), \quad k \in \mathbb{N} \tag{1.9}$$

则系统 (1.5) 在平衡点 $\chi = 0$ 是全局指数稳定的。也就是,存在正常数 c、λ 满足 $\mid \chi(t) \mid \leqslant c \mid \chi(t_0) \mid e^{-\lambda(t-t_0)}, \forall t \geqslant t_0$。

在定理 1.1 中要求给定的 Lyapunov 泛函时时刻刻都是正的。如果要求 F_k 是全局利普希茨连续的,那么给定的 Lyapunov 泛函只要求在脉冲时刻是正的,也就是用条件 $c_1 \mid \chi(t_k) \mid^b \leqslant V(\chi(t_k, 0) \leqslant c_2 \mid \chi(t_k) \mid^b$ 代替式 (1.7)。通过这个条件,文献 [67] 将定理 1.1 应用到非均匀采样系统,通过构建只要求采样时刻为正的 Lyapunov 泛函,得到非均匀采样系统的指数稳定性条件。

对于具有线性部分和跳跃部分的脉冲系统 (1.4),文献 [53]、[57]、[67] 和 [68] 构建了微分矩阵 Lyapunov 泛函 $V(\chi, \tau) = \chi^T P(\tau)\chi$, $P : [0, T_{\max}] \to \mathbb{R}^{n_\chi \times n_\chi}$,由定理 1.1,存在微分矩阵函数 $P(\cdot) : [0, T_{\max}] \to \mathbb{R}^{n_\chi \times n_\chi}$, $c_1 I < P(\tau) < c_2 I$,满足如下带有参数的线性矩阵不等式:

$$F^T P(\theta_1) + P(\theta_1)F + c_3 P(\theta_1) + \frac{\partial P}{\partial \tau}(\theta_1) < 0, \quad \forall \theta_1 \in [0, T_{\max}] \tag{1.10}$$

$$J^T P(0)J - P(\theta_2) < 0, \quad \forall \theta_2 \in [T_{\min}, T_{\max}] \tag{1.11}$$

为了更容易证明定理 1.1,文献 [69] $\sim$ [72] 假设 $P(\tau) = P_1 + (P_2 - P_1)\dfrac{\tau}{T_{\max}}$,式 (1.10) 和式 (1.11) 就转换成了凸的线性矩阵不等式。文献 [73] 基于线性微分包含分析脉冲时刻的行为给出如下充要条件。

定理 1.2 [73]   任意的脉冲序列 $\sigma = \{t_k\}$ 满足 $T_{\min} \leqslant t_{k+1} - t_k \leqslant T_{\max}$,系统 (1.4) 的平衡点 $\chi = 0$ 是全局一致指数稳定的,当且仅当存在一个正二阶齐次泛函 $V_d : \mathbb{R}^{n_\chi} \to \mathbb{R}_+$ 是严格凸的,其中 $V_d(\chi) = \chi^T \mathscr{P}_{[\chi]}\chi$, $\mathscr{P}_{[\cdot]} : \mathbb{R}^{n_\chi} \to \mathbb{R}^{n_\chi \times n_\chi}$, $\mathscr{P}_{[\chi]} = \mathscr{P}_{[\chi]}^T = \mathscr{P}_{[a\chi]} > 0$, $\forall \chi \geqslant 0$, $a \in \mathbb{R}$, $a \geqslant 0$, $V(0) = 0$,使得 $V_d(\chi(t_k)) > V_d(\chi(t_{k+1}))$, $\chi(t_k) \geqslant 0$, $k \in \mathbb{N}$。

考虑定理 1.2 的特殊情况,可以构建脉冲时刻的二次 Lyapunov 泛函 $V_d(\chi) = \chi^T L\chi$ 和连续时间的 Lyapunov 泛函 $V(\chi, \tau) = \chi^T P(\tau)\chi$ 来得到充分的系统指数稳定性条件。文献 [57] 通过理论推导证明这两类泛函的等价性。

1.2.3 离散系统方法

将非均匀采样系统 (1.1) 以采样周期 T_k 离散化，可转化为一类离散时间线性参数时变系统：$x_{k+1} = \delta(T_k)x_k$，这里 $\delta(T_k) = \mathrm{e}^{AT_k} + \int_0^{T_k} \mathrm{e}^{As}\mathrm{d}sBK$，$T_k \in [T_{\min}, T_{\max}]$。对于离散化后的系统，往往只能分析系统在采样时刻的性能，而不能分析采样周期内部的特征。文献 [74] 说明采样控制系统的渐近稳定性在连续时间上和离散时间上是等价的。因此，通过构建 Lyapunov 泛函，要求在采样时刻是递减的，就可以给出采样控制系统全局一致指数稳定性的充分条件。文献 [75] 和 [76] 通过构建非单调的 Lyapunov 泛函，给出判定系统稳定性的充分条件。文献 [77] 通过构建一个类 Lyapunov 泛函，给出判定系统指数稳定性的充要条件，并且证明类 Lyapunov 泛函与文献 [75] 和 [76] 构建的非单调 Lyapunov 泛函是等价的。但这些条件本身在计算上是不容易处理的。为了获得容易求解的稳定性条件，文献 [74] 和 [78] ~ [83] 通过转移矩阵 $\delta(T_k)$ 利用范数有界或多面体逼近法来估测时变系统矩阵 $\delta(T_k)$，可将难以求解的无限个线性矩阵不等式条件转化为易于求解的有限个线性矩阵不等式形式。多面体逼近法主要有约当型方法 [84-86]、Cayley-Hamiton 方法 [87,88]、泰勒级数展开方法 [73,89]。在实际中，需要估计采样周期内部的系统性能，文献 [79] 和 [80] 提出一种基于凸多面体逼近的连续时间方法，分析采样周期内部性能。

文献 [90] ~ [94] 利用环泛函 (looped-functional) 方法分析非均匀采样系统的稳定性。基本思想是既可以像时滞方法一样构建泛函，又可以保持离散系统稳定性条件的准确性。基于提升模型的思想，将采样控制系统 (1.1) 提升，对于 $k \in \mathbb{N}$，考虑提升的状态 $\chi_k(\cdot)$ 满足如下方程：

$$\begin{cases} \chi_{k+1}(0) = \chi_k(T_k), \quad \forall k \in \mathbb{N}, T_k \in [T_{\min}, T_{\max}] \\ \dfrac{\mathrm{d}}{\mathrm{d}\tau}\chi_k(\tau) = A\chi_k(\tau) + BK\chi_k(0), \quad \tau \in [0, T_k] \end{cases} \tag{1.12}$$

其中，$\chi_k(\tau)$，$\tau \in [0, T_k]$ 代表采样控制系统在区间 $[t_k, t_{k+1}]$ 的轨迹。

定义一类函数的集合 $K = \bigcup_{T_k \in [T_{\min}, T_{\max}]} \mathscr{C}^0([0, T_k], \mathbb{R}^n)$，如下定理建立了利用离散系统分析稳定性与利用泛函分析稳定性之间的关系。

定理 1.3 [92] 针对系统 (1.1) 和提升的系统 (1.12)，令 $V: \mathbb{R}^n \to \mathbb{R}_+$，存在正常数 u_1、u_2，对于 $x \in \mathbb{R}^n$，有 $u_1|x|^2 \leqslant V(x) \leqslant u_2|x|^2$。那么，以下两个结论等价：

(1) $\Delta V(k) = V(\chi_k(T_k)) - V(\chi_k(0)) < 0$，$k \in \mathbb{N}$，$T_k \in [T_{\min}, T_{\max}]$；

(2) 对于 $T_k \in [T_{\min}, T_{\max}]$，$\tau \in [0, T_k]$，$z \in \mathscr{C}^0([0, T_k], \mathbb{R}^n) \subset K$ 存在连续

微分泛函 $v : [0,\ T_{\max}] \times K \rightarrow \mathbb{R}$ 满足 $v(T_k,\ z(\cdot)) = v(0,\ z(\cdot))$, 有

$$\dot{w}(\tau,\ \chi_k) = \frac{\mathrm{d}}{\mathrm{d}\tau}(V(\chi_k(\tau)) + v(\tau,\ \chi_k)) < 0$$

也就是以上结论满足任意一个, 都可以保证系统 (1.1) 渐近稳定。

时滞方法框架下构建的 Lyapunov 泛函要求是正的, 但由于 $v(T_k,\ z(\cdot)) = v(0,\ z(\cdot))$ 这个循环条件, 定理 1.3 中 Lyapunov 泛函 $V(\chi_k(\tau))$ 只要求在 0 和 T_k 时刻是正的, 并不要求在区间 $(0,\ T_k)$ 内部是正的, 从而获得了更低保守性的稳定性条件。另外, 文献 [93] 构建了多项式类型的环泛函, 文献 [94] 则构建了双边类型的环泛函以分析非均匀采样系统的稳定性。

1.2.4　输入/输出方法

输入/输出方法的基本思想是将采样误差视为连续系统的扰动, 那么经典鲁棒控制理论就可以用来分析采样控制系统的稳定性。例如, 文献 [95] 将非均匀采样系统 (1.1) 表示为如下形式:

$$\dot{x}(t) = (A + BK)x(t) + BK(x(t_k) - x(t)) \tag{1.13}$$

采样误差 $e(t) = x(t_k) - x(t)$ 可以等效地重新表达为 $e(t) = -\int_{t_k}^{T} \dot{x}(\theta)\mathrm{d}\theta$, $\forall t \in [t_k,\ t_{k+1})$。考虑 $y(t) = \dot{x}(t)$ 作为系统 (1.13) 的辅助输出, 系统 (1.1) 可以等效地表示为算子 Δ_{sh} 的反馈互连: $\Delta_{\mathrm{sh}} : L_{2e}^n[0,\ \infty) \rightarrow L_{2e}^n[0,\ \infty)$, $\Delta_{\mathrm{sh}} : y \rightarrow e$, 定义

$$\begin{aligned}
e(t) &= (\Delta_{\mathrm{sh}}y)(t) \\
&= -\int_{t_k}^{T} y(\theta)\mathrm{d}\theta, \quad \forall t \in [t_k,\ t_{k+1})
\end{aligned} \tag{1.14}$$

以及系统

$$\begin{cases}
\dot{x}(t) = A_{\mathrm{cl}}x(t) + B_{\mathrm{cl}}e(t), \quad x(0) = x_0 \in \mathbb{R}^n \\
y(t) = C_{\mathrm{cl}}x(t) + D_{\mathrm{cl}}e(t) = \dot{x}(t)
\end{cases} \tag{1.15}$$

其中, $C_{\mathrm{cl}} = A_{\mathrm{cl}} = A + BK$, $D_{\mathrm{cl}} = B_{\mathrm{cl}} = BK$。

系统 (1.15) 代表了具有输入扰动 e 的连续时间系统, 算子 Δ_{sh} 充分考虑了采样变化的影响。通过采样误差 (1.14) 和系统 (1.15) 的互连, 就可以借助鲁棒控制理论分析非均匀采样系统 (1.1) 的稳定性。例如, 文献 [74] 和 [95] 利用小增益定理分析了非均匀采样系统的稳定性, 文献 [82] 和 [96] ~ [98] 利用积分二次型约束 (integral quadratic constraint, IQC) 方法分析了非均匀采样系统的稳定性。

1.3　非均匀采样网络化控制系统

随着计算机技术、通信技术和控制技术的日益发展，人类对于控制系统的要求也日渐复杂。网络化、分布化、集成化、智能化成为不可避免的发展趋势。在这种趋势下，传统的点对点控制模式已经无法满足需求，现代控制系统需要通过网络通信的手段来构建系统结构，这就出现了网络化控制系统。网络化控制系统中的传感器、控制器、执行器可以位于不同的分散空间，它们之间通过网络来进行信息传输和共享。由于网络的引入，网络化控制系统有很多传统控制系统所不具备的优点，如便于管理、远程操作、灵活性强、故障易检测、可靠性强等。因此，网络化控制系统在航空航天系统、汽车控制系统、机器人遥控、电力系统和工业过程控制等领域得到了广泛的应用。

网络化控制系统在带来若干优点的同时，打破了传统控制理论中的理想假设，使得控制系统的分析变得复杂和困难。由于网络传输过程中会带来传输延时、丢包、时序错乱等问题，为了节约稀缺的网络资源，传统的采样方式也需要改进。在网络资源有限的背景下，非均匀采样机制能有效地处理通信、计算、能量等有限资源的约束，因此非均匀采样网络化控制系统成为近几年的研究热点。对于同时具有非均匀采样和时变延时的网络化控制系统，已有的研究成果不多。Izák 等 [99]通过假设采样间隔和延时是有限集里的元素，基于 Lyapunov 方法给出保证系统稳定的控制器设计方法。在文献 [100] 和 [101] 中，通过对矩阵指数项进行泰勒展开，将具有非均匀采样和时变延时的系统建模为带有范数有界不确定性的切换离散系统，并给出基于二次型 Lyapunov 函数的稳定性条件和控制器设计方法。由于该方法稳定性条件中的线性矩阵不等式个数较多，文献 [101] 中给出两种减少稳定条件所需线性矩阵不等式个数的算法。文献 [102] 提出一种新的凸多面体逼近方法可以更好地逼近带有指数不确定性的系统，基于该逼近方法给出线性矩阵不等式形式的稳定条件，并证明该方法在保守性方面的优越性。需要注意的是，上述研究均假设延时小于一个采样间隔，即为小延时，显然该假设过于理想化，不符合现实中网络化控制系统的实际情况。

目前，仅有很少的研究同时考虑非均匀采样和大延时，即大于一个采样间隔的时变延时。文献 [89] 基于事件触发模型对文献 [100] 的研究内容进行扩展，将时变延时看作系统的切换参数，闭环系统建模为具有范数有界不确定性的切换凸多面体模型，同样根据 Lyapunov 函数方法给出系统稳定的线性矩阵不等式条件和状态反馈控制器设计方法。文献 [86] 采用约当型方法建立闭环系统的凸多面体模型，根据参数相关 Lyapunov 方法，得到基于线性矩阵不等式形式的稳定条件和控制器设计方法，且证明该方法比 Lyapunov-Krasovskii(李雅普诺夫–克拉索夫斯基) 函数方法有更低的保守性。文献 [103] 采用脉冲系统框架，给出系统稳定条件和动态输出反馈控制器设计方法。文献 [104] 将时间相关 Lyapunov 泛函方法拓展至网络化控制系统，研究其静态输出反馈 H_∞ 控制问题。

如上所述，在网络化控制系统的研究中，同时考虑非均匀采样和时变延时的尚且不多，考虑延时可大于一个采样周期情形的更是少之甚少。因此，研究具有非均匀采样和时变延时的网络化控制系统具有重要的理论意义与实际价值。

1.4　事件触发控制

事件触发 (event-triggered) 控制的研究开始很早。从文献 [105] 和 [106] 的介绍中可以看出，早在 20 世纪 60 年代就有过这方面的尝试。但是，它一直没有引起人们的足够重视。也就是说，传统的时间触发 (time-triggered) 控制方式一直占据主导地位。事件触发控制从 20 世纪 90 年代开始真正引起人们的注意 [107]，其中文献 [108] 和 [109] 起到了至关重要的作用。事件触发控制理论的提出和发展，改变了传统时间触发控制中采样间隔与系统状态无关的情况，提升了资源的利用率，成为网络化控制系统研究的重要方向之一。

事件触发方式强调只有在系统状态的函数超过一个范围之后才进行采样传输，其他情况下仍然使用上一个驱动时刻的信息。它提供了一种有效的方法来决定何时进行数据采样传输，保证只有在必要的时候才将系统状态信号传输给控制器。与时间触发相比，事件触发具有以下优点：① 事件触发方式可有效避免时间触发方式容易出现的无效采样和数据丢失，提高反馈数据的利用率；② 当传感器采用事件触发机制时，数据包发送频率降低，只在"有必要"时发送，降低了对网络带宽、能源的占用，也减少了后续控制器节点的计算量；③ 当控制器或执行器采用事件触发机制时，避免了时间触发方式下控制器或执行器与传感器的时钟同步的问题与困难。然而，事件触发在具备诸多优势的同时，也带来很多新的技术问题，如建模方法、驱动条件设计、芝诺现象 (Zeno behavior)等。此外，它在与其他领域如最优控制、模型预测控制、多智能体协同控制等相结合时，也会产生一些新的难点。目前，事件触发控制正在受到越来越多的学者的关注。

1.4.1　芝诺现象

芝诺现象是混杂系统中的一个概念，是指系统在有限的时间间隔内出现了无限多次的采样，或者说系统的最小采样间隔可以任意小。如果出现这种现象，就意味着事件触发机制在实际应用中是不可实现的。因此，芝诺现象成为事件触发研究领域的核心问题之一。

Tabuada[12] 研究对于一个输入状态稳定的非线性系统, 如何采用相对的事件触发条件来减少系统的采样次数, 同时保证系统的渐近稳定性; 证明了相对事件触发条件下最小事件间隔 (minimum inter-event time) 的存在性, 确保不会发生芝诺现象。然而, 这是不考虑外界扰动的情形。事实上, 即使一个事件触发控制系统在没有扰动时有较大的最小事件间隔, 很小的扰动也可能轻易地明显降低其最小事件间隔, 导致实际应用中系统效果变差。实际上, 文献 [12]、[110] 和 [111] 中考虑存在延时情况下最小事件间隔的鲁棒性, 而文献 [112] 研究同时存在延时与模型不确定性的情形。但是, 这些结论都要求当系统接近稳定的原点时, 延时和模型误差等会趋于消失。然而, 外界噪声和测量误差等扰动实际上并不会随着这个过程而消除。Yu 等 [113] 注意到其使用的触发条件在外界噪声存在的情形下, 可能无法保证最小事件间隔的存在, 但是没有深入研究这一现象。文献 [114] 和 [115] 中, 在考虑有界噪声的情况下设计了基于模型的状态反馈事件触发机制, 保证全局最小事件间隔的存在性。而 Donkers 等 [116] 证明在外界噪声有界的情况下, 基于输出的非中心化的事件触发机制能够保证半全局最小事件间隔的存在。Borgers 等 [117] 通过对外界扰动存在与否两种情形下最小事件间隔的研究, 揭示了很多常用的触发条件在存在很小的外界扰动情况下, 都不能保证最小事件间隔的存在性。因此, 在事件触发控制的研究中外界扰动和模型不确定性的影响往往不可忽略。为了避免在存在干扰的情形下可能造成的芝诺现象, 学者们也提出了一些改进的事件触发条件。

1.4.2 事件触发控制系统的分析方法

如上所述, 事件触发控制方法的有效性在 20 世纪末就已经得到验证。在此之后, 事件触发控制的理论成果得到长足发展。下面对事件触发控制系统的建模分析方法进行必要的总结。

1. 时滞系统方法

时滞系统 (time-delay system) 方法是将事件触发的效果看作与之等价的锯齿状时滞来处理。Yue 等 [18] 将事件触发间隔和时变时滞看作一个新的延时, 利用时滞系统的处理方法分析系统的稳定性, 求解控制器。Hu 等 [118] 将这种建模方式应用于事件触发 H_∞ 滤波, 同样得到系统稳定性条件和滤波器的设计方法。Peng 等 [119] 采用此建模方法研究事件触发线性系统的 L_2 控制, 得到事件触发条件和控制器的协同设计方法。Shi 等 [120] 将文献 [119] 中的方法推广到带有输入量化的奇异系统, 求解该系统的 H_∞ 控制器。

2. 切换系统方法

切换系统 (switched system) 方法是将事件触发控制系统转化为切换系统, 通过构建 Lyapunov 函数分析系统的稳定性, Heemels 等 [121] 利用周期性事件触发条件，将连续系统离散化，得到一个由驱动时刻子系统和不驱动时刻子系统组成的切换系统，在此基础上研究了系统的稳定性；值得一提的是，还对比了这种分析方法和脉冲系统方法、摄动系统方法得到的稳定性条件的保守性。Wang 等[122]用切换系统的分析方式，结合一种凸包近似方法处理延时，得到保证系统稳定的充分条件。

3. 脉冲系统方法

脉冲系统 (impulsive system) 方法是将事件触发控制系统建模为一个脉冲系统，而触发条件可以看作一种脉冲信号，利用混杂系统的相关理论得到系统的稳定性条件。Forni 等[123]通过脉冲系统方法分析基于观测器的事件触发线性连续系统的性能。在此基础上，文献 [124] 将此方法推广到非线性系统，为了保证系统不出现芝诺现象，设计了最小采样间隔，保证最小事件间隔的存在性。Abdelrahim 等[125]采用脉冲系统方法研究带有外界干扰的非线性事件触发控制系统的鲁棒控制问题。此外，Borgers 等[126]利用脉冲系统方法研究动态触发条件下延时系统的稳定性问题，得到基于里卡蒂方程 (Riccati equation) 的稳定性条件，保证了系统的稳定性。

4. 摄动系统方法

摄动系统 (perturbed system) 方法是将事件触发所带来的控制器误差当作一种干扰，进而利用摄动系统的分析工具来处理事件触发控制系统。例如，在使用绝对触发条件的情形下，事件触发带来的扰动可以看成一个不会消失的有界扰动，利用摄动系统相关理论可以证明系统的最终有界性。相应地，如果使用相对事件触发条件，则事件触发带来的扰动可以看作会消失的扰动，并可证明其渐近稳定性[121]。Etienne 等[127]利用摄动系统方法处理带有范数有界系统参数不确定性的事件触发控制系统，分别给出绝对触发条件和相对触发条件下的系统稳定性条件。

5. 互联系统方法

互联系统 (interconnected system) 方法是一种基于小增益定理 (small gain theorem) 的方法，最早在文献 [128] 中提出。Liu 等[128]将事件触发条件视为互联系统中的一个子系统，原系统视为另一个子系统，通过分析整个互联系统的增益给出保证系统渐近稳定性的增益条件，在此基础上给出事件触发条件的设计方法。Liu 等[129]将这种建模方法推广到部分状态反馈和输出反馈的非线性系统，对比不同触发条件对系统稳定性的影响。此外，文献 [130] 将上述结果推广到分散式系统，而文献 [131] 将其应用于事件触发离散非线性系统。

1.4.3 事件触发条件

在事件触发控制研究中，事件触发条件的设计一直是研究的热点问题。首先，事件触发条件会对系统性能产生重大影响，例如，能够保证系统的渐近稳定性或有界稳定性；其次，合适的事件触发条件在降低通信频率的效果上作用显著；最后，事件触发条件对于系统是否产生芝诺现象有着决定性的作用。目前，主要有以下几种事件触发条件。

1. 绝对事件触发条件

最常见的事件触发条件之一是绝对事件触发条件 (absolute event-trigger condition)，即当状态变量或者控制变量的当前值与前序触发采样值之间的绝对误差超过某一固定阈值时进行事件更新。这种触发方式比较容易保证系统的事件分离 (event separation) 性质，可操作性较强。但是，当系统接近稳定状态时事件触发条件将不再起作用，因而该方法只能达到有界稳定性 [115,127,132,135]。

2. 相对事件触发条件

相对事件触发条件 (relative event-trigger condition) 是系统当前状态值与前序触发采样状态值的相对误差超过一定阈值时进行事件更新。这种触发条件在原点附近效果较好，理论上可以达到渐近稳定的效果，故而被广泛采用 [12,18,118,121,136-138]。然而，这种触发条件的鲁棒性较差。当系统状态接近原点时，外界噪声可能会成为事件是否触发的决定性因素，甚至造成最小事件间隔无法保障，即出现芝诺现象。

3. 混合事件触发条件

混合事件触发条件 (mixed event-trigger condition) 是一种结合了绝对事件触发条件和相对事件触发条件的方法。这种触发条件使得当系统状态距离平衡点较远时，绝对事件触发条件起作用，而当系统状态靠近原点时，相对事件触发条件起作用。Donkers 等 [116] 利用这种事件触发条件设计了保证线性系统 L_∞ 增益的事件触发控制方法，但由于在原点附近这种事件触发条件与绝对事件触发条件没有本质区别，所以仍然只是得到一个集合意义下的渐近稳定性条件。

4. 时间正则化触发条件

为了保证最小事件间隔，也可以通过人为强制设定最小间隔来实现，这种事件触发条件称为时间正则化触发条件 (time regularization-trigger condition)。这种情况下，事件触发机制只有在过了一个固定时间之后才开始检验，固定时间之内的事件触发条件无法触发 [123,139-141]。这种触发方式在证明不存在芝诺现象方面带来了很大便利，但是在证明系统稳定性方面增加了一些分析难度。

5. 周期性事件触发条件

一种与时间正则化触发条件类似的方法是周期性事件触发条件 (periodic event-triggerd condition)。这种事件触发方式不需要对触发条件进行连续检验，同时发挥了时间触发和事件触发的优势，近年来得到了广泛的应用 [110,121,139,142,143]。另外，这种事件触发条件避免了芝诺现象。在具体的分析方法上可以采用脉冲系统或者分段线性系统方法。

6. 基于 Lyapunov 函数的事件触发条件

基于 Lyapunov 函数的事件触发条件是一种很直观的触发条件。由于 Lyapunov 函数的下降可以保证系统渐近稳定，可以直接用 Lyapunov 函数作为事件触发的条件 [110,144,145]。当 Lyapunov 函数的导数为 0，即不再下降时，事件触发，更新控制量，否则就保持控制量不变。

7. 动态事件触发条件

前面介绍的事件触发条件多数只与系统当前状态有关，而没有考虑到系统状态的变化，因而可以统称为静态事件触发条件 (static event-triggerd condition)。近年来，动态事件触发条件 (dynamic event-triggerd condition) 的研究也取得了很大进展，Girard [146] 在文献 [12] 的框架下引入额外的动态变量，该动态变量满足某个微分方程；事件触发条件包含一个与系统状态有关的动态变量之后，通过具体的参数条件，可以在系统性能与触发频率之间进一步权衡，使得在系统性能不受大的影响的前提下减少触发频率。Postoyan 等 [147] 总结了几种动态事件触发条件并分析它们的效果。Borgers 等 [148] 将动态事件触发条件与之前的时间正则化触发条件相结合，针对带有延时的线性系统，利用脉冲系统方法给出保证系统稳定的充分条件。另外，Borgers 等 [126] 利用类似的方法设计线性时滞系统的事件触发控制器，得到基于里卡蒂方程的稳定性条件。

除了以上的事件触发条件，还有一些事件触发条件值得关注，如基于记忆的事件触发条件 (memory-based event-triggered condition) 等 [149]。

1.5   本书主要内容

全书的主要内容如下：

第 1 章是绪论，概述非均匀采样系统的研究现状，介绍本书的主要内容，并给出相关的预备知识。

第 2 章针对非均匀采样系统的稳定性问题，给出一种基于凸多面体不确定离散切换系统的稳定性分析方法。首先通过分析凸多面体不确定离散切换系统的稳定性，得到凸多面体不确定离散切换系统在最小驻留时间条件下的稳定性充要条件。然后将非均匀采样控制系统建模为凸多面体不确定离散切换系统，进而给出非均匀采样系统的稳定性条件。

第 3 章针对非均匀采样网络化控制系统，为得到计算复杂度和保守性较低的稳定条件，对闭环系统进行模型变换，应用小增益定理和锥补线性化方法，给出非均匀采样网络化控制系统的渐近稳定条件和基于观测器的输出反馈控制器设计方法。

第 4 章针对非均匀采样网络化控制系统，考虑一种更加精细的数据更新策略，即一个采样周期内多次更新控制量，研究系统的建模方法、稳定性条件以及控制器设计方法。

第 5 章针对非均匀采样网络化控制系统，在积分二次型约束框架下，建立闭环系统级联模型，对时变传输延时可大于一个采样间隔的稳定性问题进行研究。根据积分二次型约束稳定性定理，探究系统稳定的时域有限维线性矩阵不等式条件。

第 6 章针对非均匀采样马尔可夫跳变系统，通过构建基于环泛函的 Lyapunov 泛函，给出非均匀采样马尔可夫跳变系统的均方指数稳定性判据，得到采样周期上界和衰减率的量化关系，并设计了采样控制器。

第 7 章针对非均匀采样凸多面体不确定马尔可夫跳变系统，构建基于参数依赖环泛函的 Lyapunov 泛函，给出非均匀采样马尔可夫跳变系统的随机无源性判据，并设计了采样控制器。

第 8 章针对参数不确定性系统，考虑绝对事件触发条件，研究基于观测器的线性系统的事件触发控制。考虑基于动态量化器的混合事件触发条件，构建 Lyapunov 函数得到保证线性系统均值最终有界的充分条件，研究带有数据丢包和动态量化器的线性系统的事件触发控制。

第 9 章针对非线性系统，提出一种基于小增益定理的动态事件触发控制策略。根据循环小增益定理，得到保证事件触发控制闭环系统的稳定性和事件分离性质的充分条件，设计具体的动态事件触发策略，在保持与静态事件触发策略相似的系统性能的同时进一步降低网络通信带宽的占用率。

第 10 章针对一类带加性干扰的连续时间非线性系统，提出了两种事件触发模型预测控制算法。在第一种事件触发控制算法中设计了绝对事件触发条件，并基于准无穷时域框架设计了事件触发控制算法。为了进一步增大事件触发间隔，在第二种事件触发控制算法中设计了一种新的混合事件触发条件，并基于双模模型预测控制框架设计了事件触发控制算法。

1.6　预 备 知 识

1.6.1　基本定义

定义 1.1 (平均驻留时间)　考虑连续时间线性切换系统 $\dot{x}(t) = A_{\sigma(t)}x(t)$，其中，$x(t) \in \mathbb{R}^n$ 是系统状态向量，$\sigma(t) : [0, \infty) \to \mathcal{N} = \{1, 2, \cdots, s\}$ 表示切换信号，$A_i(i \in \mathcal{N})$ 是具有适当维数的常数矩阵。对于任意 $\hat{t} > t \geqslant 0$，令 $N_\sigma(\hat{t}, t)$ 表示切换

信号 $\sigma(t)$ 在间隔 $[\hat{t},\ t)$ 内的切换次数。若存在一个 $\tau_d > 0$，任意两个切换至少相隔 $\tau_d > 0$，则 τ_d 称为驻留时间。若存在 $\tau_a > \tau_d$ 和 $N_0 \geqslant 1$，使得不等式 $N_\sigma(\tau_1,\ \tau_2) \leqslant N_0 + \dfrac{\tau_2 - \tau_1}{\tau_a}$ 成立，则 τ_a 称为切换信号 $\sigma(t)$ 的平均驻留时间，N_0 称为抖动界。

定义 1.2 (随机无源性) 考虑如下马尔可夫跳变线性系统：

$$\begin{cases} \dot{x}(t) = A_{r(t)}x(t) + B_{r(t)}u(t) + C_{r(t)}w(t) \\ z(t) = D_{r(t)}x(t) + E_{r(t)}u(t) + F_{r(t)}w(t) \end{cases} \tag{1.16}$$

其中，$x(t) \in \mathbb{R}^n$ 是系统状态向量；$u(t) \in \mathbb{R}^m$ 是系统控制输入；$w(t) \in \mathbb{L}_2[0,\ \infty)$ 是系统扰动输入；$z(t)$ 是系统输出；$r(t)$ 是定义在完备概率空间上右连续的马尔可夫链，在有限集 $\mathscr{N} = \{1,\ 2,\ \cdots,\ s\}$ 中取值。

如果存在一个实数 $\gamma > 0$，在零初始条件下任意的非零 $w(t) \in \mathbb{L}_2[0,\ \infty)$ 对于 $\forall t_h \geqslant t_0$ 满足如下条件：

$$\mathbb{E}\left\{2\int_{t_0}^{t_h} z^{\mathrm{T}}(t)w(t)\mathrm{d}t\right\} \geqslant -\gamma\left\{\int_{t_0}^{t_h} w^{\mathrm{T}}(t)w(t)\mathrm{d}t\right\} \tag{1.17}$$

则系统 (1.16) 是随机无源的。

定义 1.3 (均方指数稳定) 考虑如下马尔可夫跳变线性系统：

$$\dot{x}(t) = A_{r(t)}x(t) + B_{r(t)}u(t) \tag{1.18}$$

其中，$x(t) \in \mathbb{R}^n$ 是系统状态向量；$u(t) \in \mathbb{R}^m$ 是系统控制输入；$r(t)$ 是定义在完备概率空间上右连续的马尔可夫链，在有限集 $\mathscr{N} = \{1,\ 2,\ \cdots,\ s\}$ 中取值。

对于系统 (1.18)，如果存在正常数 c 和 λ，使得对任意的初始条件 $x(t_0) \in \mathbb{R}^n$，系统的解满足

$$\mathbb{E}\{|x(t)|^2\} \leqslant ce^{-\lambda t}|x(t_0)|^2, \quad t \geqslant t_0 \tag{1.19}$$

则称系统 (1.18) 均方指数稳定并具有衰减率 λ。

定义 1.4 [150] 令 Π 为 $\mathbb{L}_2$ 空间的有界线性时不变自共轭乘子。对于信号 $v \in \mathbb{L}_2$ 和 $w \in \mathbb{L}_2$，若不等式

$$\left\langle \begin{bmatrix} v \\ w \end{bmatrix}, \Pi \begin{bmatrix} v \\ w \end{bmatrix} \right\rangle = \sum_{k=-\infty}^{\infty} \begin{bmatrix} v(k) \\ w(k) \end{bmatrix}^{\mathrm{T}} \left(\Pi \begin{bmatrix} v \\ w \end{bmatrix}\right)(k)$$

$$= \int_{-\pi}^{\pi} \begin{bmatrix} \hat{v}(k) \\ \hat{w}(k) \end{bmatrix}^* \Pi(e^{\mathrm{j}\omega}) \begin{bmatrix} \hat{v}(k) \\ \hat{w}(k) \end{bmatrix} \mathrm{d}\omega$$

$$\geqslant 0 \tag{1.20}$$

成立, 则称信号 $v \in \mathbb{L}_2$ 和 $w \in \mathbb{L}_2$ 满足乘子 Π 定义的积分二次型约束。其中, $\hat{v}$ 和 $\hat{w}$ 分别为 v 和 w 的傅里叶变换。$\mathscr{F}$ 为因果有界算子, 若对于所有的 $v \in \mathbb{L}_2$ 和 $w = \mathscr{F}(v)$, 条件 (1.20) 都成立, 则称算子 $\mathscr{F}$ 满足乘子 Π 定义的积分二次型约束。

定义 1.5 (输入-状态实用稳定)　考虑下面的一类连续时间非线性系统:

$$\dot{x}_t = g(x_t, v_t), \quad t \in \mathbb{R} \tag{1.21}$$

其中, $x_t \in X \subset \mathbb{R}^n$ 表示系统状态, $v_t \in V \subset \mathbb{R}^n$ 表示外部干扰, 其上界为 $\bar{v} = \max_{v_t \in V}\{\|v_t\|\}$; 非线性函数 $g : \mathbb{R}^n \times \mathbb{R}^n \to \mathbb{R}^n$ 是局部利普希茨连续的并满足 $g(0,0) = 0$; X 和 V 是包含原点的紧约束集。给定一个包含原点的紧约束集 $X \subseteq \mathbb{R}^n$, 如果 X 是系统 (1.21) 的一个鲁棒正不变集并且存在一个 $\mathscr{K}\mathscr{L}$ 函数 β、一个 $\mathscr{K}$ 函数 γ_v 和一个常数 $d > 0$, 使得对于任意的 $x_0 \in X$, $v_t \in V$, 系统 (1.21) 的状态轨迹满足下面的条件:

$$\|x_t\| \leqslant \beta(\|x_0\|, t) + \gamma_v(\bar{v}) + d, \quad \forall t \geqslant 0 \tag{1.22}$$

则系统 (1.21) 在集合 $X \subseteq \mathbb{R}^n$ 中关于控制输入 v_t 是输入-状态实用稳定的。如果 $x_0 \in X$ 并且当 $d = 0$ 时式 (1.22) 仍然成立, 则系统 (1.21) 在集合 X 中是输入-状态稳定的。

1.6.2　基本引理

引理 1.1[151]　对于正定矩阵 $R \in \mathbb{R}^{n \times n}$, 向量函数 $x \in [a, b] \to \mathbb{R}^n$, 有如下不等式成立:

$$\int_a^b x^{\mathrm{T}}(u) R x(u) \mathrm{d}u \geqslant \frac{1}{b-a} \left(\int_a^b x^{\mathrm{T}}(u) \mathrm{d}u \right) R \left(\int_a^b x(u) \mathrm{d}u \right)$$

引理 1.2[152] (Schur 补)　对于给定的对称矩阵 $S = S^{\mathrm{T}} = \begin{bmatrix} S_{11} & S_{12} \\ * & S_{22} \end{bmatrix}$, 其中 $S_{11} \in \mathbb{R}^{r \times r}$, 以下三个条件是等价的: ① $S < 0$; ② $S_{11} < 0, S_{22} - S_{12}^{\mathrm{T}} S_{11}^{-1} S_{12} < 0$; ③ $S_{22} < 0$, $S_{11} - S_{12} S_{22}^{-1} S_{12}^{\mathrm{T}} < 0$。

引理 1.3[153] (Dynkin 公式)　对于函数 $V(x(t), t) \in \mathbb{C}^{2,1}$, t_0、t_k 是两个时刻, 且满足 $t_k \geqslant t_0$, 那么有

$$\mathbb{E}\{V(x(t_k), t_k)\} = V(x(t_0), t_0) + \mathbb{E}\left\{ \int_{t_0}^{t_k} \mathscr{L}V(x(s), s) \mathrm{d}s \right\}$$

引理 1.4 [154]　令 $\theta(t)$ 为非负函数, 使得 $\theta(t) \leqslant a + b \int_0^T \theta(s)\mathrm{d}s, 0 \leqslant t \leqslant T$, 则对于常数 $a, b \geqslant 0$, 有 $\theta(t) \leqslant ae^{bt}, 0 \leqslant t \leqslant T$。

引理 1.5 [152]　考虑如下线性时不变连续时间系统:

$$\begin{cases} \dot{x}(t) = Ax(t) + Bw(t) \\ z(t) = Cx(t) + Dw(t) \end{cases} \tag{1.23}$$

其中, x、w 和 z 分别为系统状态、外部扰动输入和系统被调输出。系统的传递函数为 $T(s) = C(sI - A)^{-1}B + D$, 其 H_∞ 范数定义为

$$\|T(s)\|_\infty = \sup_\omega \sigma_{\max}(T(\mathrm{j}\omega))$$

即系统频率响应最大奇异值的峰值。对于系统 (1.23), $\gamma > 0$ 为给定常数, 则以下条件等价:

(1) 系统 (1.23) 渐近稳定, 且 $\|T(s)\|_\infty < \gamma$, 即系统有 H_∞ 性能 γ;

(2) 存在对称矩阵 $P > 0$ 使得

$$\begin{bmatrix} A^{\mathrm{T}}P + PA & PB & C^{\mathrm{T}} \\ B^{\mathrm{T}}P & -\gamma I & D^{\mathrm{T}} \\ C & D & -\gamma I \end{bmatrix} < 0 \tag{1.24}$$

引理 1.6 [155]（Holder 不等式）　设 p、q 是相伴数（即满足 $\dfrac{1}{p} + \dfrac{1}{q} = 1$ 和 $p > 1$）, x_k、y_k 为实数, 则下述不等式成立:

$$\sum_{k=1}^n |x_k y_k| \leqslant \left(\sum_{k=1}^n |x_k|^p \right)^{1/p} \cdot \left(\sum_{k=1}^n |y_k|^q \right)^{1/q} \tag{1.25}$$

当 $p = q = 2$, $y_k = 1$ 时, 有

$$\left(\sum_{k=1}^n |x_k| \right)^2 \leqslant n \sum_{k=1}^n |x_k|^2 \tag{1.26}$$

引理 1.7 [156]　若算子 S_τ 满足 $\Pi_i(i \in 1, 2, \cdots, N)$ 定义的积分二次型约束, 则 S_τ 满足组合 $\sum_{i=1}^N \gamma_i \Pi_i \geqslant 0$ 定义的积分二次型约束。

引理 1.8 (Gronwall-Bellman 不等式)   假设 $\lambda : [a, b] \to \mathbb{R}$ 是连续函数, $\mu : [a, b] \to \mathbb{R}$ 是连续非负函数。如果存在一个连续函数 $y : [a, b] \to \mathbb{R}$ 满足下面的条件:

$$y(t) \leqslant \lambda(t) + \int_a^t \mu(s)y(s)\mathrm{d}s, \quad t \in [a, b]$$

则可以得到不等式

$$y(t) \leqslant \lambda(t) + \int_a^t \lambda(s)\mu(s) \exp\left(\int_s^t \mu(\tau)\mathrm{d}\tau\right) \mathrm{d}s$$

特别地, 如果 $\lambda(t) \equiv \lambda > 0$, 则有

$$y(t) \leqslant \lambda \exp\left(\int_a^t \mu(\tau)\mathrm{d}\tau\right)$$

另外, 如果还满足 $\mu(t) \equiv \mu > 0$, 则有

$$y(t) \leqslant \lambda \exp(\mu(t - a))$$

第 2 章 非均匀采样系统稳定性分析：
不确定离散切换系统方法

2.1 引　言

非均匀采样系统的稳定性分析方法主要有输入时滞方法 [33,35,37,38]、混杂系统方法 [57,67]、环泛函方法 [67,91,92,94]、离散化方法 [74,79]、输入/输出方法 [82,96] 等。文献 [78]、[157] 和 [102] 通过将非均匀采样系统建模为离散切换系统，利用切换系统方法分析非均匀采样系统的稳定性。

本章通过将非均匀采样系统建模为凸多面体不确定离散切换系统，给出一种基于凸多面体不确定离散切换系统的稳定性分析方法。首先针对标称离散时间切换系统，通过引入时变高阶齐次 Lyapunov 泛函，分别给出驻留时间条件下和任意切换条件下的系统指数稳定性充要条件。然后将所得理论结果推广到凸多面体不确定离散切换系统，给出驻留时间条件下和任意切换条件下的系统指数稳定性充要条件。接着将非均匀采样系统建模为凸多面体不确定离散切换系统，利用得到的凸多面体离散切换系统任意切换条件下的系统指数稳定性条件，得到非均匀采样系统的稳定性条件。最后通过数值仿真验证本章方法的有效性。

2.2 问题描述

考虑如下线性系统：

$$\dot{x}(t) = Ax(t) + Bu(t) \tag{2.1}$$

其中，$x(t) \in \mathbb{R}^n$ 是系统状态变量；$u(t) \in \mathbb{R}^m$ 是控制输入；$A \in \mathbb{R}^{n \times n}$、$B \in \mathbb{R}^{n \times m}$ 是系统矩阵。$t = t_k$ 是系统采样时刻，且满足

$$0 = t_0 < t_1 < t_2 < \cdots < t_k < \ldots, \quad t_k \in \mathbb{R}^+, \ \forall k \in \mathbb{N} \tag{2.2}$$

采样控制输入为

$$u(t) = Kx(t_k), \quad \forall t \in [t_k, t_{k+1}) \tag{2.3}$$

采样间隔 T_k 满足 $0 < T_{\min} \leqslant T_k := t_{k+1} - t_k \leqslant T_{\max} < \infty$。

2.3 离散切换系统稳定性

为了获得系统 (2.1) 在非均匀采样控制输入 (2.3) 下的稳定性条件，考虑如下凸多面体不确定离散切换系统：

$$x(k+1) = \mathscr{F}_{\sigma(k)} x(k), \quad k \in \mathbb{N}_0 \tag{2.4}$$

其中，$x(k) \in \mathbb{R}^n$ 是系统状态变量；$x_0 \in \mathbb{R}^n$ 是初始条件；$\mathbb{N}_0$ 是除去 0 的自然数集。切换信号 $\sigma(k) \in Z_\sigma \overset{\text{def}}{=} \{1, 2, \cdots, N\}$，这里 N 是子系统的个数。切换信号 $\sigma(k)$ 的切换序列为 $\{t_h\}_{h=0}^\infty$，t_h 代表第 h 个切换时刻，$t_0 = 0$ 是初始时刻。如果 $t_{h+1} - t_h \geqslant \tau$, $\forall h \in \mathbb{N}$，则 τ 是切换信号 σ 的最小驻留时间。集合 $D_\tau = \{\sigma : t_{h+1} - t_h \geqslant \tau, h \in \mathbb{N}\}$。假定 $\sigma(k) = i$, $\mathscr{F}_i$ 满足

$$\mathscr{F}_i := \text{co}\{A_{i,1}, \cdots, A_{i,\eta}\} \tag{2.5}$$

其中，$\eta \in \mathbb{Z}_+$ 是凸多面体顶点的个数。

考虑标称切换系统

$$x(k+1) = A_{\sigma(k)} x(k), \quad k \in \mathbb{N} \tag{2.6}$$

对于该系统，文献 [158] 给出了标称离散切换系统的指数稳定充要条件。

引理 2.1[158] 系统 (2.6) 在集合 D_τ 上指数稳定当且仅当存在矩阵 $0 < P_i \in \mathbb{C}^{\vartheta(n, d)}$，矩阵 $L(v_i)$, $L(v_{i,j}) \in \mathscr{L}_{n,d}$, $v_i, v_{i,j} \in \mathbb{R}^{\omega(n,d)}$，使得

$$\mathscr{A}_{id}^{\mathrm{T}} P_i \mathscr{A}_{id} - P_i + L(v_i) < 0, \quad \forall i \in Z_\sigma \tag{2.7}$$

$$(\mathscr{A}_{id}^\tau)^{\mathrm{T}} P_j \mathscr{A}_{id}^\tau - P_i + L(v_{i,j}) < 0, \quad \forall i, j \in Z_\sigma, i \neq j \tag{2.8}$$

其中，$\mathscr{A}_{id} = (K_d^{\mathrm{T}} K_d)^{-1} K_d^{\mathrm{T}} A_i^{\otimes d} K_d$, $A_i^{\otimes d} = \underbrace{A_i \otimes A_i \otimes \cdots \otimes A_i}_{d}$, $\vartheta(n, d) = \dfrac{(n+d-1)!}{(n-1)!d!}$, $\varpi(n, d) = \dfrac{1}{2}\vartheta(n, d)(\vartheta(n, d)+1) - \vartheta(n, 2d)$, $\mathscr{L}_{n,d} = \{L \in \mathbb{C}^{\vartheta(n, d)} : (x^{\{d\}})^{\mathrm{T}} L x^{\{d\}} = 0\}$。给定 $d > 0$, $x^{\{d\}} \in \mathbb{R}^{\omega(n, d)}$ 是维数为 d 的所有齐次单项式向量。对于 d 和 $x^{\{d\}}$，存在列满秩矩阵 $K_d \in \mathbb{R}^{n^d \times \vartheta(n, d)}$ 使得 $K_d x^{\{d\}} = x^{\otimes d}$。

定义 2.1 时变 d 阶齐次 Lyapunov 泛函为

$$V(k, x(k)) = ((x(k))^{\{d\}})^{\mathrm{T}} (\mathscr{P}_i(k))(x(k))^{\{d\}} \tag{2.9}$$

其中

$$\mathscr{P}_i(k) = \begin{cases} P_{i,l}, & l = k - t_h,\ k \in [t_h,\ t_h + \tau) \\ P_{i,\tau}, & k \in [t_h + \tau,\ t_{h+1}) \end{cases} \tag{2.10}$$

如果式 (2.9) 满足 $V(k+1,\ x(k+1),\ d) - V(k,\ x(k),\ d) < 0,\ \forall k \in \mathbb{N}$，则称式 (2.9) 为任意切换下的时变 d 阶齐次 Lyapunov 泛函。如果 $\tau \geqslant 2$, $\sigma(k) \in D_\tau$, $\forall k \in \{t_h,\ \cdots,\ t_{h+1} - 2\}, \forall h \in \mathbb{N}$，并且有以下条件成立：

$$V(k+1,\ x(k+1)) - V(k,\ x(k)) < 0 \tag{2.11}$$

$$V(t_{h+1},\ x(t_{h+1})) - V(t_h,\ x(t_h)) < 0 \tag{2.12}$$

则称式 (2.9) 为驻留时间 τ 下的时变 d 阶齐次 Lyapunov 泛函。

引理 2.2　系统 (2.6) 在集合 D_τ 上指数稳定当且仅当存在矩阵 $0 < P_{i,k} \in \mathbb{C}^{\vartheta(n,\ d)}$, $k = 0,\ 1,\ \cdots,\ \tau(\tau \geqslant 2)$, 矩阵 $L(v_{i,l})$, $L(v_{i,j})$, $L(v_{i,\tau}) \in \mathscr{L}_{n,d}$, $v_{i,l},\ v_{i,j},\ v_{i,\tau} \in \mathbb{R}^{\omega(n,\ d)}$, 对于 $l = 0,\ 1,\ \cdots,\ \tau - 1,\ \forall i,j \in Z_\sigma,\ i \neq j$, 使得

$$\mathscr{A}_{i,d}^{\mathrm{T}} P_{i,l+1} \mathscr{A}_{i,d} - P_{i,l} + L_d(v_{i,l}) < 0 \tag{2.13}$$

$$\mathscr{A}_{i,d}^{\mathrm{T}} P_{i,\tau} \mathscr{A}_{i,d} - P_{i,\tau} + L_d(v_{i,\tau}) < 0 \tag{2.14}$$

$$P_{i,0} - P_{j,\tau} + L_d(v_{i,j}) < 0 \tag{2.15}$$

其中，$\mathscr{A}_{i,d} = (K_d^{\mathrm{T}} K_d)^{-1} K_d^{\mathrm{T}} A_i^{\otimes d} K_d$。

证明

充分性：由定义 2.1 中给定的时变 d 阶齐次 Lyapunov 泛函，可以得到

$$V(k+1,\ x(k+1))$$
$$= ((x(k+1))^{\{d\}})^{\mathrm{T}} \mathscr{P}_i(k+1)(x(k+1))^{\{d\}}$$
$$= ((x(k))^{\{d\}})^{\mathrm{T}} \mathscr{A}_{i,d}^{\mathrm{T}} \mathscr{P}_i(k+1) \mathscr{A}_{i,d}(x(k))^{\{d\}} \tag{2.16}$$

由式 (2.10)，显然有

$$V(k+1,\ x(k+1))$$
$$= \begin{cases} ((x(k))^{\{d\}})^{\mathrm{T}} \mathscr{A}_{i,d}^{\mathrm{T}} P_{i,l+1} \mathscr{A}_{i,d}(x(k))^{\{d\}}, & k \in [t_h,\ t_h + \tau) \\ ((x(k))^{\{d\}})^{\mathrm{T}} \mathscr{A}_{i,d}^{\mathrm{T}} P_{i,\tau} \mathscr{A}_{i,d}(x(k))^{\{d\}}, & k \in [t_h + \tau,\ \xi t_{h+1}) \end{cases} \tag{2.17}$$

由式 (2.13) ~ 式 (2.14)，可以得到

$$V(k+1,\ x(k+1))$$

$$< \begin{cases} ((x(k))^{\{d\}})^{\mathrm{T}}(P_{i,l} - L_d(v_{i,l}))(x(k))^{\{d\}}, & k \in [t_h,\ t_h + \tau) \\ ((x(k))^{\{d\}})^{\mathrm{T}}(P_{i,\tau} - L_d(v_{i,\tau}))(x(k))^{\{d\}}, & k \in [t_h + \tau,\ t_{h+1}) \end{cases} \tag{2.18}$$

因为 $L_d(v_{i,l}),\ L_d(v_{i,\tau}) \in \mathscr{L}_{n,\ d}$, 所以有

$$V(k+1,\ x(k+1)) < \begin{cases} ((x(k))^{\{d\}})^{\mathrm{T}}P_{i,l}(x(k))^{\{d\}}, & k \in [t_h,\ t_h + \tau) \\ ((x(k))^{\{d\}})^{\mathrm{T}}P_{i,\tau}(x(k))^{\{d\}}, & k \in [t_h + \tau,\ t_{h+1}) \end{cases} \tag{2.19}$$

显然有

$$\Delta V(k,\ x(k)) = V(k+1,\ x(k+1)) - V(k,\ x(k)) < 0, \quad \forall k \in [t_h,\ t_{h+1}) \tag{2.20}$$

假定系统 (2.6) 在切换时刻 t_h 从子系统 $\sigma(t_h) = i$ 切换到 $\sigma(t_{h+1}) = j$, 由式 (2.15), 可以得到

$$((x(k))^{\{d\}})^{\mathrm{T}}(P_{i,0} - P_{j,\tau} + L_d(v_{i,j}))(x(k))^{\{d\}} = ((x(k))^{\{d\}})^{\mathrm{T}}(P_{i,0} - P_{j,\tau})(x(k))^{\{d\}} \tag{2.21}$$

因此, 有

$$V^+(t_h,\ x(t_h)) - V^-(t_h,\ x(t_h)) \leqslant 0, \quad \forall t_h \tag{2.22}$$

其中, $V^+(t_h,\ x(t_h)) = V_i(t_h,\ x(t_h))$, $V^-(t_h,\ x(t_h)) = V_j(t_h,\ x(t_h))$, 可以得到 $\Delta V(k,\ x(k)) < 0,\ \forall k$。

必要性: 由式 (2.8), 存在 $\hat{\varepsilon} > 0$ 使得 $\forall i,\ j \in Z_\sigma,\ i \neq j$, 有

$$(\mathscr{A}_{i,d}^\tau)^{\mathrm{T}}P_i\mathscr{A}_{i,d}^\tau - P_j + L_d(v_{i,j}) < -\hat{\varepsilon}I \tag{2.23}$$

令 $P_{i,\tau} = (\varepsilon/\hat{\varepsilon})P_i > 0,\ \forall \varepsilon > 0$, 显然 $\forall i,\ j \in Z_\sigma,\ i \neq j$, 有

$$(\mathscr{A}_{i,d}^\tau)^{\mathrm{T}}P_{i,\tau}\mathscr{A}_{i,d}^\tau - P_{j,\tau} + \hat{L}_d(v_{i,j}) < -\varepsilon I \tag{2.24}$$

其中, $\hat{L}_d(v_{i,j}) = (\varepsilon/\hat{\varepsilon})L_d(v_{i,j})$。因此, 令 $P_{i,\tau} = (\varepsilon/\hat{\varepsilon})P_i > 0, L_d(v_{i,\tau}) = (\varepsilon/\hat{\varepsilon})L(v_i)$。由式 (2.7), 可以看出式 (2.14) 成立。

如果存在矩阵 $Q_{i,l} > 0$ 满足矩阵等式 (2.25), 则式 (2.13) 成立:

$$\mathscr{A}_{i,d}^{\mathrm{T}}P_{i,l+1}\mathscr{A}_{i,d} - P_{i,l} + L_d(v_{i,l}) = -Q_{i,l} \tag{2.25}$$

其中, $Q_{i,l} > 0,\ l = 0,\ 1,\ \cdots,\ \tau - 1$。

可以得到

$$P_{i,l} = (\mathscr{A}_{i,d}^{\tau-l})^{\mathrm{T}} P_{i,\tau} \mathscr{A}_{i,d}^{\tau-l} + \hat{Q}_{i,l} \qquad (2.26)$$

其中，$\hat{Q}_{i,l} = \sum\limits_{j=l}^{\tau-1} (\mathscr{A}_{i,d}^{j-l})^{\mathrm{T}} (Q_{i,j} + L_d(v_{i,j})) \mathscr{A}_{i,d}^{j-l}$。

因此，可以得到

$$(\mathscr{A}_{i,d}^{\tau})^{\mathrm{T}} P_{i,\tau} \mathscr{A}_{i,d}^{\tau} = P_{i,0} - Q_{i,0} - L_d(v_{i,0}) \qquad (2.27)$$

将式 (2.27) 代入式 (2.24) 得到

$$P_{i,0} - Q_{i,0} - L_d(v_{i,0}) - P_{j,\tau} + \hat{L}_d(v_{i,j}) < -\varepsilon I \qquad (2.28)$$

可以得到

$$P_{i,0} - P_{j,\tau} + \hat{L}_d(v_{i,j}) < -\varepsilon I + Q_{i,0} + L_d(v_{i,0}) \qquad (2.29)$$

因此，对于任意充分大的 $\varepsilon > 0$，有 $P_{i,0} - P_{j,\tau} + \hat{L}_d(v_{i,j}) < 0$，即式 (2.15) 成立。证毕。

由引理 2.2，如下引理给出了凸多面体不确定离散切换系统 (2.4) 指数稳定的充要条件。

引理 2.3　系统 (2.4) 在集合 D_τ 上指数稳定当且仅当存在整数 $d > 0$，矩阵 $0 < P_{i,k} \in \mathbb{C}^{\vartheta(n,\,d)}$，$k = 0, 1, \cdots, \tau(\tau \geqslant 2)$，矩阵 $L(v_{i,l})$，$L(v_{i,j})$，$L(v_{i,\tau}) \in \mathscr{L}_{n,d}$，$v_{i,l}$，$v_{i,j}$，$v_{i,\tau} \in \mathbb{R}^{\omega(n,\,d)}$，对于 $l = 0, 1, \cdots, \tau-1$，$\forall i, j \in Z_\sigma, i \neq j$，使得

$$\mathscr{A}_{i,d,\kappa}^{\mathrm{T}} P_{i,l+1} \mathscr{A}_{i,d,\kappa} - P_{i,l} + L_d(v_{i,l}) < 0 \qquad (2.30)$$

$$\mathscr{A}_{i,d,\kappa}^{\mathrm{T}} P_{i,\tau} \mathscr{A}_{i,d,\kappa} - P_{i,\tau} + L_d(v_{i,\tau}) < 0 \qquad (2.31)$$

$$P_{i,0} - P_{j,\tau} + L_d(v_{i,j}) < 0 \qquad (2.32)$$

其中，$\mathscr{A}_{i,d,\kappa} = (K_d^{\mathrm{T}} K_d)^{-1} K_d^{\mathrm{T}} A_{i,\kappa}^{\otimes d} K_d$，$\kappa = 1, 2, \cdots, \eta$。

当最小驻留时间 $\tau = 1$ 时，引理 2.3 可以推广到凸多面体不确定离散切换系统 (2.4) 在任意切换下的系统指数稳定充要条件。

引理 2.4　系统 (2.4) 任意切换下指数稳定当且仅当存在整数 $d > 0$，矩阵 $0 < P_{i,k} \in \mathbb{C}^{\vartheta(n,\,d)}$，$k = 0, 1$，矩阵 $L(v_{i,0})$，$L(v_{i,j})$，$L(v_{i,1}) \in \mathscr{L}_{n,d}$，$v_{i,0}$，$v_{i,j}$，$v_{i,1} \in \mathbb{R}^{\omega(n,\,d)}$，对于 $\forall i, j \in Z_\sigma, i \neq j$，使得

$$\mathscr{A}_{i,d,\kappa}^{\mathrm{T}} P_{i,l+1} \mathscr{A}_{i,d,\kappa} - P_{i,l} + L_d(v_{i,l}) < 0 \qquad (2.33)$$

$$\mathscr{A}_{i,d,\kappa}^{\mathrm{T}} P_{i,\tau} \mathscr{A}_{i,d,\kappa} - P_{i,\tau} + L_d(v_{i,\tau}) < 0 \qquad (2.34)$$

$$P_{i,0} - P_{j,\tau} + L_d(v_{i,j}) < 0 \qquad (2.35)$$

其中, $\mathscr{A}_{i,d,\kappa} = (K_d^{\mathrm{T}} K_d)^{-1} K_d^{\mathrm{T}} A_{i,\kappa}^{\otimes d} K_d$, $\kappa = 1, 2, \cdots, \eta$。

注 2.1 引理 2.2 给出了标称离散切换系统 (2.6) 指数稳定性的充要条件。通过引理 2.2, 可以求得系统最小驻留时间。文献 [159] 利用 Lyapunov 泛函研究标称离散切换系统 (2.6) 的稳定性, 求得系统最小驻留时间。文献 [160] 和 [161] 通过矩阵凸组合方法给出凸多面体不确定离散切换系统的稳定性条件, 但是该稳定性条件都是充分不必要的。文献 [158] 将文献 [162] 的情况推广到离散系统, 得到系统 (2.6) 指数稳定性的充要条件, 但是这个条件很难直接扩展到凸多面体不确定离散切换系统 (2.4)。文献 [163] 则将文献 [162] 的情况推广到不确定系统。本章利用矩阵凸组合方法和时变 d 阶齐次 Lyapunov 泛函, 扩展了文献 [158] 的充要条件, 得到最小驻留时间下的凸多面体不确定离散切换系统 (2.4) 指数稳定性的充要条件 (引理 2.3)。更进一步, 得到任意切换下的凸多面体不确定离散切换系统 (2.4) 指数稳定性的充要条件 (引理 2.4)。由于引理 2.2 是充要条件, 我们可以得到离散切换系统最小驻留时间的理论分析值。考虑系统 (2.6), 假设系统矩阵为

$$A_1 = \begin{bmatrix} 0.8 & 0.8 \\ 0.2 & -0.9 \end{bmatrix}, \quad A_2 = \begin{bmatrix} -0.8 & -0.1 \\ -0.7 & -0.6 \end{bmatrix}$$

通过求解文献 [159] 和 [161] 中的条件, 可以得到最小驻留时间 $\tau = 3$。然而通过求解引理 2.2, 可以得到最小驻留时间 $\tau = 2$。显然, 引理 2.2 具有更低的保守性。另外, 由于 $A_1 A_2$ ($\tau = 1$) 有一个特征值在单位圆外部, 可见满足稳定性的最小驻留时间 $\tau = 2$。因此, 验证了引理 2.2 的正确性。

注 2.2 在引理 2.1 中, 由于存在系统矩阵克罗内克 (Kronecker) 积的形式, 矩阵 $\mathscr{A}_{id}$ 并不是仿射的。这种情况下, 引理 2.1 不能直接应用到凸多面体不确定系统。考虑系统 (2.4), 假设系统矩阵为

$$\mathscr{F}_1 = \left\{ \begin{bmatrix} 0.77 & 0.88 \\ -0.58 & -0.90 \end{bmatrix}, \begin{bmatrix} 0.91 & 2.23 \\ -0.01 & -0.46 \end{bmatrix} \right\}$$

$$\mathscr{F}_2 = \left\{ \begin{bmatrix} 0.24 & 4.42 \\ -0.10 & -1.21 \end{bmatrix}, \begin{bmatrix} 0.52 & 0.49 \\ -0.08 & -0.19 \end{bmatrix} \right\}$$

显然, 引理 2.1 很难求得最小驻留时间。然而, 基于引理 2.3, 可以得到最小驻留时间 $\tau = 3$。当驻留时间 $\tau = 2$ 时, 对于 $A_i(\lambda) = \lambda A_{i,1} + (1 - \lambda) A_{i,2}$,

$A_1(\lambda_1)A_1(\lambda_2)A_2(\lambda_3)^2$ 的特征值 $\lambda_1 = 0.9$、$\lambda_2 = 0$、$\lambda_3 = 1$ 中有一个特征值在单位圆外部，同样可以看出引理 2.3 是充要的。

2.4　系统建模和稳定性分析

本节首先将非均匀采样系统 (2.1) 建模成凸多面体不确定离散切换系统，然后给出非均匀采样系统 (2.1) 的指数稳定性条件。

2.4.1　系统建模

给定一个采样间隔 T_0，显然有以下等式成立：

$$T_k = n_k T_0 + \theta_k \tag{2.36}$$

其中，$n_k = \lfloor T_k/T_0 \rfloor$，并且有 $0 \leqslant \theta_k < T_0$，$\chi_1 \leqslant n_k \leqslant \chi_2$，这里 $\chi_1 = \lfloor T_{\min}/T_0 \rfloor$，$\chi_2 = \lfloor T_{\max}/T_0 \rfloor$。

以采样间隔 T_k 离散化系统 (2.1)，可以得到如下离散系统：

$$x(t_{k+1}) = A(T_k)x(t_k) + B(T_k)u(t_k) \tag{2.37}$$

其中

$$
\begin{aligned}
A(T_k) &= \mathrm{e}^{AT_k} \\
&= \mathrm{e}^{A(n_k T_0 + \theta_k)} \\
&= \left(I + \int_0^{\theta_k} \mathrm{e}^{As}\mathrm{d}sA \right)(\mathrm{e}^{AT_0})^{n_k} \\
&= (A_0)^{n_k} + (A_0)^{n_k} \int_0^{\theta_k} \mathrm{e}^{As}\mathrm{d}sA \\
B(T_k) &= \int_0^{n_k T_0 + \theta_k} \mathrm{e}^{As}\mathrm{d}sB \\
&= \int_0^{n_k T_0} \mathrm{e}^{As}\mathrm{d}sB + \int_{n_k T_0}^{n_k T_0 + \theta_k} \mathrm{e}^{As}\mathrm{d}sB \\
&= \sum_{i=0}^{n_k-1} \int_{iT_0}^{(i+1)T_0} \mathrm{e}^{As}\mathrm{d}sB + (\mathrm{e}^{AT_0})^{n_k} \int_0^{\theta_k} \mathrm{e}^{As}\mathrm{d}sB \\
&= \sum_{i=0}^{n_k-1} \mathrm{e}^{A(iT_0)} \int_0^{T_0} \mathrm{e}^{As}\mathrm{d}sB + (\mathrm{e}^{AT_0})^{n_k} \int_0^{\theta_k} \mathrm{e}^{As}\mathrm{d}sB
\end{aligned}
$$

$$= \sum_{i=0}^{n_k-1} (A_0)^i \int_0^{T_0} \mathrm{e}^{As}\mathrm{d}sB + (A_0)^{n_k} \int_0^{\theta_k} \mathrm{e}^{As}\mathrm{d}sB$$

并且 A_0 定义为 e^{AT_0}。

因为 $n_k \in \mathscr{I} := \{\chi_1, \chi_1 + 1, \cdots, \chi_2\}$, 系统 (2.37) 可以看成一个离散切换系统。令切换信号 $\sigma(t_k)$ 在有限集 $\mathscr{I}$ 中取值,系统 (2.37) 可以表示为如下切换系统:

$$x(t_{k+1}) = H_{\sigma(t_k)}x(t_k) \tag{2.38}$$

其中

$$H_{\sigma(t_k)} = (A_0)^{i_{\sigma(t_k)}} + \sum_{j=1}^{i_{\sigma(t_k)}} (A_0)^{j-1} \int_0^{T_0} \mathrm{e}^{As}\mathrm{d}sBK$$

$$+ (A_0)^{i_{\sigma(t_k)}} \int_0^{\theta_k} \mathrm{e}^{As}\mathrm{d}s(A+BK) \tag{2.39}$$

在式 (2.39) 中有一个时变项 $\delta(\theta_k) = \int_0^{\theta_k} \mathrm{e}^{As}\mathrm{d}s$, 使得系统 (2.38) 的稳定性分析更加复杂。用凸多面体逼近法 [86] 来估测这一项,时变项 $\delta(\theta_k)$ 表示成含有 η 个多面体顶点的凸组合:

$$\delta(\theta_k) \in \mathrm{co}\{\Theta_1, \Theta_2, \cdots, \Theta_\eta\} \tag{2.40}$$

其中,Θ_i 是凸多面体的一个顶点。

因此,系统 (2.38) 可以建模成如下凸多面体不确定离散切换系统:

$$x(t_{k+1}) = \mathscr{H}_{\sigma(t_k)}x(t_k) \tag{2.41}$$

其中,$\mathscr{H}_{\sigma(t_k)} \in \mathrm{co}\{H_{\sigma(t_k)1}, \cdots, H_{\sigma(t_k)\eta}\}$, 并且

$$H_{\sigma(t_k)\kappa} = (A_0)^{i_{\sigma(t_k)}} + \sum_{j=1}^{i_{\sigma(t_k)}} (A_0)^{j-1} \int_0^{T_0} \mathrm{e}^{As}\mathrm{d}sBK$$

$$+ (A_0)^{i_{\sigma(t_k)}} \Theta_\kappa(A+BK), \quad \kappa = 1, 2, \cdots, \eta \tag{2.42}$$

综上,非均匀采样系统 (2.1) 建模为凸多面体不确定离散切换系统 (2.41)。

注 2.3 通过假设 $T_k = n_k T_0$, 文献 [157] 将非均匀采样系统建模成切换系统,分析非均匀采样系统的稳定性。由于 n_k 属于含有有限个自然数的有限集,文献 [157] 中只能选择有限个变采样间隔。在本节中,假设 $T_k = n_k T_0 + \theta_k$, 将非均匀采样系统建模成凸多面体不确定切换系统,由于 $0 \leqslant \theta_k < T_0$, 可以选择无限个变采样间隔。显然,本节给出的建模方法更具有一般性。

2.4.2 指数稳定性分析

由引理 2.4，本节给出了非均匀采样系统 (2.1) 的指数稳定性条件。

定理 2.1 如果存在矩阵 $0 < P_{i,k} \in \mathbb{C}^{\vartheta(n,d)}$，$k = 0, 1$，矩阵 $L(v_{i,0})$，$L(v_{i,j})$，$L(v_{i,1}) \in \mathscr{L}_{n,d}$，$v_{i,0}$，$v_{i,j}$，$v_{i,1} \in \mathbb{R}^{\omega(n,d)}$，对于 $\forall i, j \in Z_\sigma$，$i \neq j$，使得

$$\mathscr{H}_{i,d,\kappa}^{\mathrm{T}} P_{i,0} \mathscr{H}_{i,d,\kappa} - P_{i,1} + L_d(v_{i,0}) < 0 \tag{2.43}$$

$$\mathscr{H}_{i,d,\kappa}^{\mathrm{T}} P_{i,1} \mathscr{H}_{i,d,\kappa} - P_{i,1} + L_d(v_{i,1}) < 0 \tag{2.44}$$

$$P_{i,0} - P_{j,1} + L_d(v_{i,j}) < 0 \tag{2.45}$$

则非均匀采样系统 (2.1) 是指数稳定的。其中，$\mathscr{H}_{i,d,\kappa} = (K_d^{\mathrm{T}} K_d)^{-1} K_d^{\mathrm{T}} H_{i,\kappa}^{\otimes d} K_d$，$\kappa = 1, 2, \cdots, \eta$。

注 2.4 给定阶数 d，定理 2.1 的计算复杂度不仅取决于系统的维数，也取决于 n_k 的大小。表 2.1 给出了定理 2.1 的计算复杂度。

表 2.1 定理 2.1 的计算复杂度

阶数	复杂度
1	$(\chi_2 - \chi_1 + 1)\dfrac{n^2 + n}{2}$
2	$(\chi_2 - \chi_1 + 1)\left[\dfrac{n^4 + 2n^3 + 3n^2 + 2n}{8} + (\chi_2 - \chi_1 + 1)\dfrac{n^4 - n^2}{12}\right]$
$\vdots$	$\vdots$
d	$(\chi_2 - \chi_1 + 1)\left[\dfrac{\vartheta^2(n,d) + \vartheta(n,d)}{2} + (\chi_2 - \chi_1 + 1)\varpi(n,d)\right]$

2.5 数值仿真

例 2.1 考虑系统 (2.1)，假设系统矩阵为

$$E_1 : A = \begin{bmatrix} 0 & 1 \\ 0 & -0.1 \end{bmatrix}, \quad B = \begin{bmatrix} 0 \\ 0.1 \end{bmatrix}, \quad K = \begin{bmatrix} -3.75 \\ -11.5 \end{bmatrix}^{\mathrm{T}}$$

$$E_2 : A = \begin{bmatrix} 0 & 1 \\ -1 & -2 \end{bmatrix}, \quad B = \begin{bmatrix} 0 \\ 1 \end{bmatrix}, \quad K = \begin{bmatrix} -1 \\ 1 \end{bmatrix}^{\mathrm{T}}$$

$$E_3 : A = \begin{bmatrix} 0 & 1 \\ 1 & 0 \end{bmatrix}, \quad B = \begin{bmatrix} 0 \\ 1 \end{bmatrix}, \quad K = \begin{bmatrix} -2 \\ -2 \end{bmatrix}^{\mathrm{T}}$$

$$E_4 : A = \begin{bmatrix} -2 & 0 \\ 0 & -0.9 \end{bmatrix}, \quad BK = \begin{bmatrix} -1 & 0 \\ -1 & -1 \end{bmatrix}$$

针对以上给定的不同系统参数，利用 MATLAB YALMIP 工具箱求解定理 2.1，得到采样间隔上界 $T_{\max}$。表 2.2 列出了已有文献方法以及例 2.1 求得的采样间隔上界。通过与文献 [33]、[44]、[96]、[38] 和 [37] 求得的采样间隔上界比较发现，定理 2.1 可获得更大的采样间隔上界，从而说明了本章提出的方法可获得更低保守性的结果。

表 2.2   已有文献方法以及例 2.1 采样间隔上界

方法	E_1/s	E_2/s	E_3/s	E_4/s
理论上界	1.7294	∞	1.0986	3.2716
文献 [33]	1.6981	1.6410	0.9999	2.51
文献 [44]	1.7216	1.6545	1.0585	2.62
文献 [96]	1.7250	1.6900	1.0600	—
文献 [38]	1.7292	1.6922	1.0734	2.87
文献 [37]	1.7294	1.7209	1.0956	2.85
定理 2.1 ($d=1$)	1.7294	$> 10^4$	1.0986	3.2705
定理 2.1 ($d=2$)	1.7294	$> 10^4$	1.0986	3.2705

例 2.2   考虑系统 (2.1)，假设系统矩阵为

$$A = \begin{bmatrix} 0 & 1 \\ -2 & 0.1 \end{bmatrix}, \quad B = \begin{bmatrix} 0 \\ 1 \end{bmatrix}, \quad K = \begin{bmatrix} 1 & 0 \end{bmatrix}$$

对于小延迟或者小的采样间隔，例 2.2 对应的非均匀采样系统是不稳定的。因此，文献 [33]、[35] 和 [37] 的时滞系统方法对于例 2.2 是不可行的。通过特征值分析，例 2.2 给定的系统矩阵可允许的理论采样区间是 $[0.2007, 2.0207]$s。令 $T_0 = 0.04014$s，通过求解定理 2.1，可以得到 n_k 任意切换值的范围为 $4 \sim 49$，因此可得到 $T_k \in [0.2007, 2.0070]$s。与文献 [44]、[38]、[91]、[82]、[92] 和 [94] 中方法的比较结果见表 2.3。显然，定理 2.1 可获得更低保守性的结果。更进一步，对于不同的 T_0，表 2.4 列出了可获得的采样区间和决策变量个数。

表 2.3   已有文献方法以及例 2.2 的采样区间

方法	采样区间/s
文献 [44]	$[0.4, 1.25]$, $[1.2, 1.57]$
文献 [38]	$[0.4, 1.31]$, $[0.8, 1.56]$
文献 [91]	$[0.4, 1.43]$, $[0.8, 1.58]$
文献 [82]	$[0.4, 1.39]$, $[0.8, 1.61]$
文献 [92]	$[0.4, 1.66]$, $[0.8, 1.86]$
文献 [94]	$[0.4, 1.82]$, $[0.8, 2.01]$
定理 2.1 ($d = 1$)	$[0.2007, 2.0070]$
定理 2.1 ($d = 2$)	$[0.2007, 2.0070]$

表 2.4　例 2.2 的采样区间和决策变量个数

T_0/s	n_k	采样区间/s	决策变量个数
0.4	[1, 4]	[0.80, 2.00]	12
0.2	[1, 9]	[0.40, 2.00]	27
0.1	[2, 19]	[0.30, 2.00]	54
0.05	[4, 39]	[0.25, 2.00]	108

2.6　本 章 小 结

　　本章通过构建时变高阶齐次 Lyapunov 泛函，给出了凸多面体不确定离散切换系统和标称离散切换系统在驻留时间条件和任意切换条件下的指数稳定性充要条件；通过将非均匀采样系统建模为凸多面体不确定离散切换系统，得到了非均匀采样系统的稳定性条件。数值仿真验证了本章方法的有效性，与已有相关文献中的结果相比，本章提出的方法可获得更大的采样间隔上界。

第 3 章　非均匀采样网络化控制系统的
输出反馈控制

3.1　引　　言

　　输出反馈是网络化控制系统的重要控制方法之一，现在已有很多研究成果。在网络化控制系统输出反馈的研究中，大多数的方法未同时考虑时变延时和时变采样间隔。文献 [164] 针对具有周期采样和时变延时的网络化控制系统，采用约当型方法建立闭环系统的凸多面体模型，根据 Lyapunov 方法给出了输出反馈控制系统的稳定性条件。文献 [165] 针对带有时变延时的周期采样网络化控制系统，考虑异步周期采样方法，基于 Lyapunov-Krasovskii 泛函方法给出了系统稳定性条件和基于观测器的输出反馈控制器设计方法。在网络化控制系统输出反馈的研究中，仅有文献 [103] 和 [104] 同时考虑了非均匀采样和时变网络传输延时。可见，非均匀采样网络化控制系统的输出反馈问题仍需深入研究。

　　本章考虑时变延时可大于一个采样间隔的非均匀采样网络化控制系统，在控制量在一个采样间隔内保持不变的数据更新策略下，针对基于观测器的输出反馈控制方式，研究非均匀采样网络化控制系统的模型建立、稳定性分析和控制器设计问题。为得到计算复杂度和保守性较低的稳定条件，对闭环系统进行模型变换。应用小增益定理和锥补线性化方法，给出非均匀采样网络化控制系统的渐近稳定条件和基于观测器的输出反馈控制器设计方法。

3.2　问题描述

　　考虑如下连续时间线性系统：

$$\begin{cases} \dot{x}(t) = Ax(t) + Bu(t) \\ y(t) = Cx(t) \end{cases} \tag{3.1}$$

其中，$x(t) \in \mathbb{R}^n$ 是系统状态变量；$u \in \mathbb{R}^m$ 是系统控制输入；$y(t) \in \mathbb{R}^l$ 是系统输出；$A \in \mathbb{R}^{n \times n}$、$B \in \mathbb{R}^{n \times m}$ 和 $C \in \mathbb{R}^{l \times n}$ 是定常系统矩阵[166]。

　　针对系统 (3.1)，考虑如下的网络化输出反馈控制方法。

1) 非均匀采样

在 $\{t_k\}$ 时刻对系统 (3.1) 的输出进行采样，其中不确定时刻序列 $\{t_k\}$ 满足

$$0 = t_0 < t_1 < \cdots < t_k < \cdots, \quad \lim_{k \to \infty} t_k = \infty, \quad t_k \in \mathbb{R}^+, \quad \forall k \in \mathbb{N} \tag{3.2}$$

定义 T_k 为采样间隔且满足

$$0 < T_{\min} \leqslant T_k := t_{k+1} - t_k \leqslant T_{\max} < \infty \tag{3.3}$$

2) 时变传输延时

考虑传感器到控制器通道的传输延时。定义 $\tau(t_k) > 0$ 为系统输出 $y(t_k)$ 的延时，必存在正整数 ν_k 满足

$$t_{k+\nu_k-1} - t_k \leqslant \tau(t_k) < t_{k+\nu_k} - t_k \tag{3.4}$$

为了叙述方便，在下文中将 ν_k 视为输出量 $y(t_k)$ 的传输延时。由于 $\tau(t_k)$ 有界，故存在常量 $d_l, d_m \in \mathbb{N}^+$ 满足

$$0 < d_l \leqslant \nu_k \leqslant d_m < \infty \tag{3.5}$$

3) 状态观测器

考虑非均匀采样和分段恒定（阶梯型）控制器 $u(t) = u(t_k)$, $t \in [t_k, t_{k+1})$，系统 (3.1) 可离散化为

$$\begin{cases} x(t_{k+1}) = \Phi(T_k)x(t_k) + \Gamma(T_k)u(t_k) \\ y(t_k) = Cx(t_k) \end{cases} \tag{3.6}$$

其中

$$\Phi(T_k) = \mathrm{e}^{AT_k}, \quad \Gamma(T_k) = \int_0^{T_k} \mathrm{e}^{As}\mathrm{d}sB \tag{3.7}$$

在实际应用中，往往难以获得系统状态，故本章设计了观测器，以估计系统状态。考虑如下形式的状态观测器：

$$\begin{cases} \hat{x}(t_{k+1}) = \Phi(T_k)\hat{x}(t_k) + \Gamma(T_k)u(t_k) + L\left(y(t_{k-d(t_k)}) - \hat{y}(t_{k-d(t_k)})\right) \\ \hat{y}(t_k) = C\hat{x}(t_k) \end{cases} \tag{3.8}$$

其中，$\hat{x}(t_k) \in \mathbb{R}^n$ 是状态 $x(t_k)$ 的估计；$L \in \mathbb{R}^{n \times l}$ 是观测器增益矩阵 [166]。

4) 当前传输延时

假设系统中所有信号在传输时均带有时间戳，即数据发生的时刻。在采样间隔 $[t_k, t_{k+1})$ 中，假设被控对象系统 (3.6) 的输出 $y(t_{k-c})$ 被用于观测器 (3.8) 来计算状态估计值 $\hat{x}(t_{k+1})$。引入当前传输延时变量 $d(t_k)$ 满足 $d(t_k) = c$，可知 $d(t_k)$ 是从现在时刻的角度来看的传输延时。根据上述的控制方法，当前传输延时 $d(t_k)$ 满足 $0 < d_l \leqslant d(t_k) \leqslant d_m < \infty$。

5) 数据更新策略

考虑一种常用的数据更新策略[104]，即控制量在一个采样间隔内保持不变，数据选择方式为弃旧用新，具体过程描述如下：在 t_{k+1} 时刻，观测器在采样间隔 $[t_k, t_{k+1})$ 内收到的被控对象 (3.6) 的输出测量量中，根据时间戳选择最新的输出信号（注意区别时间戳最新的信号与最新到达的信号），并将其与正在作用的输出信号进行对比，选择较新的当作 $y(t_{k-d(t_k)})$ 来计算状态估计 $\hat{x}(t_{k+1})$，如式 (3.8)，而较旧的数据被弃掉。若在采样间隔 $[t_k, t_{k+1})$ 中无输出信号到达观测器，则沿用当前作用的输出量。

6) 基于观测器的输出反馈控制率

采用如下基于观测器的输出反馈控制率对系统 (3.1) 进行稳定控制[166]：

$$u(t) = u(t_k) = K\hat{x}(t_k), \quad t \in [t_k, t_{k+1}) \tag{3.9}$$

观测器 (3.8) 和控制率 (3.9) 构成了对系统 (3.6) 的基于观测器的输出反馈控制器。

控制回路的时序见图 3.1，下面对控制回路中的信号流进行详细阐述，以表明该控制方式的可行性。在采样时刻序列 $\{t_k\}$，对被控对象的输出 $y(t)$ 进行采样，通过网络将采样数据发送到观测器，该网络存在传输延时。在 t_{k+1} 时刻，在采样间隔 $[t_k, t_{k+1})$ 内收到的输出量采样数据中，观测器根据时间戳选择最新的输出信号，将其作为 $y(t_{k-d(t_k)})$，并应用于计算状态估计 $\hat{x}(t_{k+1})$，进而在控制器中计算控制量 $u(t_{k+1}) = K\hat{x}(t_{k+1})$。零阶保持器对控制量进行更新并作用于被

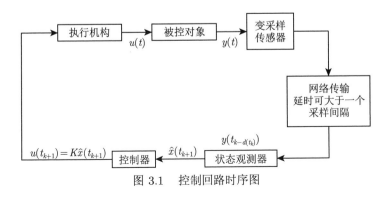

图 3.1 控制回路时序图

控对象, 有 $u(t) = u(t_{k+1})$, $t \in [t_{k+1},\ t_{k+2})$。闭环系统由被控对象 (3.6)、观测器 (3.8) 和控制器 (3.9) 组成, 是具有时变系统矩阵和时变延时的离散时间系统。

考虑非均匀采样间隔 T_k 和时变延时 ν_k 分别满足式 (3.3) 和式 (3.5) 的网络化控制系统。对闭环系统进行模型变换, 推导出闭环系统稳定条件, 并给出基于观测器的输出反馈控制器设计方法。本章的系统建模和控制器设计的流程如图 3.2 所示。

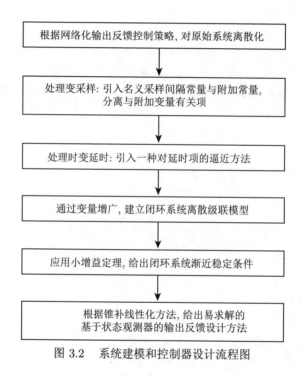

图 3.2   系统建模和控制器设计流程图

3.3   系 统 建 模

3.3.1   非均匀采样建模

首先考虑对非均匀采样间隔进行模型变换。由于采样间隔 T_k 是时变的, 系统矩阵 $\Phi(T_k)$ 和 $\Gamma(T_k)$ 是时变的, 故引入标称采样间隔变量 T_0 和附加变量 Λ_k 满足

$$T_k = T_0 + \Lambda_k \tag{3.10}$$

其中, T_0 的取值范围为 $T_{\min} \leqslant T_0 \leqslant T_{\max}$[167]。

将式 (3.10) 代入式 (3.7)，可得

$$\Phi(T_k) = e^{A(T_0+\Lambda_k)}$$

$$= e^{AT_0} + e^{AT_0}\int_0^{\Lambda_k} e^{As}\mathrm{d}sA$$

$$\Gamma(T_k) = \int_0^{T_0+\Lambda_k} e^{As}\mathrm{d}sB$$

$$= \int_0^{T_0} e^{As}\mathrm{d}sB + \int_{T_0}^{T_0+\Lambda_k} e^{As}\mathrm{d}sB$$

$$= \int_0^{T_0} e^{As}\mathrm{d}sB + e^{AT_0}\int_0^{\Lambda_k} e^{As}\mathrm{d}sB$$

上式可写为如下形式：

$$\Phi(T_k) = \Phi_0 + D_1\Delta E_1$$
$$\Gamma(T_k) = \Gamma_0 + D_1\Delta E_2 \tag{3.11}$$

其中各矩阵定义如下：

$$\Phi_0 = e^{AT_0}, \quad D_1 = e^{AT_0}, \quad \Delta = \int_0^{\Lambda_k} e^{As}\mathrm{d}s$$

$$\Gamma_0 = \int_0^{T_0} e^{As}\mathrm{d}sB, \quad E_1 = A, \quad E_2 = B$$

考虑控制器 (3.9)，系统 (3.6) 可写成

$$\begin{cases} x(t_{k+1}) = (\Phi_0 + D_1\Delta E_1)x(t_k) + (\Gamma_0 + D_1\Delta E_2)K\hat{x}(t_k) \\ y(t_k) = Cx(t_k) \end{cases} \tag{3.12}$$

通过非均匀采样的建模方法 (3.10)，将 Λ_k 和 T_0 从采样间隔 T_k 中分离，系统 (3.6) 转化为具有范数有界不确定性的离散时间系统 (3.12)。

3.3.2 时变延时建模

由系统 (3.12) 和观测器 (3.8) 组成的闭环系统是含有时变延时的离散时间系统，可采用提升方法将其转化为与延时无关的切换系统 [167]，进而采用切换系统的方法推导出稳定条件，但该方法的计算复杂度较大。采用时变延时状态项的逼

近方法 [168,169]，对时变延时项 $x(t_{k-d(t_k)})$ 和 $\hat{x}(t_{k-d(t_k)})$ 建模如下：

$$
\begin{aligned}
x(t_{k-d(t_k)}) &= \frac{1}{2}(x(t_{k-d_l}) + x(t_{k-d_m})) + \frac{d_{lm}}{2}w_d(t_k) \\
\hat{x}(t_{k-d(t_k)}) &= \frac{1}{2}(\hat{x}(t_{k-d_l}) + \hat{x}(t_{k-d_m})) + \frac{d_{lm}}{2}\hat{w}_d(t_k)
\end{aligned} \tag{3.13}
$$

其中，$d_{lm} \stackrel{\text{def}}{=\!=} d_m - d_l$。

式 (3.13) 中的 $\frac{1}{2}(x(t_{k-d_l}) + x(t_{k-d_m}))$ 和 $\frac{1}{2}(\hat{x}(t_{k-d_l}) + \hat{x}(t_{k-d_m}))$ 分别可看作对含有延时的状态和状态估计的逼近，余项 $d_{lm}w_d(t_k)/2$ 和 $d_{lm}\hat{w}_d(t_k)/2$ 可看作逼近误差，可知

$$
w_d(t_k) = \frac{1}{d_{lm}} \sum_{i=k-d_m}^{k-d_l-1} \phi(t_i)\eta(t_i)
$$

$$
\hat{w}_d(t_k) = \frac{1}{d_{lm}} \sum_{i=k-d_m}^{k-d_l-1} \phi(t_i)\hat{\eta}(t_i)
$$

其中

$$
\eta(t_k) \stackrel{\text{def}}{=\!=} x(t_{k+1}) - x(t_k)
$$

$$
\hat{\eta}(t_k) \stackrel{\text{def}}{=\!=} \hat{x}(t_{k+1}) - \hat{x}(t_k)
$$

$$
\phi(t_i) \stackrel{\text{def}}{=\!=} \begin{cases} 1, & i \leqslant k - d(t_k) - 1 \\ -1, & i > k - d(t_k) - 1 \end{cases}
$$

该定义与文献 [169] 类似。为叙述简单，引入算子 $\Omega_d : \eta \to w_d$ 和 $\hat{\Omega}_d : \hat{\eta} \to \hat{w}_d$。将式 (3.11) 和延时项建模 (3.13) 代入观测器 (3.8)，可得

$$
\begin{aligned}
\hat{x}(t_{k+1}) &= [\Phi_0 + D_1 \Delta E_1 + (\Gamma_0 + D_1 \Delta E_2)K]\,\hat{x}(t_k) \\
&\quad + LC\left(\frac{1}{2}x(t_{k-d_l}) + \frac{1}{2}x(t_{k-d_m}) + \frac{d_{lm}}{2}w_d(t_k)\right) \\
&\quad + LC\left(-\frac{1}{2}\hat{x}(t_{k-d_l}) - \frac{1}{2}\hat{x}(t_{k-d_m}) - \frac{d_{lm}}{2}\hat{w}_d(t_k)\right)
\end{aligned} \tag{3.14}
$$

3.3.3 闭环系统级联模型

观测器 (3.14) 中仍然存在含有恒定延时的状态和状态估计项，因此采用提升方法 [170]，引入以下增广变量：

$$
\begin{aligned}
\bar{x}(t_k) &= \mathrm{col}\left\{x(t_k),\ x(t_{k-1}),\ \cdots,\ x(t_{k-d_l}),\ \cdots, x(t_{k-d_m})\right\} \\
\bar{\hat{x}}(t_k) &= \mathrm{col}\left\{\hat{x}(t_k),\ \hat{x}(t_{k-1}),\ \cdots,\ \hat{x}(t_{k-d_l}),\ \cdots, \hat{x}(t_{k-d_m})\right\} \\
\bar{\eta}(t_k) &= \mathrm{col}\left\{\eta(t_k),\ \eta(t_{k-1}),\ \cdots,\ \eta(t_{k-d_l}),\ \cdots, \eta(t_{k-d_m})\right\} \\
\bar{\hat{\eta}}(t_k) &= \mathrm{col}\left\{\hat{\eta}(t_k),\ \hat{\eta}(t_{k-1}),\ \cdots,\ \hat{\eta}(t_{k-d_l}),\ \cdots, \hat{\eta}(t_{k-d_m})\right\}
\end{aligned}
\tag{3.15}
$$

通过提升方法 (3.15)，由系统 (3.12) 和式 (3.14) 组成的闭环系统等价于由两个子系统构成的级联系统，如图 3.3 所示。

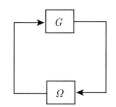

图 3.3　闭环系统级联模型

级联系统的具体形式如下：

$$
S_1:\ \begin{bmatrix} \bar{x}(t_{k+1}) \\ \bar{\hat{x}}(t_{k+1}) \\ \bar{\eta}(t_k) \\ \bar{\hat{\eta}}(t_k) \end{bmatrix} = G \begin{bmatrix} \bar{x}(t_k) \\ \bar{\hat{x}}(t_k) \\ w_d(t_k) \\ \hat{w}_d(t_k) \end{bmatrix}
\tag{3.16}
$$

$$
S_2:\ \begin{bmatrix} w_d(t_k) \\ \hat{w}_d(t_k) \end{bmatrix} = \Omega \begin{bmatrix} \bar{\eta}(t_k) \\ \bar{\hat{\eta}}(t_k) \end{bmatrix}
$$

其中

$$
G = G_0 + \bar{H}_1 \bar{\Delta} \bar{F}_1 + \bar{H}_2 \Delta \bar{F}_2
$$

$$
\Omega = \begin{bmatrix} \Omega_d\,[\cdot] & 0 \\ 0 & \hat{\Omega}_d\,[\cdot] \end{bmatrix}
$$

$$G_0 = \begin{bmatrix} \mathscr{G}_1 & \mathscr{G}_2 & 0_{(d_m+1)n \times 2n} \\ \mathscr{G}_3 & \mathscr{G}_4 & \mathscr{G}_5 \\ \mathscr{G}_6 & \mathscr{G}_7 & 0_{(d_m+1)n \times 2n} \\ \mathscr{G}_8 & \mathscr{G}_9 & \mathscr{G}_{10} \end{bmatrix}$$

$$\mathscr{G}_1 = \begin{bmatrix} \Phi_0 & 0_{n \times (d_m-1)n} & 0_n \\ I_{d_m n} & & 0_{d_m n \times n} \end{bmatrix}$$

$$\mathscr{G}_2 = \begin{bmatrix} \Gamma_0 K & 0_{n \times d_m n} \\ & 0_{d_m n \times (d_m+1)n} \end{bmatrix}, \quad \mathscr{G}_3 = \begin{bmatrix} 0_{n \times d_l n} & \frac{1}{2}LC & 0_{n \times d_{lm1} n} & \frac{1}{2}LC \\ & 0_{d_m n \times (d_m+1)n} \end{bmatrix}$$

$$\mathscr{G}_4 = \begin{bmatrix} \Phi_0 + \Gamma_0 K & 0_{n \times (d_l-1)n} & -\frac{1}{2}LC & 0_{n \times d_{lm1}n} & -\frac{1}{2}LC \\ I_{d_m n} & & & 0_{d_m n \times n} \end{bmatrix}$$

$$\mathscr{G}_5 = \begin{bmatrix} \frac{d_{lm}}{2}LC & -\frac{d_{lm}}{2}LC \\ & 0_{d_m n \times 2n} \end{bmatrix}, \quad \mathscr{G}_6 = \begin{bmatrix} \Phi_0 - I_n & 0_{n \times d_m n} \\ I_n & -I_n & & 0 \\ & \ddots & \ddots & \\ 0 & & I_n & -I_n \end{bmatrix}$$

$$\mathscr{G}_7 = \begin{bmatrix} \Gamma_0 K & 0_{n \times d_m n} \\ & 0_{d_m n \times (d_m+1)n} \end{bmatrix}, \quad \mathscr{G}_8 = \begin{bmatrix} 0_{n \times d_l n} & \frac{1}{2}LC & 0_{n \times d_{lm1}n} & \frac{1}{2}LC \\ & 0_{d_m n \times (d_m+1)n} \end{bmatrix}$$

$$\mathscr{G}_9 = \begin{bmatrix} \Phi_0 + \Gamma_0 K - I_n & 0_{n \times (d_l-1)n} & -\frac{1}{2}LC & 0_{n \times d_{lm1}n} & -\frac{1}{2}LC \\ I_n & -I_n & & & 0 \\ & \ddots & & \ddots & \\ 0 & & & I_n & -I_n \end{bmatrix}$$

$$\mathscr{G}_{10} = \begin{bmatrix} \frac{d_{lm}}{2}LC & -\frac{d_{lm}}{2}LC \\ & 0_{d_m n \times 2n} \end{bmatrix}$$

$$\bar{H}_1 = \mathrm{diag}\{D_1, \ 0_{d_m n}, \ D_1, \ 0_{d_m n}, \ D_1, \ 0_{d_m n}, \ D_1, \ 0_{d_m n}\}$$

$$\bar{\Delta} = \mathrm{diag}\{\Delta, \ 0_{d_m n}, \ \Delta, \ 0_{d_m n}, \ \Delta, \ 0_{d_m n}, \ \Delta, \ 0_{d_m n}\}$$

$$\bar{H}_2 = \mathrm{col}\{D_1, \ 0_{d_m n \times n}, \ D_1, \ 0_{d_m n \times n}, \ D_1, \ 0_{d_m n \times n}, \ D_1, \ 0_{d_m n \times n}\}$$

$$\bar{F}_2 = \begin{bmatrix} 0_{n \times (d_m+1)n} & E_2 K & 0_{n \times (d_m+2)n} \end{bmatrix}, \quad d_{lm1} \stackrel{\text{def}}{=\!=} d_m - d_l - 1$$

$$\bar{F}_1 = \begin{bmatrix} \begin{matrix} E_1 \\ & 0_{d_m n} \end{matrix} & 0_{(d_m+1)n} & 0_{(d_m+1)n \times 2n} \\ 0_{(d_m+1)n} & \begin{matrix} E_1 \\ & 0_{d_m n} \end{matrix} & 0_{(d_m+1)n \times 2n} \\ \begin{matrix} E_1 \\ & 0_{d_m n} \end{matrix} & 0_{(d_m+1)n} & 0_{(d_m+1)n \times 2n} \\ 0_{(d_m+1)n} & \begin{matrix} E_1 \\ & 0_{d_m n} \end{matrix} & 0_{(d_m+1)n \times 2n} \end{bmatrix}$$

在级联系统 (3.16) 的前向通道中，系统矩阵 G 由两部分构成，一部分是线性时不变部分 G_0，不含有 Λ_k；另一部分含有由非均匀采样带来的不确定项 Δ 和 $\bar{\Delta}$。通过对时变延时进行建模 (式 (3.13))，采用提升方法 (式 (3.15))，将时变延时从原始闭环系统中分离出来，模型变换后的闭环系统为由两个子系统构成的级联系统，其前向通道与延时无关。

3.4 稳定性分析

对于级联系统 (3.16) 的反向通道 S_2，下面的引理给出了算子 Ω 的 $\mathbb{L}_2$ 诱导范数的一个上界。

引理 3.1 系统 (3.16) 中的算子 Ω 满足如下不等式：

$$\|\Omega\|_2 \leqslant \sqrt{\frac{1}{d_m+1}}$$

证明 基于引理 1.1 中的不等式 [171] 和零初始条件 $x(t_k) = 0$，$\hat{x}(t_k) = 0$，$\forall k < 0$，可得算子 Ω_d 的 $\mathbb{L}_2$ 诱导范数的上界：

$$\begin{aligned} \|\bar{\eta}\|_{\mathbb{L}_2}^2 &= \sum_{k=0}^{\infty} \sum_{i=k-d_m}^{k} \|\eta(t_i)\|^2 \\ &= \sum_{k=0}^{\infty} \sum_{s=-d_m}^{0} \|\eta(t_{k+s})\|^2 \\ &= \sum_{s=-d_m}^{0} \sum_{k=0}^{\infty} \|\eta(t_{k+s})\|^2 \\ &= \sum_{s=-d_m}^{0} \sum_{k=0}^{\infty} \|\eta(t_k)\|^2 \\ &= (d_m+1)\|\eta\|_{\mathbb{L}_2}^2 \end{aligned}$$

$$\|w_d\|_{\mathbb{L}_2}^2 = \sum_{k=0}^{\infty} w_d(t_k)^{\mathrm{T}} w_d(t_k)$$

$$= \sum_{k=0}^{\infty} \frac{1}{d_{lm}^2} \left(\sum_{i=k-d_m}^{k-d_l-1} \phi(t_i)\eta^{\mathrm{T}}(t_i) \right) \left(\sum_{i=k-d_m}^{k-d_l-1} \phi(t_i)\eta(t_i) \right)$$

$$\leqslant \sum_{k=0}^{\infty} \frac{1}{d_{lm}^2} \left[(d_m - d_l) \sum_{i=k-d_m}^{k-d_l-1} \phi^2(t_i)\eta^{\mathrm{T}}(t_i)\eta(t_i) \right]$$

$$= \frac{1}{d_{lm}} \sum_{k=0}^{\infty} \sum_{i=k-d_m}^{k-d_l-1} \|\eta(t_i)\|^2$$

$$= \frac{1}{d_{lm}} \sum_{s=-d_m}^{-d_l-1} \sum_{k=0}^{\infty} \|\eta(t_{k+s})\|^2$$

$$= \frac{1}{d_{lm}} \sum_{s=-d_m}^{-d_l-1} \sum_{k=0}^{\infty} \|\eta(t_k)\|^2$$

$$= \|\eta\|_{\mathbb{L}_2}^2$$

$$= \frac{1}{d_m + 1} \|\bar{\eta}\|_{\mathbb{L}_2}^2$$

上式证明 $\|\Omega_d\|_2 \leqslant \sqrt{\dfrac{1}{d_m+1}}$，同样可得 $\|\hat{\Omega}_d\|_2 \leqslant \sqrt{\dfrac{1}{d_m+1}}$，故有 $\|\Omega\|_2 \leqslant \sqrt{\dfrac{1}{d_m+1}}$。证毕。

　　由于 $T_{\min} - T_0 \leqslant \Lambda_k \leqslant T_{\max} - T_0$，矩阵 Δ 的 $\mathbb{L}_2$ 诱导范数也是有界的。为叙述简单，对于给定的 T_0，引入常量 $\Delta \geqslant 0$，将其定义为矩阵 Δ 的 $\mathbb{L}_2$ 诱导范数的上界，即 $\|\Delta\|_2 \leqslant \delta$，该上界值可由下述引理得到。

引理 3.2　对于定常矩阵 $A \in \mathbb{R}^{n \times n}$ 和常数 τ，下述不等式成立：

$$\left\| \int_0^{\tau} \mathrm{e}^{As} \mathrm{d}s \right\|_2 \leqslant \alpha(\tau)$$

其中

$$\alpha(\tau) = \begin{cases} \dfrac{\mathrm{e}^{\mu(A)\tau}-1}{\mu(A)}, & \tau \geqslant 0,\ \mu(A) \neq 0 \\[2mm] \dfrac{\mathrm{e}^{\mu(-A)|\tau|}-1}{\mu(A)}, & \tau < 0,\ \mu(A) \neq 0 \\[2mm] |\tau|, & \mu(A) = 0 \end{cases}$$

$$\mu(A) = \lambda_{\max}\left(\frac{A + A^{\mathrm{T}}}{2} \right)$$

上述引理中的范数为 $\mathbb{L}_2$ 诱导范数。

证明 根据文献 [172] 可得

$$\left\|\mathrm{e}^{At}\right\|_2 \leqslant \mathrm{e}^{\mu(A)t}, \quad t \geqslant 0$$

因此，当 $\tau \geqslant 0$ 及 $\mu(A) \neq 0$ 时，有

$$\begin{aligned}
\left\|\int_0^\tau \mathrm{e}^{At}\mathrm{d}t\right\|_2 &\leqslant \int_0^\tau \left\|\mathrm{e}^{At}\mathrm{d}t\right\|_2 \\
&\leqslant \int_0^\tau \mathrm{e}^{\mu(A)t}\mathrm{d}t \\
&= \frac{\mathrm{e}^{\mu(A)\tau}-1}{\mu(A)}
\end{aligned}$$

当 $\tau < 0$ 和 $\mu(A) \neq 0$ 时，有

$$\begin{aligned}
\left\|\int_0^\tau \mathrm{e}^{At}\mathrm{d}t\right\|_2 &\leqslant \left\|\int_0^{|\tau|} \mathrm{e}^{-At}\mathrm{d}t\right\|_2 \\
&\leqslant \int_0^{|\tau|} \left\|\mathrm{e}^{-At}\mathrm{d}t\right\|_2 \\
&\leqslant \int_0^{|\tau|} \mathrm{e}^{\mu(-A)t}\mathrm{d}t \\
&= \frac{\mathrm{e}^{\mu(-A)|\tau|}-1}{\mu(-A)}
\end{aligned}$$

若 $\mu(A) = 0$，易得 $\left\|\int_0^\tau \mathrm{e}^{At}\mathrm{d}t\right\|_2 \leqslant |\tau|$。证毕。

针对由被控对象 (3.6)、观测器 (3.8) 和控制器 (3.9) 组成的闭环系统，下面的定理给出了已知增益矩阵 K、L 时系统的渐近稳定性条件。

定理 3.1 给定常量 $0 < \gamma \leqslant \sqrt{d_m+1}$ 和 $\delta \geqslant 0$，若存在正定对称矩阵 $0 < S \in \mathbb{R}^{n \times n}$、$0 < P \in \mathbb{R}^{2(d_m+1)n \times 2(d_m+1)n}$ 和标量 $\zeta > 0$、$\varepsilon_1 > 0$、$\varepsilon_2 > 0$，使下述线性矩阵不等式成立：

$$\begin{bmatrix}
-\Theta_2 + \varepsilon_1 \bar{F}_1^{\mathrm{T}}\bar{F}_1 + \varepsilon_2 \bar{F}_2^{\mathrm{T}}\bar{F}_2 & * & * & * \\
\Theta_1 G_0 & -\Theta_1 & * & * \\
0 & \delta \bar{H}_1^{\mathrm{T}}\Theta_1 & -\varepsilon_1 & * \\
0 & \delta \bar{H}_2^{\mathrm{T}}\Theta_1 & 0 & -\varepsilon_2
\end{bmatrix} < 0 \qquad (3.17)$$

其中

$$\Theta_1 = \text{diag}\{P,\ S,\ \zeta I_{(2d_m+1)n}\}$$

$$\Theta_2 = \text{diag}\{P,\ \gamma^2 S,\ \zeta \gamma^2 I_n\}$$

则对于所有非均匀采样间隔 $T_k \in [T_{\min},\ T_{\max}]$ 和时变延时 $\nu_k \in \{d_l,\ \cdots,\ d_m\}$，由被控对象 (3.6)、观测器 (3.8) 和控制器 (3.9) 组成的闭环系统渐近稳定。

证明　根据有界实引理 1.5，给定常量 $\gamma > 0$，系统 (3.16) 的前向通道系统 S_1 渐近稳定，且其 $\mathbb{L}_2$ 增益小于 γ，当且仅当线性矩阵不等式

$$G^{\mathrm{T}} \Theta_1 G - \Theta_2 < 0 \tag{3.18}$$

成立 [169]。根据 Schur 补引理 1.2，以及文献 [173] 引理 3.1 中的等价不等式：$W + MQN + N^{\mathrm{T}}Q^{\mathrm{T}}M^{\mathrm{T}} < 0$ 和 $W + \varepsilon^2 MM^{\mathrm{T}} + \varepsilon^{-2}N^{\mathrm{T}}N < 0$，其中 $Q^{\mathrm{T}}Q \leqslant I$，$\varepsilon > 0$，可知线性矩阵不等式 (3.18) 等价于线性不等式 (3.17)。证毕。

引理 3.1 表明，算子 Ω 的 $\mathbb{L}_2$ 诱导范数小于等于 $\sqrt{1/(d_m+1)}$，即反向通道 S_2 的输入到输出信号的增益小于等于 $\sqrt{1/(d_m+1)}$。因此，若 $\gamma \leqslant \sqrt{d_m+1}$，则级联系统 (3.16) 的 $\mathbb{L}_2$ 增益小于 1。根据小增益定理 [169,174]，若线性矩阵不等式 (3.17) 成立，则闭环系统渐近稳定。

注 3.1　由于引入了适当的模型变换，稳定条件定理 3.1 中仅需求解 1 个线性矩阵不等式，具有计算复杂度较低的优势。

注 3.2　时变传输延时的建模方法是基于对延时状态项的逼近，采用不同的逼近方法得到的闭环系统形式不同，导致反向通道的 $\mathbb{L}_2$ 增益上界不同，因而对前向通道增益上界的要求不同。对于单项逼近方法，可用 $x(t_{k-d_m})$ 或 $x(t_{k-d_e})$ 逼近含有延时的状态项 $x(t_{k-d(t_k)})$，如文献 [175] 和 [176]，其中 $d_l \leqslant d_e \leqslant d_m$。在两项逼近方法中，采用 $\frac{1}{2}(x(t_{k-d_l}) + x(t_{k-d_m}))$ 作为逼近，本章和文献 [168] 均采用了该方法。当然，也可采用三项逼近方法，如 $\frac{1}{3}\left(x(t_{k-d_l}) + x(t_{k-d_e}) + x(t_{k-d_m})\right)$；更进一步，在其中添加更多项，即可形成多项逼近方法。采用三项或多项逼近方法对时变延时进行建模，并对本章提出的闭环系统级联模型和求取前向通道 $\mathbb{L}_2$ 增益上界的方法进行拓展，可用于解决带有不确定性的网络化控制系统的稳定性和控制问题。

3.5　基于观测器的输出反馈控制器设计

定理 3.1 给出了闭环系统的稳定条件。然而，当控制器增益和观测器增益矩阵未知时，条件 (3.17) 不再是线性矩阵不等式。因此，本节将定理 3.1 扩展，给

出控制器设计方法以求得控制器增益 K 和观测器增益 L。

首先，将增益矩阵 K 和 L 从系统 (3.16) 前向通道的系统矩阵 G 中分离。矩阵 G_0 和 $\bar{F}_2$ 可表示为

$$
\begin{aligned}
G_0 &= G_{00} + \bar{\Gamma}\bar{K} + \bar{L}\bar{C} \\
\bar{F}_2 &= \bar{F}_{20}\bar{K}
\end{aligned}
\tag{3.19}
$$

其中

$$
\bar{K} = \text{diag}\left\{0_{d_m m \times (d_m+1)n},\ K,\ 0_{d_m m \times (d_m+2)n}\right\}
$$

$$
\bar{L} = \text{col}\left\{0_{(d_m+1)n \times l},\ L,\ 0_{d_m n \times l},\ 0_{(d_m+1)n \times l},\ L,\ 0_{d_m n \times l}\right\}
$$

$$
\bar{\Gamma} = \left[
\begin{array}{c:c:c}
0_{(d_m+1)n \times (d_m+1)m} & \begin{matrix} \Gamma_0 \\ 0_{d_m n \times d_m m} \end{matrix} & 0_{(d_m+1)n \times 2m} \\
\hdashline
0 & \begin{matrix} \Gamma_0 \\ 0_{d_m n \times d_m m} \end{matrix} & 0 \\
\hdashline
0 & \begin{matrix} \Gamma_0 \\ 0_{d_m n \times d_m m} \end{matrix} & 0 \\
\hdashline
0 & \begin{matrix} \Gamma_0 \\ 0_{d_m n \times d_m m} \end{matrix} & 0
\end{array}
\right]
$$

$$
G_{00} = \left[
\begin{array}{c:c:c}
\begin{matrix} \Phi_0\ 0_{n \times (d_m-1)n} & 0_n \\ \hdashline I_{d_m n} & 0_{d_m n \times n} \end{matrix} & 0_{(d_m+1)n} & 0_{(d_m+1)n \times 2n} \\
\hdashline
0_{(d_m+1)n} & \begin{matrix} \Phi_0\ 0_{n \times (d_m-1)n} & 0_n \\ \hdashline I_{d_m n} & 0_{d_m n \times n} \end{matrix} & 0_{(d_m+1)n \times 2n} \\
\hdashline
\begin{matrix} \Phi_0-I_n & 0_{n \times d_m n} \\ \hdashline I_n & -I_n & 0 \\ & \ddots & \ddots \\ 0 & I_n & -I_n \end{matrix} & 0_{(d_m+1)n} & 0_{(d_m+1)n \times 2n} \\
\hdashline
0_{(d_m+1)n} & \begin{matrix} \Phi_0-I_n & 0_{n \times d_m n} \\ \hdashline I_n & -I_n & 0 \\ & \ddots & \ddots \\ 0 & I_n & -I_n \end{matrix} & 0_{(d_m+1)n \times 2n}
\end{array}
\right]
$$

$$\bar{C} = \begin{bmatrix} 0_{l \times d_l n} & \frac{1}{2}C & 0_{l \times d_{lm1} n} & \frac{1}{2}C & 0 & \frac{1}{2}C & 0 & \frac{1}{2}C & \frac{d_{lm}}{2}C & \frac{d_{lm}}{2}C \end{bmatrix}$$

$$\bar{F}_{20} = \begin{bmatrix} 0_{n \times (d_m+1)m} & E_2 & 0_{n \times (d_m+2)m} \end{bmatrix}$$

针对由被控对象 (3.6)、观测器 (3.8) 和控制器 (3.9) 组成的闭环系统，以下定理给出了求解控制器和观测器增益的方法。

定理 3.2　给定常量 $0 < \gamma \leqslant \sqrt{d_m + 1}$ 和 $\delta \geqslant 0$，若存在正定对称矩阵 $S \in \mathbb{R}^{n \times n}$、$P \in \mathbb{R}^{2(d_m+1)n \times 2(d_m+1)n}$，矩阵 $K \in \mathbb{R}^{m \times n}$、$L \in \mathbb{R}^{n \times l}$，以及标量 $\zeta > 0$、$\varepsilon_0 > 0$、$\varepsilon_1 > 0$、$\varepsilon_2 > 0$，使得下述不等式成立：

$$\begin{bmatrix} -\Theta_2 & * & * & * & * & * & * & * \\ 0 & -\Theta_1 & * & * & * & * & * & * \\ & \Theta_1 & -\varepsilon_0 & * & * & * & * & * \\ 0 & \delta \bar{H}_1^{\mathrm{T}} \Theta_1 & & -\varepsilon_1 & * & * & * & * \\ & \delta \bar{H}_2^{\mathrm{T}} \Theta_1 & 0 & & -\varepsilon_2 & * & * & * \\ G_{00} + \bar{\Gamma}K + \bar{L}\bar{C} & & & & & -\varepsilon_0^{-1} & * & * \\ \bar{F}_1 & 0 & & 0 & & & -\varepsilon_1^{-1} & * \\ \bar{F}_{20}\bar{K} & & & & 0 & & & -\varepsilon_2^{-1} \end{bmatrix} < 0$$

(3.20)

其中

$$\Theta_1 = \mathrm{diag}\{P, \ S, \ \zeta I_{(2d_m+1)n}\}$$

$$\Theta_2 = \mathrm{diag}\{P, \ \gamma^2 S, \ \zeta \gamma^2 I_n\}$$

则对于所有非均匀采样间隔 $T_k \in [T_{\min}, \ T_{\max}]$ 和时变延时 $\nu_k \in \{d_l, \cdots, d_m\}$，由被控对象 (3.6)、观测器 (3.8) 和控制器 (3.9) 组成的闭环系统渐近稳定。矩阵 K、L 即为求得的控制器增益和观测器增益。

证明　对稳定条件 (3.17) 应用 Schur 补引理 1.2，并结合式 (3.19)，可得不等式 (3.20)。由定理 3.1 可知，根据不等式 (3.20) 求得的矩阵 K、L 能使由被控对象 (3.6)、观测器 (3.8) 和控制器 (3.9) 组成的闭环系统渐近稳定。证毕。

由于变量 ε_0、ε_1、ε_2 和其倒数项 ε_0^{-1}、ε_1^{-1}、ε_2^{-1} 同时存在，故定理 3.2 中的条件 (3.20) 并非线性矩阵不等式形式。为此，采用锥补线性化方法来解决这一问题。通过改进锥补线性化方法 [177]，原始问题可转化为如下基于线性矩阵不等式的最小问题：

$\min \operatorname{trace}(\varepsilon_0 f_0 + \varepsilon_1 f_1 + \varepsilon_2 f_2)$

s.t.

$$\left[\begin{array}{ccc:ccc:ccc} -\Theta_2 & * & * & * & * & * & * & * \\ 0 & -\Theta_1 & * & * & * & * & * & * \\ \hdashline & \Theta_1 & -\varepsilon_0 & * & * & * & * & * \\ 0 & \delta\bar{H}_1^{\mathrm{T}}\Theta_1 & & -\varepsilon_1 & * & * & * & * \\ & \delta\bar{H}_2^{\mathrm{T}}\Theta_1 & 0 & & -\varepsilon_2 & * & * & * \\ \hdashline G_{00}+\bar{\Gamma}\bar{K}+\bar{L}\bar{C} & & & & & -f_0 & * & * \\ \bar{F}_1 & 0 & & 0 & & & -f_1 & * \\ \bar{F}_{20}\bar{K} & & & & & 0 & & -f_2 \end{array}\right] < 0 \quad (3.21)$$

和

$$\left[\begin{array}{ccc:c} \varepsilon_0 & & & \\ & \varepsilon_1 & & I \\ & & \varepsilon_2 & \\ \hdashline & & & f_2 \end{array}\right] \geqslant 0 \quad (3.22)$$

证毕。

最后给出如下迭代算法求解上述问题。

算法 3.1　控制器增益 K 和观测器增益 L 求解算法。

(1) 求解式 (3.21) 和式 (3.22) 的一组解 $(\varepsilon_0^0,\ \varepsilon_1^0,\ \varepsilon_2^0,\ f_0^0,\ f_1^0,\ f_2^0,\ P,\ S,\ \zeta,\ K,\ L)$，令 $k=0$。

(2) 求解变量为 $(\varepsilon_0,\ \varepsilon_1,\ \varepsilon_2,\ f_0,\ f_1,\ f_2,\ P,\ S,\ \zeta,\ K,\ L)$ 的线性矩阵不等式问题如下：

求 $\operatorname{trace}(\varepsilon_0^k f_0 + \varepsilon_0 f_0^k + \varepsilon_1^k f_1 + \varepsilon_1 f_1^k + \varepsilon_2^k f_2 + \varepsilon_2 f_2^k)$ 的最小值，满足式 (3.21) 和式 (3.22)。

令 $\varepsilon_i^{k+1}=\varepsilon_i$，$f_i^{k+1}=f_i$。

(3) 若对于步骤 (2) 中求得的 K 和 L，以及变量 $(\varepsilon_1,\ \varepsilon_2,\ P,\ S,\ \zeta)$，稳定条件 (3.17) 有可行解，则已求得可行解，退出循环。若条件 (3.17) 在一定步数内仍然不能求得可行解，则终止循环。否则转到步骤 (2)。

通过改进锥补线性化方法 [177]，将闭环系统稳定条件 (3.17) 的可行性用作控制器设计迭代算法的终止条件。步骤 (2) 中求得增益矩阵 K 和 L 后，终止条件是线性矩阵不等式 (3.17)，其中 $(\varepsilon_1,\ \varepsilon_2,\ P,\ S,\ \zeta)$ 是线性矩阵不等式矩阵变量。在传统的锥补线性化方法中，一般采用控制器设计条件 (3.20) 作为终止条件，那么

$(\varepsilon_1,\ \varepsilon_2,\ P,\ S,\ \zeta)$ 为固定矩阵，而非变量。采用稳定条件 (3.17) 作为终止条件的优势在于有更大的自由度来选择变量，从而降低保守性和计算复杂度。

3.6　数值仿真

例 3.1　电机是将电能转化为机械能的设备，主要作用是产生驱动转矩，在国民经济各行业中有着广泛的应用，如自动生产线、电气化运输工具、机器人、医疗器械、家用电器等。物联网将新一代的信息技术充分运用在各行各业中，实现万物互联，遍及智能交通、智慧医疗、智能农业、智能家居等多个领域，也使得实现电机系统的网络化控制成为必需。

为此，本章考虑具有如下参数的直流电机模型[178]并对其进行网络化输出反馈控制：

$$A = \begin{bmatrix} 0 & 1 \\ 0 & -0.1 \end{bmatrix}, \quad B = \begin{bmatrix} 0 \\ 0.1 \end{bmatrix}, \quad C = \begin{bmatrix} 1 & 0 \end{bmatrix}$$

非均匀采样间隔满足 $T_k \in [0.05,\ 0.2]$s，时变传输延时为 $\nu_k \in \{1,\ 2,\ \cdots,\ 5\}$s。选择参数 $T_0 = 0.125$s，$\gamma = \sqrt{d_m + 1} = 2.449$，以减小保守性。采用算法 3.1 求得控制器增益为 $K = [-3.0170\ -8.0000]$，观测器增益为 $L = [0.1284\ 0.0776]^{\mathrm{T}}$。

在仿真中，令 $x_0 = [-1\ -1]^{\mathrm{T}}$，$\hat{x}_0 = [1\ 1]^{\mathrm{T}}$。非均匀采样间隔和时变传输延时分别见图 3.4 和图 3.5。系统响应和状态估计见图 3.6。该仿真实例表明，闭环系统渐近稳定。

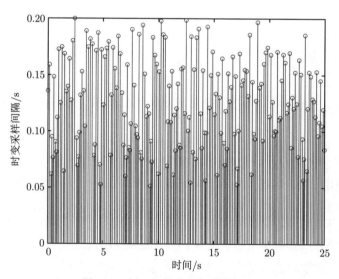

图 3.4　例 3.1 的非均匀采样间隔

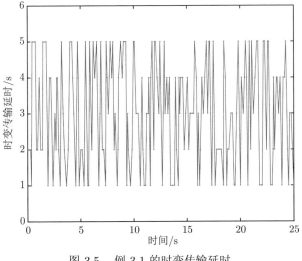

图 3.5 例 3.1 的时变传输延时

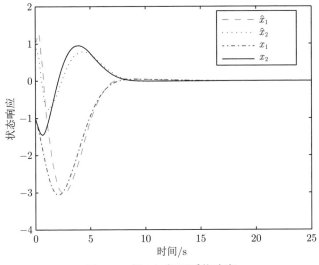

图 3.6 例 3.1 闭环系统响应

下面给出对比实例以证明该方法的优越性。文献 [103] 同样研究了具有非均匀采样和时变延时的网络化控制系统的输出反馈问题。对于给定的控制器增益 $K = [-1.17 \ -1.44]$ 和观测器增益 $L = [0.09 \ 0.07]^{\mathrm{T}}$，文献 [103] 的结果显示，非均匀采样间隔为 $T_k \in [0, 0.3]$s 时，闭环系统在时变延时小于 1.13s 时可渐近稳定；但在本章所提出的方法中，对于同样的非均匀采样间隔 $T_k \in [0, 0.3]$s 和同样的增益矩阵，应用定理 3.1，闭环系统可在时变延时为 $\nu_k \in \{1, 2, \cdots, 9\}$s 时达到渐近稳定。通过对比可知，本章方法保守性更小。

例 3.2　运用现代控制技术、网络技术和现场总线技术，可实现对现代造纸工业的多机控制和远程控制，造纸企业的技术人员和管理人员可在远离生产现场的情况下，及时掌握并调整生产现场的运行状况，实现信息资源共享和远程控制与决策。纸张制造过程中，造纸机上的流浆箱把浆料喷射到移动的网带上。

考虑具有如下参数的流浆箱系统模型[179,180]：

$$A = \begin{bmatrix} -0.8 & 0.02 \\ -0.02 & 0 \end{bmatrix}, \quad B = \begin{bmatrix} 0.05 \\ 0.001 \end{bmatrix}, \quad C = \begin{bmatrix} 1 & 0 \end{bmatrix}$$

其中，状态变量为浆流箱的液面高度和压力，控制输入 u 是泵电流。采用本章的方法可知，当非均匀采样间隔和时变延时分别满足 $T_k \in [0.01, 0.3]$s 和 $\nu_k \in \{1,2,3,4\}$s 时，闭环系统渐近稳定，求得的控制器矩阵 $K = [-1.0003 \quad -0.5103]$ 和观测器增益矩阵 $L = [0.0175 \quad -0.0038]^{\mathrm{T}}$。该实例表明了本章方法的有效性。

3.7　本 章 小 结

本章研究了具有非均匀采样和时变网络延时的网络化控制系统的基于观测器的输出反馈控制问题；通过对非均匀采样间隔和时变延时进行建模，以及采用提升方法，将闭环系统建模为前向通道与延时无关的级联系统，并给出了闭环系统渐近稳定的条件和控制器增益的设计方法。仿真实例验证了本章所提出方法的有效性。

第 4 章 执行器分段策略下的网络化控制系统非均匀采样控制

4.1 引 言

网络化控制系统的研究是近些年来的热点,网络传输延时的存在使得数据不能及时到达控制器和执行器。为分析方便,执行器节点往往采用时间驱动方式,即与传感器的采样时刻保持一致,且通常假设控制量在一个采样间隔内保持不变。该假设便于系统建模与分析,但增加了数据包的等待时间,在一定程度上降低了系统性能。文献 [86] 和 [89] 考虑在采样间隔内更新控制量的情形,分别采用约当型方法和泰勒展开方法将系统建模为凸多面体模型,根据 Lyapunov 函数方法得到稳定性条件和控制器设计方法。该方法中线性矩阵不等式的个数随凸多面体的顶点个数呈指数型增长。顶点个数较少会导致凸多面体逼近精度降低,而顶点个数较多时该方法的计算复杂度较大。因此,如何设计适当的数据更新策略并提出计算复杂度较低的稳定条件和控制器设计方法,是本章关注的重点。

本章针对非均匀采样网络化控制系统,考虑一种更加精细的数据更新策略,即一个采样周期内多次更新控制量,分别在状态反馈和输出反馈控制方式下,研究系统的建模方法、稳定性条件以及控制器设计方法。其中,采样间隔和网络延时均在一定范围内变化,且延时可大于一个采样间隔。将闭环系统离散化,并对非均匀采样和时变延时进行模型变换,将闭环系统建模为级联系统。分别针对状态反馈和输出反馈控制方式,探究非均匀采样网络化控制系统的稳定条件和控制器设计方法,并通过仿真实例验证该方法的有效性和优越性。

4.2 问 题 描 述

考虑如下连续时间被控系统:

$$\begin{cases} \dot{x}(t) = Ax(t) + Bu(t) \\ y(t) = Cx(t) \end{cases} \tag{4.1}$$

其中,$x(t) \in \mathbb{R}^n$ 是系统状态变量;$u(t) \in \mathbb{R}^m$ 是控制输入;$y(t) \in \mathbb{R}^l$ 是系统输出;$A \in \mathbb{R}^{n \times n}$、$B \in \mathbb{R}^{n \times m}$ 和 $C \in \mathbb{R}^{l \times n}$ 是定常系统矩阵[166]。

采用非均匀采样方式对系统 (4.1) 的状态（或输出）进行采样，采样时间序列
$\{t_k\}$ 满足式 (3.2)。定义 T_k 为采样间隔，其最小值和最大值分别为 $T_{\min}$ 和 $T_{\max}$，
且满足

$$0 < T_{\min} \leqslant T_k := t_{k+1} - t_k \leqslant T_{\max} < \infty \tag{4.2}$$

考虑时变延时，假设其有界，且可大于一个采样间隔。定义 $\tau(t_k) \in \mathbb{R}^+$ 为系
统状态 $x(t_k)$（或输出 $y(t_k)$）的延时，必存在非负整数 $\nu_k \in \mathbb{N}$ 满足 $t_{k+\nu_k} - t_k \leqslant$
$\tau(t_k) \leqslant t_{k+\nu_k+1} - t_k$。从离散时间系统的角度来讲，$\nu_k$ 代表信号从其被采样时刻
t_k 到被用作控制输入量的时刻所经过的采样间隔数。为表述方便，将 ν_k 视为状
态 $x(t_k)$（或输出 $y(t_k)$）的延时，且满足

$$0 \leqslant d_l \leqslant \nu_k \leqslant d_m < \infty \tag{4.3}$$

同样，假设闭环系统中所有信号的数据包均带有时间戳。

在执行器端采用"分段弃旧用新"数据更新策略，在一个采样周期内多次更
新控制量，具体过程描述如下：将采样间隔 $[t_k,\ t_{k+1})$ 等分为 α 个子区间，即
$[t_k,\ t_{k,1}), [t_{k,1},\ t_{k,2}), \cdots, [t_{k,p-1},\ t_{k,p}), \cdots, [t_{k,\alpha-1},\ t_{k+1})$，其中 $p \in \{1,\ 2,\ \cdots,$
$\alpha\}, t_{k,p} = t_k + pT_k/\alpha, t_{k,0} = t_k, t_{k,\alpha} = t_{k+1}, \alpha \in \mathbb{N}^+$。在 $t_{k,p}$ 时刻，执行器在子区
间 $[t_{k,p-1},\ t_{k,p})$ 中收到的控制信号，根据时间戳选择最新的控制信号，与正在作用
的控制输入进行对比，选择二者中较新的一个，从时刻 $t_{k,p}$ 起用作系统 (4.1) 的新
控制量，较旧的信号则被弃掉。若在子区间 $[t_{k,p-1},\ t_{k,p})$ 中无控制信号到达执行
器，则沿用现有控制输入。根据以上策略，在一个采样间隔 $[t_k,\ t_{k+1})$ 中，最多可
有 $d_m - d_l + 2$ 个控制输入作用到系统，包括 $x(t_{k-d_m-1}), x(t_{k-d_m}), \cdots, x(t_{k-d_l})$
或 $y(t_{k-d_m-1}), y(t_{k-d_m}), \cdots, y(t_{k-d_l})$，故 α 应满足

$$0 < \alpha \leqslant d_m - d_l + 2$$

在采样间隔 $[t_k,\ t_{k+1})$ 中，若 $x(t_{k-c})$ 或 $y(t_k)$ 被用作第 p 个子区间 $[t_{k,\ p-1},$
$t_{k,p})$ 的系统控制输入，则传输延时为时刻 t_{k-c} 到此刻 t_k，即为 c 个采样间隔。引
入当前传输延时变量 $d_p(t_k) \in \mathbb{N}$，满足 $d_p(t_k) = c$。由上述的控制方法可得

$$0 \leqslant d_l \leqslant d_p(t_k) \leqslant d_m + 1 < \infty \tag{4.4}$$

控制器是事件触发型控制器，即当传感器信号到达控制器时控制器计算控制
量。采用线性反馈控制器，并在每个采样间隔子区间 $[t_{k,p-1},\ t_{k,p})$ 的开始时刻更
新控制输入。因此，线性反馈控制率 $u(t)$ 为阶梯型函数，由状态量 $x(t_{k-d_p(t_k)})$ 或
输出 $y(t_{k-d_p(t_k)})$ 和控制增益矩阵决定，分别如下。

(1) 状态反馈控制器:

$$u(t) = u(t_{k,p}) = Kx(t_{k-d_p(t_k)}), \quad t \in [t_{k,p-1}, t_{k,p}) \tag{4.5}$$

其中, $K \in \mathbb{R}^{m \times n}$。

(2) 输出反馈控制器:

$$u(t) = u(t_{k,p}) - Ly(t_{k-d_p(t_k)}), \quad t \in [t_{k,p-1}, t_{k,p}) \tag{4.6}$$

其中, $p \in \{1, 2, \cdots, \alpha\}$; $L \in \mathbb{R}^{m \times l}$。

为更加清楚地解释传输延时和离散化方法, 此处以状态反馈为例, 如图 4.1 所示。本例中, 传输延时满足 $0 \leqslant \nu(t_k) \leqslant 2$, 且每个采样间隔被等分为 4 个子区间, 即 $\alpha = 4$。假设 $\nu_{k-4} = 0$, $\nu_{k-3} = 2$, 且状态 $x(t_{k-3})$ 在子区间 $[t_{k-1,2}, t_{k-1,3})$ 内到达执行器。在子区间 $[t_{k-3}, t_{k-1,3})$, 状态 $x(t_{k-4})$ 被用作控制输入, 故 $d_1(t_{k-1}) = d_2(t_{k-1}) = d_3(t_{k-1}) = 3$。从 $t_{k-1,3}$ 时刻起, 状态 $x(t_{k-3})$ 作为控制量作用于系统, 故 $d_4(t_{k-1}) = 2$。在子区间 $[t_{k-1,3}, t_k)$ 内无控制量到达执行器, 因此在子区间 $[t_k, t_{k,1})$ 中 $x(t_{k-3})$ 被继续用作控制量, 此处 $d_1(t_k) = 3$。在子区间 $[t_k, t_{k,1})$ 内, 状态 $x(t_{k-1})$ 到达执行器, 故 $\nu_{k-1} = 1$, 且该状态在 $t_{k,1}$ 时刻起被用作控制输入, 故有 $d_2(t_k) = 1$。在子区间 $[t_{k,1}, t_{k,2})$ 内, 有两个状态量 $x(t_k)$、$x(t_{k-2})$ 到达执行器, $\nu_{k-2} = 2$, $\nu_k = 0$。尽管状态 $x(t_{k-2})$ 的发送时刻早于 $x(t_k)$, 但其到达执行器时刻晚于 $x(t_k)$, 因此发生了时序错乱。执行器根据时间戳选择最新的信号, 故从 $t_{k,2}$ 时刻起 $x(t_k)$ 被作为控制输入作用于系统, 且 $d_3(t_k) = 0$。由于在子区间 $[t_{k,2}, t_{k,3})$ 和 $[t_{k,3}, t_{k+1})$ 内无控制量到达执行器, $x(t_k)$ 被继续用作控制输入直到更新的信号到达。此时有 $d_4(t_k) = 0$, $d_1(t_{k+1}) = 1$。从 $x(t_{k-3})$ 到 $x(t_k)$ 的四个状态量的传输延时分别为 2、2、1、0, 从时刻 t_{k-1} 到 t_{k+1} 的当前传输延时分别为 3、3、3、2、3、1、0、0。本例中, ν_k 和 $d_p(t_k)$ 分别满足式 (4.3) 和式 (4.4)。

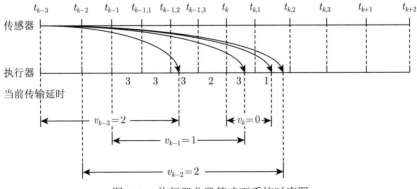

图 4.1　执行器分段策略下系统时序图

考虑非均匀采样间隔 T_k 和时变延时 ν_k 分别满足式 (4.2) 和式 (4.3) 的网络化控制系统，并考虑执行器分段数据更新策略，分别针对状态反馈和输出反馈控制，对非均匀采样和时变延时进行模型变换，对闭环系统进行建模，提出闭环系统的稳定条件和控制器设计方法。

4.3　执行器分段策略下的状态反馈控制

4.3.1　系统建模

同时考虑非均匀采样和时变延时，以及状态反馈控制器 (4.5)，系统 (4.1) 可离散化为

$$S:\quad x(t_{k+1}) = \Phi(T_k)x(t_k) + \sum_{p=1}^{\alpha} \Gamma_p(T_k)Kx(t_{k-d_p(t_k)}) \tag{4.7}$$

其中

$$\begin{aligned}
\Phi(T_k) &= \mathrm{e}^{AT_k} \\
\Gamma_p(T_k) &= \int_{\frac{\alpha-p}{\alpha}T_k}^{\frac{\alpha+1-p}{\alpha}T_k} \mathrm{e}^{As}\mathrm{d}sB, \quad p \in \{1,\ 2,\ \cdots,\ \alpha\}
\end{aligned} \tag{4.8}$$

注意到，闭环系统 (4.7) 为时变离散时间系统，具有非均匀采样带来的时变系统矩阵和 α 个时变延时项。

闭环系统 (4.7) 包含两部分时变项，即时变系统矩阵和 α 个时变延时项。在这一部分，先对由非均匀采样间隔 T_k 造成的时变系统矩 $\Phi(T_k)$ 和 $\Gamma_p(T_k)$ 进行处理。引入 T_0 和 Λ_k[167]，使其满足

$$T_k = T_0 + \Lambda_k \tag{4.9}$$

其中，T_0 的取值可在采样间隔 T_k 的取值范围内选取，满足 $T_{\min} \leqslant T_0 \leqslant T_{\max}$；附加变量 Λ_k 的取值取决于 T_0 的取值，可为正也可为负。

将式 (4.9) 代入式 (4.8)，可得

$$\begin{aligned}
\Phi(T_k) &= \mathrm{e}^{A(T_0+\Lambda_k)} \\
&= \mathrm{e}^{AT_0} + \mathrm{e}^{AT_0}\int_0^{\Lambda_k} \mathrm{e}^{As}\mathrm{d}sA \\
\Gamma_p(T_k) &= \int_{\frac{\alpha-p}{\alpha}(T_0+\Lambda_k)}^{\frac{\alpha+1-p}{\alpha}(T_0+\Lambda_k)} \mathrm{e}^{As}\mathrm{d}sB
\end{aligned}$$

$$= \mathrm{e}^{A\frac{\alpha-p}{\alpha}T_0} \int_{\frac{\alpha-p}{\alpha}\Lambda_k}^{\frac{T_0}{\alpha}+\frac{\alpha+1-p}{\alpha}\Lambda_k} \mathrm{e}^{As}\mathrm{d}sB$$

$$= \mathrm{e}^{A\frac{\alpha-p}{\alpha}T_0} \int_{0}^{\frac{T_0}{\alpha}+\frac{\alpha+1-p}{\alpha}\Lambda_k} \mathrm{e}^{As}\mathrm{d}sB - \mathrm{e}^{A\frac{\alpha-p}{\alpha}T_0} \int_{0}^{\frac{\alpha-p}{\alpha}\Lambda_k} \mathrm{e}^{As}\mathrm{d}sB$$

$$= \mathrm{e}^{A\frac{\alpha-p}{\alpha}T_0} \int_{0}^{\frac{T_0}{\alpha}} \mathrm{e}^{As}\mathrm{d}sB + \mathrm{e}^{A\frac{\alpha-p}{\alpha}T_0} \int_{\frac{T_0}{\alpha}}^{\frac{T_0}{\alpha}+\frac{\alpha+1-p}{\alpha}\Lambda_k} \mathrm{e}^{As}\mathrm{d}sB$$

$$\quad - \mathrm{e}^{A\frac{\alpha-p}{\alpha}T_0} \int_{0}^{\frac{\alpha-p}{\alpha}\Lambda_k} \mathrm{e}^{As}\mathrm{d}sB$$

$$= \mathrm{e}^{A\frac{\alpha-p}{\alpha}T_0} \int_{0}^{\frac{T_0}{\alpha}} \mathrm{e}^{As}\mathrm{d}sB + \mathrm{e}^{A\frac{\alpha+1-p}{\alpha}T_0} \int_{0}^{\frac{\alpha+1-p}{\alpha}\Lambda_k} \mathrm{e}^{As}\mathrm{d}sB$$

$$\quad - \mathrm{e}^{A\frac{\alpha-p}{\alpha}T_0} \int_{0}^{\frac{\alpha-p}{\alpha}\Lambda_k} \mathrm{e}^{As}\mathrm{d}sB$$

上式可写成

$$\Phi(T_k) = \Phi_0 + D_1\Delta_1 E_1$$
$$\Gamma_p(T_k) = \Gamma_p^0 + D_{1,p}\Delta_{1,p}E_2 - D_{2,p}\Delta_{2,p}E_2 \tag{4.10}$$

其中

$$\Phi_0 = \mathrm{e}^{AT_0}, \quad D_1 = \mathrm{e}^{AT_0}, \quad \Delta_1 = \int_{0}^{\Lambda_k} \mathrm{e}^{As}\mathrm{d}s$$

$$\Gamma_p^0 = \mathrm{e}^{A\frac{\alpha-p}{\alpha}T_0} \int_{0}^{\frac{T_0}{\alpha}} \mathrm{e}^{As}\mathrm{d}sB, \quad E_1 = A, \quad E_2 = B$$

$$D_{1,p} = \mathrm{e}^{A\frac{\alpha+1-p}{\alpha}T_0}, \quad \Delta_{1,p} = \int_{0}^{\frac{\alpha+1-p}{\alpha}\Lambda_k} \mathrm{e}^{As}\mathrm{d}s$$

$$D_{2,p} = \mathrm{e}^{A\frac{\alpha-p}{\alpha}T_0}, \quad \Delta_{2,p} = \int_{0}^{\frac{\alpha-p}{\alpha}\Lambda_k} \mathrm{e}^{As}\mathrm{d}s$$

系统 (4.7) 可写成

$$x(t_{k+1}) = (\Phi_0 + D_1\Delta_1 E_1)x(t_k)$$
$$+ \sum_{p=1}^{\alpha} \left[\left(\Gamma_p^0 + D_{1,p}\Delta_{1,p}E_2 - D_{2,p}\Delta_{2,p}E_2 \right) Kx(t_{k-d_p(t_k)}) \right] \tag{4.11}$$

在式 (4.11) 中，已将常量 T_0 与变量 Λ_k 分离，闭环系统转化为具有非均匀采样带来的 $2\alpha+1$ 个范数有界不确定性项以及 α 个多时变延时项的离散时间系统。注意到，闭环系统 (4.11) 是具有多时变延时的离散时间系统，基于提升方法，可转化为不包含延时的切换系统 [167]。基于切换系统的方法，可得到稳定性条件，但该方法的计算量较大。文献 [168] 中给出了一般连续时间系统状态延时的单项逼近方法和二项逼近方法，其中二项逼近方法比单项逼近方法有更小的逼近误差。文献 [169] 将该二项逼近方法应用于具有时变状态延时的不确定离散时间系统。因此，本章借鉴该二项逼近方法，将其推广到具有非均匀采样和时变延时的离散时间系统，用于时变状态延时项的建模。

将时变延时项 $x(t_{k-d_p(t_k)})$ 建模为

$$x(t_{k-d_p(t_k)}) = \frac{1}{2}(x(t_{k-d_l}) + x(t_{k-d_m-1})) + \frac{d_{lm1}}{2}w_{d,p}(l_k) \tag{4.12}$$

其中，$d_{lm1} \stackrel{\text{def}}{=\!=} d_{lm}+1$，$d_{lm} \stackrel{\text{def}}{=\!=} d_m - d_l$，$p \in \{1,\ 2,\ \cdots,\ \alpha\}$。

上式中的第一部分 $(x(t_{k-d_l}) + x(t_{k-d_m-1}))/2$ 可看作对延时项 $x(t_{k-d_p(t_k)})$ 的逼近，末项 $d_{lm1}w_{d,p}(t_k)/2$ 可看作逼近误差，易知

$$w_{d,p}(t_k) = \frac{1}{d_{lm1}} \sum_{i=k-d_m-1}^{k-d_l-1} \phi(t_i)y_d(t_i) \tag{4.13}$$

其中，$y_d(t_k) \stackrel{\text{def}}{=\!=} x(t_{k+1}) - x(t_k)$，$\phi(t_i) \stackrel{\text{def}}{=\!=} \begin{cases} 1, & i \leqslant k - d_p(t_k) - 1 \\ -1, & i > k - d_p(t_k) - 1 \end{cases}$，与文献 [169] 中的定义类似。基于式 (4.13)，引入算子 $\Omega_{d,p} : y_d \to w_{d,p}$，$p \in \{1,\ 2,\ \cdots,\ \alpha\}$。

将式 (4.12) 代入式 (4.7)，可得

$$x(t_{k+1}) = \Phi(T_k)x(t_k) + \frac{1}{2}\sum_{p=1}^{\alpha} \Gamma_p(T_k) \cdot K\left[x(t_{k-d_l}) + x(t_{k-d_m-1})\right]$$

$$+ \frac{d_{lm1}}{2}\sum_{p=1}^{\alpha} \Gamma_p(T_k)Kw_{d,p}(t_k) \tag{4.14}$$

结合式 (4.11)，系统 (4.14) 可写成

$$x(t_{k+1}) = (\Phi_0 + D_1\Delta_1 E_1)x(t_k)$$

$$+ \frac{1}{2}\left(\Gamma^0 + \bar{D}_1\bar{\Delta}_1\bar{E}_2 - \bar{D}_2\bar{\Delta}_2\bar{E}_2\right) \cdot K\left(x(t_{k-d_l}) + x(t_{k-d_m-1})\right)$$

$$+ \frac{d_{lm1}}{2} \left(\bar{\Gamma}^0 + \bar{D}_1 \bar{\Delta}_1 \bar{E}_{2d} - \bar{D}_2 \bar{\Delta}_2 \bar{E}_{2d} \right) K_d \bar{w}_d(t_k) \tag{4.15}$$

其中

$$\Gamma^0 = \sum_{p=1}^{\alpha} \Gamma_p^0, \quad \bar{\Gamma}^0 = \begin{bmatrix} \Gamma_1^0 & \cdots & \Gamma_{\alpha}^0 \end{bmatrix}$$

$$\bar{D}_1 = \begin{bmatrix} D_{1,1} & D_{1,2} & \cdots & D_{1,\alpha} \end{bmatrix}, \quad \bar{\Delta}_1 = \mathrm{diag}\left\{ \Delta_{1,1}, \ \Delta_{1,2}, \ \cdots, \ \Delta_{1,\alpha} \right\}$$

$$\bar{D}_2 = \begin{bmatrix} D_{2,1} & D_{2,2} & \cdots & D_{2,\alpha} \end{bmatrix}, \quad \bar{\Delta}_2 = \mathrm{diag}\left\{ \Delta_{2,1}, \ \Delta_{2,2}, \ \cdots, \ \Delta_{2,\alpha} \right\}$$

$$\bar{E}_2 = \mathrm{col}\underbrace{\left\{ E_2, \ E_2, \ \cdots, \ E_2 \right\}}_{\alpha}, \quad \bar{E}_{2d} = \mathrm{diag}\underbrace{\left\{ E_2, \ E_2, \ \cdots, \ E_2 \right\}}_{\alpha}$$

$$K_d = \mathrm{diag}\underbrace{\left\{ K, \ K, \ \cdots, \ K \right\}}_{\alpha}, \quad \bar{w}_d(t_k) = \mathrm{col}\left\{ w_{d,1}(t_k), \ w_{d,2}(t_k), \ \cdots, \ w_{d,\alpha}(t_k) \right\}$$

注意到在表达式 (4.15) 中仍有两个状态延时项: $x(t_{k-d_l})$ 和 $x(t_{k-d_m-1})$, 且延时恒定。因此, 可采用提升方法[170] 将系统转化为不包含延时的系统, 为此引入增广变量如下:

$$\bar{x}(t_k) = \mathrm{col}\left\{ x(t_k), \ x(t_{k-1}), \ \cdots, \ x(t_{k-d_l}), \ \cdots, \ x(t_{k-d_m-1}) \right\}$$
$$\bar{y}_d(t_k) = \mathrm{col}\left\{ y_d(t_k), \ y_d(t_{k-1}), \ \cdots, \ y_d(t_{k-d_l}), \ \cdots, \ y_d(t_{k-d_m-1}) \right\} \tag{4.16}$$

离散时间系统 (4.15) 等价于下述级联系统:

$$S_1: \quad \begin{bmatrix} \bar{x}(t_{k+1}) \\ \bar{y}_d(t_k) \end{bmatrix} = G \begin{bmatrix} \bar{x}(t_k) \\ \bar{w}_d(t_k) \end{bmatrix} \tag{4.17}$$

$$S_2: \quad \bar{w}_d(t_k) = \Omega_d \ \bar{y}_d(t_k)$$

其中

$$G = G_0 + \bar{H}_1 \bar{\Delta}_1 \bar{F}_1 + \bar{H}_2 \bar{\Delta}_1 \bar{F}_2 + \bar{H}_3 \bar{\Delta}_2 \bar{F}_3$$

$$G_0 = \left[\begin{array}{ccccc|c} \Phi_0 & 0_{n\times(d_l-1)n} & \frac{1}{2}\Gamma^0 K & 0_{n\times d_{lm}n} & \frac{1}{2}\Gamma^0 K & \frac{d_{lm1}}{2}\bar{\Gamma}^0 K_d \\ \hline & I_{(d_m+1)n} & & & 0_{(d_m+1)n\times n} & 0_{(d_m+1)n\times\alpha n} \\ \hline \Phi_0 - I_n & 0_{n\times(d_l-1)n} & \frac{1}{2}\Gamma^0 K & 0_{n\times d_{lm}n} & \frac{1}{2}\Gamma^0 K & \frac{d_{lm1}}{2}\bar{\Gamma}^0 K_d \\ I_n & -I_n & & & 0 & \\ & I_n & -I_n & & & \\ & & \ddots & \ddots & & 0 \\ 0 & & & I_n & -I_n & \end{array} \right]$$

$$\bar{H}_1 = \text{col}\left\{D_1,\ 0_{(d_m+1)n \times n},\ D_1,\ 0_{(d_m+1)n \times n}\right\}$$

$$\bar{H}_2 = \text{col}\left\{\bar{D}_1,\ 0_{(d_m+1)n \times \alpha n},\ \bar{D}_1,\ 0_{(d_m+1)n \times \alpha n}\right\}$$

$$\bar{H}_3 = \text{col}\left\{\bar{D}_2,\ 0_{(d_m+1)n \times \alpha n},\ \bar{D}_2,\ 0_{(d_m+1)n \times \alpha n}\right\}$$

$$\bar{F}_1 = \begin{bmatrix} E_1 & 0_{n \times (d_m+1+\alpha)n} \end{bmatrix}$$

$$\bar{F}_2 = \begin{bmatrix} 0_{\alpha n \times d_l n} & \dfrac{1}{2}\bar{E}_2 K & 0_{\alpha n \times d_{lm} n} & \dfrac{1}{2}\bar{E}_2 K & \dfrac{d_{lm1}}{2}\bar{E}_{2d} K_d \end{bmatrix}$$

$$\bar{F}_3 = \begin{bmatrix} 0_{\alpha n \times d_l n} & -\dfrac{1}{2}\bar{E}_2 K & 0_{\alpha n \times d_{lm} n} & -\dfrac{1}{2}\bar{E}_2 K & -\dfrac{d_{lm1}}{2}\bar{E}_{2d} K_d \end{bmatrix}$$

系统矩阵 G 包含两部分: G_0 是与变量 Λ_k 无关的项, 其余三项中包含由非均匀采样带来的不确定性 Δ_1、$\bar{\Delta}_1$、$\bar{\Delta}_2$。

通过引入时变延时模型变换 (4.12) 以及提升方法 (4.16), 将时变延时项从原系统 (4.7) 分离出来, 闭环系统转化为前向通道与延时无关的级联系统 (4.17)。

4.3.2　稳定性分析

在闭环系统级联表达式 (4.17) 中, 引入算子 $\Omega_d : \bar{y}_d(t_k) \to \bar{w}_d(t_k)$, $\forall t_k \in \mathbb{R}^+$。有关该算子的 $\mathbb{L}_2$ 诱导范数的估计方法由下述引理给出。

引理 4.1　式 (4.17) 中的算子 Ω_d 满足如下不等式:

$$\|\Omega_d\|_2 \leqslant \sqrt{\frac{\alpha}{d_m - d_l + 1}}$$

证明　利用引理 1.1 中的不等式, 可得算子 $\Omega_{d,p}$ 的范数的上界为

$$
\begin{aligned}
\|w_{d,p}(t_k)\|_{\mathbb{L}_2}^2 &= w_{d,p}^{\mathrm{T}}(t_k) w_{d,p}(t_k) \\
&= \frac{1}{d_{lm1}^2}\left(\sum_{i=k-d_m-1}^{k-d_l-1}\phi(t_i)y_d^{\mathrm{T}}(t_i)\right)\left(\sum_{i=k-d_m-1}^{k-d_l-1}\phi(t_i)y_d(t_i)\right) \\
&\leqslant \frac{1}{d_{lm1}^2}\left[(d_m-d_l+1)\sum_{i=k-d_m-1}^{k-d_l-1}\phi^2(t_i)y_d^{\mathrm{T}}(t_i)y_d(t_i)\right] \\
&= \frac{1}{d_{lm1}}\sum_{i=k-d_m-1}^{k-d_l-1}\|y_d(t_i)\|_{\mathbb{L}_2}^2
\end{aligned}
$$

由算子的 $\mathbb{L}_2$ 诱导范数的定义可知

$$
\begin{aligned}
\|\bar{w}_d\|_{\mathbb{L}_2}^2 &= \sum_{k=0}^{\infty} \bar{w}_d^{\mathrm{T}}(t_k) \bar{w}_d(t_k) \\
&= \sum_{k=0}^{\infty} \sum_{p=1}^{\alpha} w_{d,p}^{\mathrm{T}}(t_k) w_{d,p}(t_k) \\
&\leqslant \sum_{k=0}^{\infty} \sum_{p=1}^{\alpha} \frac{1}{d_{lm1}} \sum_{i=k-d_m-1}^{k-d_l-1} \|y_d(t_i)\|_{\mathbb{L}_2}^2 \\
&\leqslant \frac{1}{d_{lm1}} \sum_{k=0}^{\infty} \sum_{p=1}^{\alpha} \sum_{i=k-d_m-1}^{k} \|y_d(t_i)\|_{\mathbb{L}_2}^2 \\
&= \frac{1}{d_{lm1}} \sum_{p=1}^{\alpha} \sum_{k=0}^{\infty} \sum_{i=k-d_m-1}^{k} \|y_d(t_i)\|_{\mathbb{L}_2}^2 \\
&= \frac{1}{d_{lm1}} \sum_{p=1}^{\alpha} \|\bar{y}_d\|_{\mathbb{L}_2}^2 \\
&= \frac{\alpha}{d_{lm1}} \|\bar{y}_d\|_{\mathbb{L}_2}^2
\end{aligned}
$$

由上式可知 $\|\varOmega_d\|_2 \leqslant \sqrt{\dfrac{\alpha}{d_m - d_l + 1}}$。证毕。

由 $T_{\min} - T_0 \leqslant \varLambda_k \leqslant T_{\max} - T_0$ 可知 $\varLambda_k$ 有界，因而矩阵 $\varDelta_1$、$\bar{\varDelta}_1$、$\bar{\varDelta}_2$ 的 $\mathbb{L}_2$ 诱导范数有界。给定 T_0，不失一般性地假设 $\delta_1 \geqslant 0$, $\delta_2 \geqslant 0$, $\delta_3 \geqslant 0$ 为其范数的一个上界，δ_1、δ_2、δ_3 的计算方法见文献 [79]、[81] 和 [167]。针对闭环系统 (4.7)，下面的定理给出了其稳定性条件。

定理 4.1　对于给定常量 $0 < \gamma \leqslant \sqrt{\dfrac{d_m - d_l + 1}{\alpha}}$、$\delta_1 \geqslant 0$、$\delta_2 \geqslant 0$、$\delta_3 \geqslant 0$，若存在正定对称矩阵 $P \in \mathbb{R}^{(d_m+2)n \times (d_m+2)n}$，$S \in \mathbb{R}^{(\alpha-1)n \times (\alpha-1)n}$ 和标量 $\zeta > 0$、$\varepsilon_1 > 0$、$\varepsilon_2 > 0$、$\varepsilon_3 > 0$，使下述线性矩阵不等式成立：

$$
\begin{bmatrix}
\varSigma & G_0^{\mathrm{T}} \varTheta_1 & 0 & & \\
* & -\varTheta_1 & \delta_1 \varTheta_1 \bar{H}_1 & \delta_2 \varTheta_1 \bar{H}_2 & \delta_3 \varTheta_1 \bar{H}_3 \\
\hdashline
* & * & -\varepsilon_1 & 0 & 0 \\
* & * & * & -\varepsilon_2 & 0 \\
* & * & * & * & -\varepsilon_3
\end{bmatrix} < 0 \qquad (4.18)
$$

其中

$$\Sigma = -\Theta_2 + \varepsilon_1 \bar{F}_1^{\mathrm{T}} \bar{F}_1 + \varepsilon_2 \bar{F}_2^{\mathrm{T}} \bar{F}_2 + \varepsilon_3 \bar{F}_3^{\mathrm{T}} \bar{F}_3$$

$$\Theta_1 = \mathrm{diag}\{P, \ S, \ \zeta I_{(d_m+3-a)n}\}$$

$$\Theta_2 = \mathrm{diag}\{P, \ \gamma^2 S, \ \zeta \gamma^2 I_n\}$$

则对于所有非均匀采样间隔 $T_k \in [T_{\min}, \ T_{\max}]$ 和时变延时 $\nu_k \in \{d_l, \ \cdots, \ d_m\}$，闭环系统 (4.7) 渐近稳定。

证明　根据有界实引理 1.5，给定常量 $\gamma > 0$，系统 (4.17) 的前向通道系统 S_1 渐近稳定且满足 $\left\| U_1 G U_2^{-1} \right\|_2 < \gamma$，其中 $U_1 = \mathrm{diag}\left\{ I_{(d_m+2)n}, \ T_1 \right\}$，$U_2 = \mathrm{diag}\left\{ I_{(d_m+2)n}, \ T_2 \right\}$，$T_1 = \mathrm{diag}\left\{ V, \ \eta I_{(d_m+3-\alpha)n} \right\}$，$T_2 = \mathrm{diag}\left\{ V, \ \eta I_n \right\}$，且矩阵 $V \in \mathbb{R}^{(\alpha-1)n \times (\alpha-1)n}$ 为非奇异矩阵，当且仅当下述线性矩阵不等式成立：

$$G^{\mathrm{T}} \Theta_1 G - \Theta_2 < 0 \tag{4.19}$$

其中，矩阵 P、S、Θ_1、Θ_2 的定义见定理 4.1，且 $S = V^{\mathrm{T}} V$，$\zeta = \eta^2$ [169]。

引理 4.1 证明，算子 Ω_d 的 $\mathbb{L}_2$ 诱导范数的一个上界为 $\sqrt{\dfrac{\alpha}{d_m - d_l + 1}}$。因此，对于反向通道 S_2，从输入到输出的 $\mathbb{L}_2$ 增益的一个上界为 $\sqrt{\dfrac{\alpha}{d_m - d_l + 1}}$。

因此，若 $0 < \gamma \leqslant \sqrt{\dfrac{d_m - d_l + 1}{\alpha}}$，则由前向通道 S_1 和反向通道 S_2 组成的闭环系统的 $\mathbb{L}_2$ 增益的上界为 1。应用小增益定理 [169,174] 可得，线性矩阵不等式 (4.19) 可保证闭环系统 S 的渐近稳定性。

根据 Schur 补引理 1.2，及等价不等式 [181]

$$\Xi + M Q(t) N + N^{\mathrm{T}} Q^{\mathrm{T}}(T) M^{\mathrm{T}} \leqslant 0$$

和

$$\Xi + \varepsilon M M^{\mathrm{T}} + \varepsilon^{-1} N^{\mathrm{T}} N \leqslant 0$$

其中，$\Xi = \Xi^{\mathrm{T}}$，$Q^{\mathrm{T}}(t) Q(t) \leqslant I$，$\varepsilon > 0$，可知线性矩阵不等式 (4.19) 等价于线性矩阵不等式 (4.18)。证毕。

注 4.1　定理 4.1 中只需要求解 1 个线性矩阵不等式。为对比计算复杂度，表 4.1 中列出了已有方法的变量个数和线性矩阵不等式个数。文献 [86] 研究了与本章相同的问题，文献 [85] 和 [88] 则研究周期采样这一更加简单的情形。为进行具体对比，假设 $n = 2$，$m = 1$。对于非均匀采样和时变延时，$d_l = 0$，$d_m = 2$，文

献 [86] 需要求解 4096 个线性矩阵不等式,有 1156 个变量,其中 $v = 2$;或 64 个线性矩阵不等式,148 个变量,其中 $v = 1$。此处,v 代表不同特征值对应约当块的最大维数之和。然而,定理 4.1 仅需求解 1 个线性矩阵不等式,包含 40 个变量 ($\alpha=1$),或至多 61 个变量 ($\alpha=4$)。由此可见,相比于已有方法,定理 4.1 所需求解的线性矩阵不等式个数明显减少,本章所提出的方法计算量更小。

表 4.1   计算复杂度对比

方法	变量个数	线性矩阵不等式个数
文献 [88]	$2n^2 + n$	2^{2n^2}
文献 [85]	$\dfrac{1}{2}(n + d_m m)(n + d_m m + 1)$	$2^{(d_m - d_l)v}$
文献 [86]	$2^\xi \cdot \dfrac{1}{2}(n + d_m m)(n + d_m m + 1)$ $+ 2^\xi \cdot (d_m m n + d_m^2 m^2) + n^2$	$2^{2\xi}, \xi = (d_m - d_l + 1)v$
定理 4.1	$\dfrac{1}{2}(d_m + 2)n \times [(d_m + 2)n + 1]$ $+ \dfrac{1}{2}(\alpha - 1)n \times [(\alpha - 1)n + 1] + 4$	2

注 4.2   子区间个数 α 的不同取值会影响方法的保守性。α 取值越大,反向通道 S_2 的增益上界越大,因而前向通道 S_1 需要满足更小的增益,故保守性更大;另外,线性矩阵不等式的变量个数也随着 α 增大而增多。然而,根据执行器策略,执行器在每个子区间开始时刻选择最新的控制输入,故 α 越大,控制输入量的更新就越快,则实际系统的性能更优。因此,需要在系统性能与保守性之间寻求平衡,α 的取值可根据实际应用场景的需求决定。

4.3.3   状态反馈控制器设计

本节在定理 4.1 的基础上,给出状态反馈控制器设计方法。

当控制器增益矩阵未知时,条件 (4.18) 不再是线性矩阵不等式,故先将增益矩阵 K 从级联系统 (4.17) 的前向通道系统矩阵 G 中分离,矩阵 G_0、$\bar{F}_2$ 和 $\bar{F}_3$ 可表示为

$$G_0 = G_{00} + \bar{\Gamma}\bar{K}$$

$$\bar{F}_2 = \bar{F}_{20}\bar{K} \tag{4.20}$$

$$\bar{F}_3 = \bar{F}_{30}\bar{K}$$

其中

$$\bar{K} = \text{diag}\{0,\ 0,\ K,\ 0,\ K,\ K_d\}$$

$$G_{00} = \begin{bmatrix} \Phi_0 & 0 & 0 & 0 & 0 & \\ \hline & I_{(d_m+1)n} & & & 0 & \\ \hline \Phi_0 - I_n & 0 & 0 & 0 & 0 & \\ I_n & -I_n & & & & 0 \\ & I_n & -I_n & & & \\ & & \ddots & \ddots & & \\ 0 & & & I_n & -I_n & \end{bmatrix} \tag{4.21}$$

$$\bar{\Gamma} = \begin{bmatrix} 0_{n \times d_l m} & \frac{1}{2}\Gamma^0 & 0_{n \times d_{lm}m} & \frac{1}{2}\Gamma^0 & \frac{d_{lm1}}{2}\bar{\Gamma}^0 \\ \hline & & 0_{(d_m+1)n \times (d_m+2+\alpha)m} & & \\ \hline 0_{n \times d_l m} & \frac{1}{2}\Gamma^0 & 0_{n \times d_{lm}m} & \frac{1}{2}\Gamma^0 & \frac{d_{lm1}}{2}\bar{\Gamma}^0 \\ & & 0_{(d_m+1)n \times (d_m+2+\alpha)m} & & \end{bmatrix}$$

$$\bar{F}_{20} = \begin{bmatrix} 0_{\alpha n \times d_l m} & \frac{1}{2}\bar{E}_2 & 0_{\alpha n \times d_{lm}m} & \frac{1}{2}\bar{E}_2 & \frac{d_{lm1}}{2}\bar{E}_{2d} \end{bmatrix}$$

$$\bar{F}_{30} = \begin{bmatrix} 0_{\alpha n \times d_l m} & -\frac{1}{2}\bar{E}_2 & 0_{\alpha n \times d_{lm}m} & -\frac{1}{2}\bar{E}_2 & -\frac{d_{lm1}}{2}\bar{E}_{2d} \end{bmatrix}$$

针对闭环系统 (4.7)，下面给出求解状态反馈控制器增益的方法。

定理 4.2　给定常量 $0 < \gamma \leqslant \sqrt{\dfrac{d_m - d_l + 1}{\alpha}}$、$\delta_1 \geqslant 0$、$\delta_2 \geqslant 0$、$\delta_3 \geqslant 0$，若存在正定对称矩阵 $P \in \mathbb{R}^{(d_m+2)n \times (d_m+2)n}$、$S \in \mathbb{R}^{(\alpha-1)n \times (\alpha-1)n}$，矩阵 $K \in \mathbb{R}^{m \times n}$，以及标量 $\zeta > 0$、$\varepsilon_1 > 0$、$\varepsilon_2 > 0$、$\varepsilon_3 > 0$，使得下述不等式成立：

$$\begin{bmatrix} -\Theta_2 + \varepsilon_1 \bar{F}_1^{\mathrm{T}} \bar{F}_1 & * & * & * & * & * & * & * & * \\ 0 & -\Theta_1 & * & * & * & * & * & * & * \\ \hline & \Theta_1 & -\varepsilon_0 & * & * & * & * & * & * \\ & \delta_1 \bar{H}_1^{\mathrm{T}}\Theta_1 & & -\varepsilon_1 & * & * & * & * & * \\ 0 & \delta_2 \bar{H}_2^{\mathrm{T}}\Theta_1 & & & -\varepsilon_2 & * & * & * & * \\ & \delta_3 \bar{H}_3^{\mathrm{T}}\Theta_1 & 0 & & -\varepsilon_3 & * & * & * \\ \hline G_{00} + \bar{\Gamma}\bar{K} & & & & & -\varepsilon_0^{-1} & * & * \\ \bar{F}_{20}\bar{K} & 0 & & 0 & & & -\varepsilon_2^{-1} & * \\ \bar{F}_{30}\bar{K} & & & & & 0 & & -\varepsilon_3^{-1} \end{bmatrix} < 0 \tag{4.22}$$

其中

$$\Theta_1 = \mathrm{diag}\{P,\ S,\ \zeta I_{(d_m+3-a)n}\}, \quad \Theta_2 = \mathrm{diag}\{P,\ \gamma^2 S,\ \zeta\gamma^2 I_n\}$$

则对于所有非均匀采样间隔 $T_k \in [T_{\min},\ T_{\max}]$ 和时变延时 $\nu_k \in \{d_l,\ \cdots,\ d_m\}$，闭环系统 (4.25) 渐近稳定。矩阵 K 即为所求的状态反馈控制器增益。

证明 将式 (4.20) 代入线性矩阵不等式 (4.18)，根据 Schur 补引理 1.2 对线性矩阵不等式 (4.18) 进行等价变换，可得不等式 (4.22)。由稳定性定理可知，满足不等式 (4.22) 的矩阵 K 可保证闭环系统 (4.25) 渐近稳定。证毕。

为解决不等式 (4.22) 中同时存在变量和其倒数项的问题，采用改进锥补线性化方法 [177]，得到如下基于线性矩阵不等式的问题：

min trace $(\varepsilon_0 f_0 + \varepsilon_1 f_2 + \varepsilon_2 f_3)$

s.t.

$$\begin{bmatrix} -\Theta_2 + \varepsilon_1 \bar{F}_1^{\mathrm{T}} \bar{F}_1 & * & * & * & * & * & * & * & * \\ 0 & -\Theta_1 & * & * & * & * & * & * & * \\ & \Theta_1 & -\varepsilon_0 & * & * & * & * & * & * \\ & \delta_1 \bar{H}_1^{\mathrm{T}} \Theta_1 & & -\varepsilon_1 & * & * & * & * & * \\ 0 & \delta_2 \bar{H}_2^{\mathrm{T}} \Theta_1 & & & -\varepsilon_2 & * & * & * & * \\ & \delta_3 \bar{H}_3^{\mathrm{T}} \Theta_1 & 0 & & & -\varepsilon_3 & * & * & * \\ G_{00} + \bar{\Gamma} \bar{K} & & & & & & -f_0 & * & * \\ \bar{F}_{20} \bar{K} & 0 & & & 0 & & & -f_2 & * \\ \bar{F}_{30} \bar{K} & & & & & & 0 & & -f_3 \end{bmatrix} < 0 \tag{4.23}$$

和

$$\begin{bmatrix} \varepsilon_0 & & & & & \\ & \varepsilon_2 & & & I & \\ & & \varepsilon_3 & & & \\ & & & f_0 & & \\ I & & & & f_2 & \\ & & & & & f_3 \end{bmatrix} \geqslant 0 \tag{4.24}$$

给出求解上述问题的迭代算法如下。

算法 4.1 状态反馈控制器增益 L 求解算法。

(1) 求解得到式 (4.23) 和式 (4.24) 的一组解 $(\varepsilon_0^0,\ \varepsilon_1^0,\ \varepsilon_2^0,\ \varepsilon_3^0,\ f_0^0,\ f_2^0,\ f_3^0,\ P,\ S,\ \zeta,\ L)$，令 $k = 0$。

(2) 求解变量 $(\varepsilon_0,\ \varepsilon_1,\ \varepsilon_2,\ f_0,\ f_1,\ f_2,\ P,\ S,\ \zeta,\ L)$ 的线性矩阵不等式问题如下：

求 $\mathrm{trace}\big(\varepsilon_0^k f_0 + \varepsilon_0 f_0^k + \varepsilon_2^k f_2 + \varepsilon_2 f_2^k + \varepsilon_3^k f_3 + \varepsilon_3 f_3^k\big)$ 的最小值，满足式 (4.23) 和式 (4.24)。

令 $\varepsilon_i^{k+1} = \varepsilon_i$，$f_i^{k+1} = f_i$，$i = 0, 2, 3$。

(3) 若对于步骤 (2) 中求得的 L，以及变量 $(\varepsilon_1, \varepsilon_2, \varepsilon_3, P, S, \zeta)$，稳定条件 (4.18) 有可行解，则已求得可行解，退出循环。若条件 (4.18) 在一定步数内仍然不能求得可行解，则终止循环。否则转到步骤 (2)。

4.4　执行器分段策略下的输出反馈控制

4.4.1　系统建模

如果系统的状态不完全可测，则采用输出反馈控制器 (4.6)。考虑上述的网络化输出反馈控制方式，闭环系统的状态方程为

$$S:\quad x(t_{k+1}) = \Phi(T_k)x(t_k) + \sum_{p=1}^{\alpha} \Gamma_p(T_k)LCx(t_{k-d_p(t_k)}) \tag{4.25}$$

其中

$$\begin{aligned}\Phi(T_k) &= \mathrm{e}^{AT_k}\\ \Gamma_p(T_k) &= \int_{\frac{\alpha-p}{\alpha}T_k}^{\frac{\alpha+1-p}{\alpha}T_k} \mathrm{e}^{As}\mathrm{d}s B, \quad p \in \{1, 2, \cdots, \alpha\}\end{aligned} \tag{4.26}$$

对于系统 (4.25) 中的两部分时变项，即非均匀采样带来的时变系统矩阵和 α 个时变延时项，采用建模方法 (4.9) 和 (4.12)，并通过提升方法 (4.16)，得到级联系统表达式 (4.17)，需注意系统矩阵有如下变化：

$$G = G_0 + \bar{H}_1\Delta_1\bar{F}_1 + \bar{H}_2\bar{\Delta}_1\bar{F}_2 + \bar{H}_3\bar{\Delta}_2\bar{F}_3 \tag{4.27}$$

其中

$$G_0 = \left[\begin{array}{cccccc|c} \Phi_0 & 0_{n\times(d_l-1)n} & \frac{1}{2}\Gamma^0 LC & 0_{n\times d_{lm}n} & \frac{1}{2}\Gamma^0 LC & \frac{d_{lm1}}{2}\bar{\Gamma}^0 L_d C_d \\ \hline & I_{(d_m+1)n} & & 0_{(d_m+1)n\times n} & & 0_{(d_m+1)n\times\alpha n} \\ \hline \Phi_0-I_n & 0_{n\times(d_l-1)n} & \frac{1}{2}\Gamma^0 LC & 0_{n\times d_{lm}n} & \frac{1}{2}\Gamma^0 LC & \frac{d_{lm1}}{2}\bar{\Gamma}^0 L_d C_d \\ I_n & -I_n & & 0 & & \\ & I_n & -I_n & & & 0 \\ & & \ddots & \ddots & & \\ 0 & & & I_n & -I_n & \end{array}\right]$$

$$\bar{F}_2 = \left[0_{\alpha n \times d_l n} \quad \frac{1}{2}\bar{E}_2 LC \quad 0_{\alpha n \times d_{lm}n} \quad \frac{1}{2}\bar{E}_2 LC \quad \frac{d_{lm1}}{2}\bar{E}_{2d}L_d C_d \right]$$

$$\bar{F}_3 = \left[0_{\alpha n \times d_l n} \quad -\frac{1}{2}\bar{E}_2 LC \quad 0_{\alpha n \times d_{lm}n} \quad -\frac{1}{2}\bar{E}_2 LC \quad -\frac{d_{lm1}}{2}\bar{E}_{2d}L_d C_d \right]$$

$$L_d = \mathrm{diag}\{\underbrace{L, \cdots, L}_{\alpha}\}, \quad C_d = \mathrm{diag}\{\underbrace{C, \cdots, C}_{\alpha}\}$$

4.4.2 稳定性分析

针对闭环系统 (4.25)，下面的定理给出其渐近稳定条件。

定理 4.3 给定输出反馈控制器增益矩阵 L 和常量 $0 < \gamma \leqslant \sqrt{\dfrac{d_m - d_l + 1}{\alpha}}$、
$\delta_1 \geqslant 0$、$\delta_2 \geqslant 0$、$\delta_3 \geqslant 0$，若存在正定对称矩阵 $P \in \mathbb{R}^{(d_m+2)n \times (d_m+2)n}$、$S \in \mathbb{R}^{(\alpha-1)n \times (\alpha-1)n}$ 和标量 $\zeta > 0$、$\varepsilon_1 > 0$、$\varepsilon_2 > 0$、$\varepsilon_3 > 0$，使得下述线性矩阵不等式成立：

$$\begin{bmatrix} \Sigma & G_0^{\mathrm{T}}\Theta_1 & & 0 & \\ * & -\Theta_1 & \delta_1\Theta_1\bar{H}_1 & \delta_2\Theta_1\bar{H}_2 & \delta_3\Theta_1\bar{H}_3 \\ \hdashline * & * & -\varepsilon_1 & 0 & 0 \\ * & * & * & -\varepsilon_2 & 0 \\ * & * & * & * & -\varepsilon_3 \end{bmatrix} < 0 \tag{4.28}$$

其中

$$\Sigma = -\Theta_2 + \varepsilon_1\bar{F}_1^{\mathrm{T}}\bar{F}_1 + \varepsilon_2\bar{F}_2^{\mathrm{T}}\bar{F}_2 + \varepsilon_3\bar{F}_3^{\mathrm{T}}\bar{F}_3$$

$$\Theta_1 = \mathrm{diag}\{P, \ S, \ \zeta I_{(d_m+3-a)n}\}$$

$$\Theta_2 = \mathrm{diag}\{P, \ \gamma^2 S, \ \zeta\gamma^2 I_n\}$$

则对于所有非均匀采样间隔 $T_k \in [T_{\min}, T_{\max}]$ 和时变延时 $\nu_k \in \{d_l, \cdots, d_m\}$，闭环系统 (4.25) 渐近稳定。

证明 该定理的证明与定理 4.1 的证明类似，故略去。证毕。

4.4.3 输出反馈控制器设计

当控制器增益矩阵未知时，条件 (4.28) 不再是线性矩阵不等式。本节在定理 4.3 的基础上，给出输出反馈控制器设计方法。

首先，将增益矩阵 L 从级联系统前向通道的系统矩阵 G 中分离。矩阵 G_0 和 $\bar{F}_2$、$\bar{F}_3$ 可表示为

$$G_0 = G_{00} + \bar{\Gamma}\bar{L}\bar{C}$$

$$\bar{F}_2 = \bar{F}_{20}\bar{L}\bar{C}$$

$$\bar{F}_3 = \bar{F}_{30}\bar{L}\bar{C}$$

其中，

$$\bar{L} = \mathrm{diag}\{0,\ 0,\ L,\ 0,\ L,\ L_d\}$$

$$\bar{C} = \mathrm{diag}\{0,\ 0,\ C,\ 0,\ C,\ C_d\}$$

$$(4.29)$$

矩阵 G_{00}、$\bar{\Gamma}$、$\bar{F}_{20}$ 和 $\bar{F}_{30}$ 见式 (4.21)。

针对闭环系统 (4.25)，以下定理给出了求解输出反馈控制器增益的方法。

定理 4.4 给定常量 $0 < \gamma \leqslant \sqrt{\dfrac{d_m - d_l + 1}{\alpha}}$, $\delta_1 \geqslant 0$, $\delta_2 \geqslant 0$, $\delta_3 \geqslant 0$, 若存在正定对称矩阵 $P \in \mathbb{R}^{(d_m+2)n \times (d_m+2)n}$、$S \in \mathbb{R}^{(\alpha-1)n \times (\alpha-1)n}$, 矩阵 $L \in \mathbb{R}^{m \times l}$, 以及标量 $\zeta > 0$、$\varepsilon_1 > 0$、$\varepsilon_2 > 0$、$\varepsilon_3 > 0$, 使得下述不等式成立:

$$
\begin{bmatrix}
-\Theta_2 + \varepsilon_1 \bar{F}_1^{\mathrm{T}}\bar{F}_1 & * & * & * & * & * & * & * & * \\
0 & -\Theta_1 & * & * & * & * & * & * & * \\
 & \Theta_1 & -\varepsilon_0 & * & * & * & * & * & * \\
0 & \delta_1 \bar{H}_1^{\mathrm{T}}\Theta_1 & & -\varepsilon_1 & * & * & * & * & * \\
 & \delta_2 \bar{H}_2^{\mathrm{T}}\Theta_1 & & & -\varepsilon_2 & * & * & * & * \\
 & \delta_3 \bar{H}_3^{\mathrm{T}}\Theta_1 & 0 & & & -\varepsilon_3 & * & * & * \\
G_{00} + \bar{\Gamma}\bar{L}\bar{C} & & & & & & -\varepsilon_0^{-1} & * & * \\
\bar{F}_{20}\bar{L}\bar{C} & 0 & & 0 & & & & -\varepsilon_2^{-1} & * \\
\bar{F}_{30}\bar{L}\bar{C} & & & & & & 0 & & -\varepsilon_3^{-1}
\end{bmatrix} < 0
$$

$$(4.30)$$

其中，$\Theta_1 = \mathrm{diag}\{P,\ S,\ \zeta I_{(d_m+3-a)n}\}$, $\Theta_2 = \mathrm{diag}\{P,\ \gamma^2 S,\ \zeta\gamma^2 I_n\}$, 则对于所有非均匀采样间隔 $T_k \in [T_{\min},\ T_{\max}]$ 和时变延时 $\nu_k \in \{d_l,\ \cdots,\ d_m\}$, 闭环系统 (4.25) 渐近稳定。矩阵 L 即为所求的控制器增益。

证明 该定理的证明与定理 4.2 的证明类似，故略去。证毕。

采用改进锥补线性化方法 [177]，可得如下基于线性矩阵不等式的问题:

$$\min \mathrm{trace}\ (\varepsilon_0 f_0 + \varepsilon_1 f_2 + \varepsilon_2 f_3)$$

s.t.

$$
\begin{bmatrix}
-\Theta_2 + \varepsilon_1 \bar{F}_1^{\mathrm{T}} \bar{F}_1 & * & * & * & * & * & * & * & * \\
0 & -\Theta_1 & * & * & * & * & * & * & * \\
 & \Theta_1 & -\varepsilon_0 & * & * & * & * & * & * \\
 & \delta_1 \bar{H}_1^{\mathrm{T}} \Theta_1 & & -\varepsilon_1 & * & * & * & * & * \\
0 & \delta_2 \bar{H}_2^{\mathrm{T}} \Theta_1 & & & -\varepsilon_2 & * & * & * & * \\
 & \delta_3 \bar{H}_3^{\mathrm{T}} \Theta_1 & 0 & & & -\varepsilon_3 & * & * & * \\
G_{00} + \bar{\Gamma}\bar{L}\bar{C} & & & & & & -f_0 & * & * \\
\bar{F}_{20}\bar{L}\bar{C} & 0 & & & 0 & & & -f_2 & * \\
\bar{F}_{30}\bar{L}\bar{C} & & & & & & 0 & & -f_3
\end{bmatrix} < 0
\tag{4.31}
$$

和

$$
\begin{bmatrix}
\varepsilon_0 & & & & & \\
 & \varepsilon_2 & & & I & \\
 & & \varepsilon_3 & & & \\
 & & & f_0 & & \\
 & I & & & f_2 & \\
 & & & & & f_3
\end{bmatrix} \geqslant 0
\tag{4.32}
$$

下面给出求解上述问题的迭代算法。

算法 4.2 输出反馈控制器增益 L 求解算法。

(1) 求解得到式 (4.31) 和式 (4.32) 的一组解 $(\varepsilon_0^0, \varepsilon_1^0, \varepsilon_2^0, \varepsilon_3^0, f_0^0, f_2^0, f_3^0, P, S,$ $\zeta, L)$，令 $k = 0$。

(2) 求解变量 $(\varepsilon_0, \varepsilon_1, \varepsilon_2, f_0, f_1, f_2, P, S, \zeta, L)$ 的线性矩阵不等式问题如下：
求 $\mathrm{trace}\left(\varepsilon_0^k f_0 + \varepsilon_0 f_0^k + \varepsilon_2^k f_2 + \varepsilon_2 f_2^k + \varepsilon_3^k f_3 + \varepsilon_3 f_3^k\right)$ 的最小值，满足式 (4.31) 和式 (4.32)。

令 $\varepsilon_i^{k+1} = \varepsilon_i$，$f_i^{k+1} = f_i$，$i = 0, 2, 3$。

(3) 若对于步骤 (2) 中求得的 L，以及变量 $(\varepsilon_1, \varepsilon_2, \varepsilon_3, P, S, \zeta)$，稳定条件 (4.28) 有可行解，则已求得可行解，退出循环。

若条件 (4.28) 在一定步数内仍然不能求得可行解，则终止循环。否则转到步骤 (2)。

4.5　数值仿真

例 4.1　基于直流电机系统模型[6]，考虑系统 (4.1) 具有参数

$$A = \begin{bmatrix} 0 & 1 \\ 0 & -0.1 \end{bmatrix}, \quad B = \begin{bmatrix} 0 \\ 0.1 \end{bmatrix}$$

和状态反馈控制器

$$K = \begin{bmatrix} -3.75 & -11.5 \end{bmatrix}$$

非均匀采样间隔满足 $T_k \in [0.001, 0.04]$s。应用 MATLAB 的线性矩阵不等式工具箱可得定理 4.1 中线性矩阵不等式的可行解，该可行解的存在性证明了闭环系统的渐近稳定性。对于给定的 α 和采样间隔范围 $T_k \in [0.001, 0.04]$s 以及传输延时的最小值 d_l，可得其相应的传输延时最大值 d_m，如表 4.2 所示。对于给定的 α 和传输延时范围 $\nu_k \in \{2, 3, \cdots, 6\}$s 以及采样间隔的最小值 $T_{\min}$，可得其相应的采样间隔最大值 $T_{\max}$，如表 4.3 所示。上述结果表明方法的保守性随 α 增大而增大，与注 4.2 的分析相一致。

表 4.2　例 4.1 中 $T_k \in [0.001, 0.04]$s 时传输延时最小值与对应的最大值

d_l/s	d_m/s			
	$\alpha = 1$	$\alpha = 2$	$\alpha = 3$	$\alpha = 4$
0	18	8	5	3
1	19	9	6	4
2	19	9	6	4
3	20	10	7	5
4	20	10	8	6
5	21	11	8	7

表 4.3　例 4.1 中 $\nu_k \in \{2, 3, \cdots, 6\}$s 时采样间隔最小值与对应的最大值

$T_{\min}$/s	$T_{\max}$/s		
	$\alpha = 1$	$\alpha = 2$	$\alpha = 3$
0.01	0.11	0.05	0.03
0.02	0.11	0.05	0.04
0.03	0.11	0.06	0.05
0.04	0.11	0.07	0.06
0.05	0.11	0.08	0.07

仿真中，令执行器子区间个数 $\alpha = 1$，系统初始状态为 $x_0 = [1 \ 1]^{\mathrm{T}}$。非均匀采样间隔满足 $T_k \in [0.05, 0.11]$s，如图 4.2 所示。时变传输延时满足 $\nu_k \in \{2, 3, \cdots,$

6}s，如图 4.3 所示。在本例中，选取 $T_0 = 0.08$s，闭环系统的响应如图 4.4 所示，证明了闭环系统是渐近稳定的。

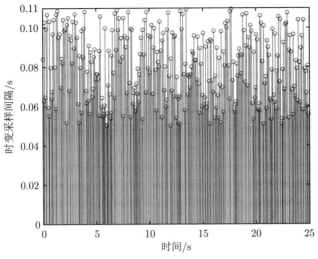

图 4.2 例 4.1 的非均匀采样间隔

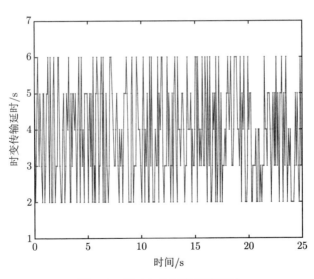

图 4.3 例 4.1 的时变传输延时

例 4.2 考虑具有如下参数的系统[182]：

$$A = \begin{bmatrix} -0.8 & -0.01 \\ 1 & 0.1 \end{bmatrix}, B = \begin{bmatrix} 0.4 \\ 0.1 \end{bmatrix}, K = \begin{bmatrix} -1.2625 & -1.2679 \end{bmatrix}$$

其采样间隔满足 $T_k \in [0.06, 0.15]$s，网络诱导延时满足 $\nu_k \in \{2, 3, 4\}$s，每个采样间隔被等分为 $\alpha = 2$ 个子区间。应用 MATLAB 线性矩阵不等式工具箱可知定理 4.1 有可行解。文献 [86] 研究了与本章内容相同的问题，对于本例系统有 $v = 2$，故文献 [86] 的方法需要求解 4096 个线性矩阵不等式，包含 2884 个变量。然而，本章提出的方法 (定理 4.1) 中，仅需求解 1 个线性矩阵不等式，包含 85 个变量，极大程度上降低了计算复杂度。本例的结果表明了本章方法的有效性和计算复杂度低的优越性。

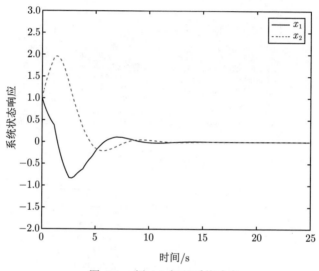

图 4.4　例 4.1 闭环系统响应

例 4.3　考虑具有如下参数的系统 (4.1)：

$$A = \begin{bmatrix} -1.2 & 0 \\ 0 & -0.1 \end{bmatrix}, \ B = \begin{bmatrix} 1 \\ 0.6 \end{bmatrix}, \ K = \begin{bmatrix} -9.7 & -2.1 \end{bmatrix}$$

系统中，传输延时的范围为 $\nu_k \in \{1, 2, 3\}$s，采样间隔的范围为 $T_k \in [0.01, 0.02]$s，$\alpha = 1$。通过验证线性矩阵不等式 (4.18) 可知对于上述的延时和采样，系统是渐近稳定的。应用文献 [86] 中的方法到本例中，在采样间隔 $T_{\min} = T_{\max} = 0.01$s 且时变延时为 $\nu_k \in \{1, 2, 3\}$s 的情况下得到参数 $\gamma_0 = 0.4$。然而，当非均匀采样间隔范围为 $T_k \in [0.01, 0.02]$s 时，该文献中的定理 5 不存在可行解。本例表明本章方法具有更低的保守性。

例 4.4　基于造纸工业中的流浆箱模型 [179,180]，考虑系统具有如下参数：

$$A = \begin{bmatrix} -0.8 & 0.02 \\ -0.02 & 0 \end{bmatrix}, \quad B = \begin{bmatrix} 0.05 \\ 0.001 \end{bmatrix}, \quad C = \begin{bmatrix} 1 & 0 \end{bmatrix}$$

变采样和时变延时分别满足 $T_k \in [0.05,\ 0.25]$s 和 $\nu_k \in \{1, 2,\ \cdots,\ 4\}$s，且 $\alpha = 1$ 时，可用算法 4.2 求得能使系统稳定的输出反馈控制器为 $K = -0.13$。该实例表明了本章方法的有效性。

4.6　本 章 小 结

本章考虑在一个采样间隔内可多次更新控制量的控制策略，研究了非均匀采样网络化控制系统的状态反馈和输出反馈控制问题。系统的非均匀采样间隔有界，时变延时有界且可大于一个采样间隔。将闭环系统转化为具有多时变延时和不确定性的离散时间系统，并进一步转化为前向通道与延时无关的级联系统，得到了系统的稳定性条件以及状态反馈控制器和输出反馈控制器的设计方法。最后仿真实例表明了本章方法的有效性与优越性。

第 5 章 积分二次型约束框架下的非均匀采样网络化控制系统稳定性分析

5.1 引　言

积分二次型约束可描述很广泛的一类非线性环节,可以描述系统环节的增益、相位和输入输出的结构信息等[183,184]。积分二次型约束框架提供了从算子特性的角度来解决系统鲁棒性问题的方法。在这一框架下,解决问题的关键在于推导出相关算子的积分二次型约束表达式,以便应用积分二次型约束稳定性定理得到系统稳定条件[156,185,186]。积分二次型约束理论框架具有很高的灵活性,易于将结果拓展到含有参数不确定性、未建模动态等复杂动态系统环节中[187]。在积分二次型约束理论框架下研究变采样网络化控制系统的稳定问题,其关键和难点在于提出非均匀采样和时变延时的积分二次型约束描述。此前,文献 [186]、[96]、[150]和 [185] 对单个延时算子、变采样算子分别满足的积分二次型约束进行了研究。据作者所知,至今很少有采用积分二次型约束框架对同时具有非均匀采样和时变延时的网络化控制系统进行分析的文献。

本章在积分二次型约束框架下,对时变传输延时可大于一个采样间隔的非均匀采样网络化控制系统的稳定性问题进行研究。研究非均匀采样不确定性算子和多时变延时算子的积分二次型约束描述及其系统,并建立闭环系统级联模型。根据积分二次型约束稳定性定理 [150],探究系统稳定的时域有限维线性矩阵不等式条件,并通过仿真实例验证本章方法的有效性。

5.2 问 题 描 述

考虑如下线性系统:

$$\dot{x}(t) = Ax(t) + Bu(t) \tag{5.1}$$

其中, $x(t) \in \mathbb{R}^n$ 是系统状态变量; $u(t) \in \mathbb{R}^m$ 是控制输入; $A \in \mathbb{R}^{n \times n}$ 和 $B \in \mathbb{R}^{n \times m}$ 是已知的系统矩阵[166]。

对系统 (5.1) 的状态进行非均匀采样,采样时间序列 t_k 满足式 (3.2)。采样间隔 $T_k \overset{\text{def}}{=} t_{k+1} - t_k$ 的取值范围为

$$0 < T_{\min} \leqslant T_k \leqslant T_{\max} < \infty \tag{5.2}$$

考虑系统状态 $x(t_k)$ 的传输延时，将其定义为 ν_k，假设延时有界且满足

$$0 \leqslant d_l \leqslant \nu_k \leqslant d_m < \infty \tag{5.3}$$

执行器端采用"分段弃旧用新"数据更新策略，在一个采样周期内可有多个控制量作用于被控对象，具体过程与第 4 章相同，此处不再赘述，同样可得 α 的取值范围为 $0 < \alpha \leqslant d_m - d_l + 2$。

本章采用线性状态反馈控制器对系统 (5.1) 进行稳定控制。在每个采样间隔子区间 $[t_{k,p-1},\ t_{k,p})$ 的开始时刻更新控制输入，因此，线性状态反馈控制率 $u(t)$ 为阶梯型函数，可表示为

$$u(t) = u(t_{k,p}) = K x(t_{k-d_{p(t_k)}}), \quad t \in [t_{k,p-1},\ t_{k,p})$$

其中，$p \in \{1,\ 2,\ \cdots,\ \alpha\}$ 为子区间序数；$K \in \mathbb{R}^{m \times n}$ 为控制器增益矩阵。

假设闭环系统中的所有信号在传输时均包含有时间戳。引入当前传输延时变量 $d_p(t_k) \in \mathbb{N}$，取值范围为

$$0 \leqslant d_l \leqslant d_p(t_k) \leqslant d_m + 1 < \infty$$

考虑非均匀采样和时变网络延时，以及上述网络化控制方式，系统 (5.1) 可离散化为

$$S: x(t_{k+1}) = \Phi(T_k) x(t_k) + \sum_{p=1}^{\alpha} \Gamma_p(T_k) x(t_{k-d_{p(t_k)}}) \tag{5.4}$$

其中

$$\Phi(T_k) = \mathrm{e}^{A T_k}$$
$$\Gamma_p(T_k) = \int_{\frac{\alpha-p}{\alpha} T_k}^{\frac{\alpha+1-p}{\alpha} T_k} \mathrm{e}^{As} \mathrm{d}s BK, \quad p \in \{1,\ 2,\ \cdots,\ \alpha\} \tag{5.5}$$

闭环系统 (5.4) 是含有时变延时和时变系统矩阵的离散时间系统。

下面用积分二次型约束对非均匀采样不确定性和时变延时这两部分时变环节进行刻画，对闭环系统 (5.4) 进行模型转换，在非均匀采样间隔 T_k 和时变延时 ν_k 分别满足式 (5.2) 和式 (5.3) 的情况下推导闭环系统 (5.4) 的稳定性条件。

本章的研究流程如图 5.1 所示。

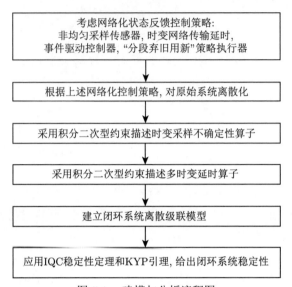

图 5.1　建模与分析流程图

KYP：Kalman-Yakubovich-Popov，卡尔曼-雅克波维奇-波波夫

5.3　系统建模

本节将给出非均匀采样和时变延时两部分时变环节的积分二次型约束描述，并对闭环系统 (5.4) 进行模型变换。

5.3.1　非均匀采样不确定性算子的积分二次型约束描述

由于系统矩阵 $\Phi(T_k)$ 和 $\Gamma_p(T_k)$ 中含有非均匀采样间隔 T_k，故为时变矩阵。将非均匀采样间隔 T_k 建模为

$$T_k = T_0 + \Lambda_k \tag{5.6}$$

其中，T_0 为常量；Λ_k 为变量；T_k 的取值范围为 $T_{\min} \leqslant T_k \leqslant T_{\max}$[167]。

在式 (5.5) 中，将系统矩阵 $\Phi(T_k)$ 和 $\Gamma_p(T_k)$ 中的常量 T_0 与变量 Λ_k 分离，可将闭环系统 (5.4) 转化为

$$
\begin{aligned}
x(t_{k+1}) &= (\Phi_0 + D_1\Delta_1 E_0)x(t_k) \\
&\quad + \sum_{p=1}^{\alpha}\left[(\Gamma_p^0 + D_{2,p}\Delta_{2,p}E_1 - D_{3,p}\Delta_{3,p}E_1)x(t_{k-d_p(t_k)})\right] \\
&= (\Phi_0 + D_1\Delta_1 E_0 + \Gamma^0 + \bar{D}_2\bar{\Delta}_2\bar{E}_2 - \bar{D}_3\bar{\Delta}_3\bar{E}_2)x(t_k) \\
&\quad + \left(-\bar{\Gamma}^0 - \bar{D}_2\bar{\Delta}_2\bar{E}_{2d} + \bar{D}_3\bar{\Delta}_3\bar{E}_{2d}\right)\cdot\bar{w}(t_k)
\end{aligned}
\tag{5.7}
$$

其中

$$\Phi_0 = \mathrm{e}^{AT_0}, \quad D_1 = \mathrm{e}^{AT_0}, \quad \Delta_1 = \int_0^{\Lambda_k} \mathrm{e}^{As}\mathrm{d}s$$

$$\Gamma_p^0 = \mathrm{e}^{A\frac{\alpha-p}{\alpha}T_0} \int_0^{\frac{T_0}{\alpha}} \mathrm{e}^{As}\mathrm{d}sBK$$

$$E_1 = A, \quad E_2 = BK$$

$$D_{2,p} = \mathrm{e}^{A\frac{\alpha+1-p}{\alpha}T_0}, \quad \Delta_{2,p} = \int_0^{\frac{\alpha+1-p}{\alpha}\Lambda_k} \mathrm{e}^{As}\mathrm{d}s$$

$$D_{3,p} = \mathrm{e}^{A\frac{\alpha-p}{\alpha}T_0}, \quad \Delta_{3,p} = \int_0^{\frac{\alpha-p}{\alpha}\Lambda_k} \mathrm{e}^{As}\mathrm{d}s$$

$$\bar{w}(t_k) = \mathrm{col}\left\{x(t_k) - x(t_{k-d_1(t_k)}), \cdots, x(t_k) - x(t_{k-d_\alpha(t_k)})\right\}$$

$$\Gamma^0 = \sum_{p=1}^\alpha \Gamma_p^0, \quad \bar{\Gamma}^0 = \begin{bmatrix} \Gamma_1^0 & \cdots & \Gamma_\alpha^0 \end{bmatrix}$$

$$\bar{D}_2 = [D_{2,1} \ \cdots \ D_{2,\alpha}], \quad \bar{\Delta}_2 = \mathrm{diag}\{\Delta_{2,1}, \cdots, \Delta_{2,\alpha}\}$$

$$\bar{D}_3 = [D_{3,1} \ \cdots \ D_{3,\alpha}], \quad \bar{\Delta}_3 = \mathrm{diag}\{\Delta_{3,1}, \cdots, \Delta_{3,\alpha}\}$$

$$\bar{E}_2 = \mathrm{col}\underbrace{\{E_2, \cdots, E_2\}}_{\alpha}, \quad \bar{E}_{2d} = \mathrm{diag}\underbrace{\{E_2, \cdots, E_2\}}_{\alpha}$$

由于 $T_{\min} - T_0 \leqslant \Lambda_k \leqslant T_{\max} - T_0$，故矩阵 Δ_1、$\bar{\Delta}_2$、$\bar{\Delta}_3$ 的 $\mathbb{L}_2$ 诱导范数也是有界的。为叙述简单，对于给定的 T_0，上述矩阵的 $\mathbb{L}_2$ 诱导范数的一个上界为 $\delta_1 \geqslant 0, \delta_2 \geqslant 0, \delta_3 \geqslant 0$，即满足

$$\|\Delta_1\|_2 \leqslant \Delta_1, \quad \|\bar{\Delta}_2\|_2 \leqslant \Delta_2, \quad \|\bar{\Delta}_3\|_2 \leqslant \Delta_3 \qquad (5.8)$$

上界 δ_1、δ_2、δ_3 的计算方法见文献 [79]、[81] 和 [167]。

闭环系统 (5.4) 转化为含有多个时变延时和由非均匀采样带来的范数有界不确定性的离散时间系统 (5.7)。

闭环系统 (5.7) 中含有两部分时变项：非均匀采样不确定性和多个时变延时，均可用积分二次型约束 (IQC) 来刻画。首先，考虑非均匀采样不确定性 Δ_1、$\bar{\Delta}_2$、$\bar{\Delta}_3$ 的 IQC 描述，矩阵 Δ_1、$\bar{\Delta}_2$、$\bar{\Delta}_3$ 可看作满足范数有界性质 (5.8) 的算子。下述引理给出了非均匀采样不确定性的 IQC 描述。

引理 5.1 式 (5.7) 中的非均匀采样不确定性算子 Δ_1、$\bar{\Delta}_2$、$\bar{\Delta}_3$ 分别满足乘子 Π_{Δ_1}、$\Pi_{\bar{\Delta}_2}$、$\Pi_{\bar{\Delta}_3}$ 定义的 IQC：

$$\Pi_{\Delta_1} = \begin{bmatrix} \delta_1^2 X_1 & 0 \\ 0 & -X_1 \end{bmatrix}$$

$$\Pi_{\bar{\Delta}_2} = \begin{bmatrix} \delta_2^2 X_2 & 0 \\ 0 & -X_2 \end{bmatrix} \tag{5.9}$$

$$\Pi_{\bar{\Delta}_3} = \begin{bmatrix} \delta_3^2 X_3 & 0 \\ 0 & -X_3 \end{bmatrix}$$

其中

$$X_1 = \epsilon_1 I_n$$

$$X_2 = \epsilon_2 I_{\alpha n}$$

$$X_3 = \epsilon_3 I_{\alpha n} \tag{5.10}$$

$$\epsilon_1, \epsilon_2, \epsilon_3 \geqslant 0$$

证明 引入信号 h_1, $g_1 = \Delta_1 h_1$, $\psi_1 = \mathrm{col}\{h_1, g_1\}$。由式 (5.8) 可知，$g_1^{\mathrm{T}} g_1 \leqslant \delta_1^2 h_1^{\mathrm{T}} h_1$。因此，有

$$\langle \psi_1,\ \Pi_{\Delta_1} \psi_1 \rangle = \delta_1^2 h_1^{\mathrm{T}} X_1 h_1 - g_1^{\mathrm{T}} X_1 g_1$$

$$= \epsilon_1 \left(\delta_1^2 h_1^{\mathrm{T}} h_1 - g_1^{\mathrm{T}} g_1 \right)$$

$$\geqslant 0$$

上式满足定义 1.4, 故算子 Δ_1 满足 Π_{Δ_1} 定义的 IQC。同理可证，算子 $\bar{\Delta}_2$ 和 $\bar{\Delta}_3$ 分别满足 $\Pi_{\bar{\Delta}_2}$ 和 $\Pi_{\bar{\Delta}_3}$ 定义的 IQC。证毕。

根据闭环系统表达式 (5.7), 选择输入量为 $p_1 = \Delta_1 E_1 x(t_k)$, $p_2 = \bar{\Delta}_2 \bar{E}_2 x(t_k) - \bar{\Delta}_2 \bar{E}_{2d} \bar{w}(t_k)$, $p_3 = -\bar{\Delta}_3 \bar{E}_2 x(t_k) + \bar{\Delta}_3 \bar{E}_{2d} \bar{w}(t_k)$。故非均匀采样不确定性 IQC 系统的输入量和输出量满足

$$z_{\bar{p}} = \begin{bmatrix} E_1 & 0 & 0 & 0 & 0 \\ 0 & I_{n_{p_1}} & 0 & 0 & 0 \\ \bar{E}_2 & 0 & 0 & 0 & -\bar{E}_{2d} \\ 0 & 0 & I_{n_{p_2}} & 0 & 0 \\ \bar{E}_2 & 0 & 0 & 0 & -\bar{E}_{2d} \\ 0 & 0 & 0 & I_{n_{p_3}} & 0 \end{bmatrix} \begin{bmatrix} x(t_k) \\ \bar{p}(t_k) \\ \bar{w}(t_k) \end{bmatrix} \tag{5.11}$$

$$\bar{p}(t_k) = \Delta \bar{q}(t_k)$$

变量 $z_{\bar{p}}$ 是非均匀采样不确定性算子 Δ 的 IQC 系统的输出量,且

$$\Delta = \begin{bmatrix} \Delta_1 & & 0 \\ & \bar{\Delta}_2 & \\ 0 & & \bar{\Delta}_3 \end{bmatrix}$$

$$\bar{q}(t_k) = \mathrm{col}\{q_1(t_k),\ q_2(t_k),\ q_3(t_k)\}$$

$$\bar{p}(t_k) = \mathrm{col}\{p_1(t_k),\ p_2(t_k),\ p_3(t_k)\}$$

$$z_{\bar{p}}(t_k) = \mathrm{col}\{z_{p_1}(t_k),\ z_{p_2}(t_k),\ z_{p_3}(t_k)\}$$

$$z_{p_i}(t_k) = \mathrm{col}\{q_i(t_k),\ p_i(t_k)\}, \quad i \in \{1,\ 2,\ 3\}$$

其中,$p_1, q_1 \in \mathbb{R}^n$;$p_2, p_3, q_2, q_3 \in \mathbb{R}^{\alpha n}$;$z_{p_1} \in \mathbb{R}^{2n}$;$z_{p_2}, z_{p_3} \in \mathbb{R}^{2\alpha n}$。

式 (5.9) 中,Π_{Δ_1}、$\Pi_{\bar{\Delta}_2}$、$\Pi_{\bar{\Delta}_3}$ 定义的 IQC 和系统 (5.11) 描述了离散时间闭环系统 (5.7) 中与时变延时不确定性 Δ_1、$\bar{\Delta}_2$、$\bar{\Delta}_3$ 有关的项。

5.3.2 多时变延时算子的积分二次型约束描述

多时变延时是另外一个需要考虑的时变部分,可用 IQC 描述。引入多时变延时算子 S_τ:

$$\bar{w}(t_k) = (S_\tau \bar{x})(t_k)$$
$$\stackrel{\text{def}}{=\!=} \mathrm{col}\{x(t_k) - x(t_{k-d_1(t_k)}),\ \cdots,\ x(t_k) - x(t_{k-d_\alpha(t_k)})\} \tag{5.12}$$

其中,$\bar{x} = \mathrm{col}\{x(t_k),\ \cdots,\ x(t_k)\} \in \mathbb{R}^{\alpha n}$。多时变延时算子 S_τ 的积分二次型约束描述将在下列定理中给出。

定理 5.1 式 (5.12) 中的多时变延时算子 S_τ 满足如下不等式:

$$\langle (v_1 + v_2 - 2S_\tau \bar{x}),\ Y_1(v_1 + v_2 - 2S_\tau \bar{x}) \rangle$$
$$\leqslant (d_m - d_l + 1)^2 \langle v_3,\ Y_1 v_3 \rangle \tag{5.13}$$

其中,$v_1 = (1 - z^{-(d_m+1)})\bar{x}$,$v_2 = (1 - z^{-d_l})\bar{x}$,$v_3 = (1 - z^{-1})\bar{x}$;矩阵 $Y_1 \in \mathbb{R}^{\alpha n \times \alpha n}$ 为半正定对角矩阵;符号 z 代表前移算子[188];算子 S_τ 满足 Π_1 定义的 IQC,且 (Ψ_1, W_1) 是乘子 Π_1 的一个分解:

$$\Pi_1 = \Psi_1^* W_1 \Psi_1 \tag{5.14}$$

$$\Psi_1 = \begin{bmatrix} (1-z^{-1})I_{\alpha n} & 0 \\ (2-z^{-(d_m+1)}-z^{-d_l})I_{\alpha n} & -2I_{\alpha n} \end{bmatrix}$$

$$W_1 = \begin{bmatrix} (d_m-d_l+1)^2 Y_1 & 0 \\ 0 & -Y_1 \end{bmatrix} \tag{5.15}$$

证明　根据 v_1、v_2、v_3 的定义，有

$$(v_1+v_2-2S_\tau\bar{x})(t_k)$$

$$= \begin{bmatrix} x(t_k)-x(t_{k-d_l})+x(t_k)-x(t_{k-d_l})-2\left(x(t_k)-x(t_{k-d_1(t_k)})\right) \\ \vdots \\ x(t_k)-x(t_{k-d_l})+x(t_k)-x(t_{k-d_l})-2\left(x(t_k)-x(t_{k-d_1(t_k)})\right) \end{bmatrix}$$

$$= \begin{bmatrix} \vdots \\ \sum_{i=k-d_m}^{k-d_l} \phi_p(t_i)\left(x(t_i)-x(t_{i-1})\right) \\ \vdots \end{bmatrix}$$

$$= \sum_{i=k-d_m}^{k-d_l} \bar{\phi}(t_i)v_3(t_i)$$

其中，$\phi_p(t_i) \overset{\text{def}}{=} \begin{cases} 1, & i \leqslant k-d_p(t_k) \\ -1, & i > k-d_p(t_k) \end{cases}$，$\bar{\phi}(t_i) \overset{\text{def}}{=} \mathrm{diag}\{\phi_1(t_i), \cdots, \phi_\alpha(t_i)\}$。

令 Y_1 为半正定对角矩阵，根据引理 1.1 中的不等式[189]，有

$$\left[(v_1+v_2-2S_\tau\bar{x})^{\mathrm{T}} Y_1 (v_1+v_2-2S_\tau\bar{x})\right](t_k)$$

$$= \left(\sum_{i=k-d_m}^{k-d_l} \bar{\phi}(t_i)v_3(t_i)\right)^{\mathrm{T}} Y_1 \left(\sum_{i=k-d_m}^{k-d_l} \bar{\phi}(t_i)v_3(t_i)\right)$$

$$\leqslant (d_m-d_l+1)\sum_{i=k-d_m}^{k-d_l} v_3^{\mathrm{T}}(t_i)\bar{\phi}^{\mathrm{T}}(t_i)Y_1\bar{\phi}(t_i)v_3(t_i)$$

$$= (d_m-d_l+1)\sum_{i=k-d_m}^{k-d_l} v_3^{\mathrm{T}}(t_i)Y_1 v_3(t_i)$$

根据零初始条件 $x(t_k)=0$，$k<0$，易知 $v_3(t_k)=0$，$k<0$，故可得

$$\langle (v_1+v_2-2S_\tau\bar{x}), Y_1(v_1+v_2-2S_\tau\bar{x})\rangle$$

$$\leqslant \sum_{k=0}^{\infty} (d_m - d_l + 1) \sum_{i=k-d_m}^{k-d_l} v_3^{\mathrm{T}}(t_i) Y_1 v_3(t_i)$$

$$= (d_m - d_l + 1) \sum_{j=-d_m}^{-d_l} \sum_{k=0}^{\infty} v_3^{\mathrm{T}}(t_{j+k}) Y_1 v_3(t_{j+k})$$

$$= (d_m - d_l + 1) \sum_{j=-d_m}^{-d_l} \sum_{k=0}^{\infty} v_3^{\mathrm{T}}(t_k) Y_1 v_3(t_k)$$

$$= (d_m - d_l + 1)^2 \langle v_3, Y_1 v_3 \rangle$$

上式证明多时变延时算子 S_τ 满足不等式 (5.13)。

令 $\psi = \mathrm{col}\{\bar{x}^{\mathrm{T}}, S_\tau \bar{x}\}$, 有

$$\langle \psi, \Pi_1 \psi \rangle = (d_m - d_l + 1)^2 \langle v_3, Y_1 v_3 \rangle$$
$$- \langle (v_1 + v_2 - 2S_\tau \bar{x}), Y_1(v_1 + v_2 - 2S_\tau \bar{x}) \rangle$$

$$\geqslant 0$$

上式证明 S_τ 满足 Π_1 定义的 IQC。证毕。

对应于式 (5.14) 中的乘子 Π_1, 多时变延时算子 S_τ 的 IQC 系统 Ψ_1(5.15) 的状态空间表达式如下:

$$\begin{bmatrix} \bar{x}_\psi(t_{k+1}) \\ z_{\bar{w}}(t_k) \end{bmatrix} = \begin{bmatrix} A_\psi & B_{\psi 1} & B_{\psi 2} \\ C_\psi & D_{\psi 1} & D_{\psi 2} \end{bmatrix} \begin{bmatrix} \bar{x}_\psi(t_k) \\ \bar{x}(t_k) \\ \bar{w}(t_k) \end{bmatrix} \tag{5.16}$$

其中

$$A_\psi = \begin{bmatrix} 0 & I_{\alpha n} & 0 & \cdots & 0 \\ & \ddots & I_{\alpha n} & & \vdots \\ \vdots & & \ddots & \ddots & 0 \\ & & & \ddots & I_{\alpha n} \\ 0 & & \cdots & & 0 \end{bmatrix}, \quad B_{\psi 1} = \begin{bmatrix} 0 \\ \vdots \\ 0 \\ I_{\alpha n} \end{bmatrix}$$

$$B_{\psi 2} = 0_{(d_m+1)\alpha n \times \alpha n} \tag{5.17}$$

$$C_\psi = \begin{bmatrix} 0 & \cdots & 0 & -I_{\alpha n} \\ -I_{\alpha n} & 0 & -I_{\alpha n} & 0 \end{bmatrix}$$

$$D_{\psi 1} = \begin{bmatrix} I_{\alpha n} \\ 2I_{\alpha n} \end{bmatrix}, \quad D_{\psi 2} = \begin{bmatrix} 0_{\alpha n} \\ -2I_{\alpha n} \end{bmatrix}$$

$\bar{x}_\psi(t_k) \in \mathbb{R}^{(d_m+1)\alpha n}$ 和 $z_{\bar{w}} \in \mathbb{R}^{2\alpha n}$ 分别为 IQC 系统 Ψ_1 的状态和输出。

定理 5.2　式 (5.12) 中的多时变延时算子 S_τ 满足如下不等式:

$$\left\| S_\tau \circ \frac{1}{1-z^{-1}} \right\|_2^2 \leqslant (d_m+1)^2 \tag{5.18}$$

算子 S_τ 满足 Π_2 定义的 IQC,且 (Ψ_2, W_2) 是乘子 Π_2 的一个分解:

$$\Pi_2 = \Psi_2^* W_2 \Psi_2 \tag{5.19}$$

$$\Psi_2 = \begin{bmatrix} (1-z^{-1})I_{\alpha n} & 0 \\ 0 & I_{\alpha n} \end{bmatrix}$$

$$W_2 = \begin{bmatrix} (d_m+1)^2 Y_2 & 0 \\ 0 & -Y_2 \end{bmatrix} \tag{5.20}$$

其中,$\circ$ 表示复合映射;$Y_2 \in \mathbb{R}^{\alpha n \times \alpha n}$ 且 $Y_2 = Y_2^{\mathrm{T}} \geqslant 0$。

证明　算子中的信号流如下:

$$\bar{x} = \begin{bmatrix} x(t_k) \\ \vdots \\ x(t_k) \end{bmatrix} \xrightarrow{\frac{z}{z-1}} \sum_{i=0}^{k} \begin{bmatrix} x(t_i) \\ \vdots \\ x(t_i) \end{bmatrix} \xrightarrow{S_\tau} \varphi(t_k) = \begin{bmatrix} \sum\limits_{i=k-d_1(t_k)+1}^{k} x(t_i) \\ \vdots \\ \sum\limits_{i=k-d_\alpha(t_k)+1}^{k} x(t_i) \end{bmatrix}$$

由引理 1.6 中的 Holder 不等式和零初值条件可得

$$\|\varphi\|_{\mathbb{L}_2}^2 = \sum_{k=0}^{\infty} \varphi^{\mathrm{T}} \varphi$$

$$= \sum_{k=0}^{\infty} \sum_{p=1}^{\alpha} \left(\sum_{i=k-d_1(t_k)+1}^{k} x(t_i) \right)^{\mathrm{T}} \left(\sum_{i=k-d_\alpha(t_k)+1}^{k} x(t_i) \right)$$

$$\leqslant \sum_{k=0}^{\infty} \sum_{p=1}^{\alpha} \left(d_p(t_k) \sum_{i=k-d_p(t_k)+1}^{k} x^{\mathrm{T}}(t_i) x(t_i) \right)$$

$$\leqslant \sum_{k=0}^{\infty} \sum_{p=1}^{\alpha} \left[(d_m + 1) \sum_{i=k-d_m}^{k} x^{\mathrm{T}}(t_i) x(t_i) \right]$$

$$= \alpha(d_m + 1) \sum_{j=-d_m}^{0} \sum_{k=0}^{\infty} x^{\mathrm{T}}(t_{k+j}) x(t_{k+j})$$

$$\leqslant \alpha(d_m + 1) \sum_{j=-d_m}^{0} \sum_{k=0}^{\infty} x^{\mathrm{T}}(t_k) x(t_k)$$

$$= \alpha(d_m + 1)^2 \|x\|_{\mathbb{L}_2}^2$$

$$= (d_m + 1)^2 \|\bar{x}\|_{\mathbb{L}_2}^2$$

不等式 (5.18) 得证。

矩阵 Y_2 是半正定对称矩阵，必存在矩阵 H 满足 $Y_2 = H^{\mathrm{T}} H$，故有

$$\bar{w}^{\mathrm{T}} Y_2 \bar{w} = (S_\tau \bar{x})^{\mathrm{T}} H^{\mathrm{T}} H (S_\tau \bar{x})$$

$$= [S_\tau(H\bar{x})]^{\mathrm{T}} S_\tau(H\bar{x})$$

$$= \left[\left(S_\tau \circ \frac{1}{1-z^{-1}} \right) (Hv_3) \right]^{\mathrm{T}} \left[\left(S_\tau \circ \frac{1}{1-z^{-1}} \right) (Hv_3) \right]$$

$$= \left\| \left(S_\tau \circ \frac{1}{1-z^{-1}} \right) (Hv_3) \right\|_{\mathbb{L}_2}^2$$

由式 (5.18) 可得

$$\langle \psi,\ \Pi_2 \psi \rangle = (d_m + 1)^2 \langle v_3,\ Y_2 v_3 \rangle - \langle \bar{w},\ Y_2 \bar{w} \rangle$$

$$= (d_m + 1)^2 \|H v_3\|_{l_2}^2 - \left\| \left(S_\tau \circ \frac{1}{1-z^{-1}} \right) (Hv_3) \right\|_{\mathbb{L}_2}^2$$

$$\geqslant 0$$

满足定义 1.4，故算子 S_τ 满足 Π_2 定义的 IQC。证毕。

对应于乘子 Π_2 (5.19)，多时变延时算子 S_τ 的 IQC 系统 Ψ_2 (5.20) 的状态空间表达式同式 (5.16)，其中的系统矩阵如下：

$$\tilde{A}_\psi = 0_{\alpha n}, \quad \tilde{B}_{\psi 1} = I_{\alpha n}, \quad \tilde{B}_{\psi 2} = 0_{\alpha n}$$

$$\tilde{C}_\psi = \begin{bmatrix} -I_{\alpha n} \\ 0_{\alpha n} \end{bmatrix}, \quad \tilde{D}_{\psi 1} = \begin{bmatrix} I_{\alpha n} \\ 0_{\alpha n} \end{bmatrix}, \quad \tilde{D}_{\psi 2} = \begin{bmatrix} 0_{\alpha n} \\ I_{\alpha n} \end{bmatrix} \tag{5.21}$$

5.3.3 闭环系统级联模型

结合非均匀采样不确定性算子的 IQC 系统 (5.11) 和多时变延时算子的 IQC 系统 (5.16)，离散时间闭环系统 (5.4) 可转化为包含两个子系统的级联系统，如图 5.2 所示。

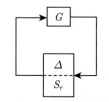

图 5.2 闭环系统级联模型

级联系统具体形式如下：

$$
S_1: \begin{bmatrix} \bar{x}_\psi(t_{k+1}) \\ \bar{x}(t_{k+1}) \\ \hdashline z_{\bar{p}}(t_k) \\ z_{\bar{w}}(t_k) \end{bmatrix} = G \begin{bmatrix} \bar{x}_\psi(t_k) \\ \bar{x}(t_k) \\ \hdashline \bar{p}(t_k) \\ \bar{w}(t_k) \end{bmatrix} \tag{5.22}
$$

$$
S_2: \begin{array}{l} \bar{p}(t_k) = \Delta \bar{q}(t_k) \\ \bar{w}(t_k) = S_\tau(\bar{x}(t_k)) \end{array}
$$

其中，

$$
G = \begin{bmatrix}
A_\psi & B_{\psi 1} & \vdots & & 0 & & B_{\psi 2} \\
& \Phi_0+\Gamma^0 \;\; 0 & \vdots & D_1 & \bar{D}_2 & -\bar{D}_3 & -\bar{\Gamma}^0 \\
0 & \Phi_0+\Gamma^0 \;\; 0 & \vdots & D_1 & \bar{D}_2 & -\bar{D}_3 & -\bar{\Gamma}^0 \\
& \Phi_0+\Gamma^0 \;\; 0 & \vdots & D_1 & \bar{D}_2 & -\bar{D}_3 & -\bar{\Gamma}^0 \\
\hdashline
& E_1 \;\; 0 & \vdots & 0 & 0 & 0 & 0 \\
& 0 & \vdots & I_{n_{p_1}} & 0 & 0 & 0 \\
0 & \bar{E}_2 \;\; 0 & \vdots & 0 & 0 & 0 & -\bar{E}_{2d} \\
& 0 & \vdots & 0 & I_{n_{p_2}} & 0 & 0 \\
& \bar{E}_2 \;\; 0 & \vdots & 0 & 0 & 0 & -\bar{E}_{2d} \\
& 0 & \vdots & 0 & 0 & I_{n_{p_3}} & 0 \\
C_\psi & D_{\psi 1} & \vdots & & 0 & & D_{\psi 2}
\end{bmatrix}
$$

$$
\overset{\underline{\mathrm{def}}}{=} \begin{bmatrix} G_A & G_B \\ G_C & G_D \end{bmatrix}
$$

注 5.1 对于算子 S_τ，可选择不同的 IQC 描述方法，与之对应的是不同的 IQC 系统和系统矩阵。可选用式 (5.14) 中乘子 Π_1 定义的 IQC，或式 (5.19) 中乘子 Π_2 定义的 IQC，分别对应 IQC 系统 $(A_\psi,\ B_{\psi1},\ B_{\psi2},\ C_\psi,\ D_{\psi1},\ D_{\psi2})$ 和 $(\tilde{A}_\psi,\ \tilde{B}_{\psi1},\ \tilde{B}_{\psi2},\ \tilde{C}_\psi,\ \tilde{D}_{\psi1},\ \tilde{D}_{\psi2})$，分别见式 (5.17) 和式 (5.21)。依据引理 1.7，也可选择各乘子的组合。

注 5.2 闭环系统转化为级联系统 (5.22)，前向通道 S_1 为与时变延时无关的线性时不变系统，反向通道包含了非均匀采样不确定性算子 Δ 和多时变延时算子 S_τ。

5.4 稳定性分析

在 IQC 理论框架下，IQC 稳定性定理[183] 以频域无穷维线性矩阵不等式的形式给出了系统稳定条件。根据 KYP 引理[190]，上述频域无穷维线性矩阵不等式可转化为时域有限维线性矩阵不等式[150]。针对闭环系统 (5.4)，下面的定理给出其时域有限维线性矩阵不等式的稳定条件。

定理 5.3 若存在对称矩阵 $P \in \mathbb{R}^{(d_m+2)\alpha n \times (d_m+2)\alpha n}$，半正定对称矩阵 $Y \in \mathbb{R}^{\alpha n \times \alpha n}$ 和标量 ϵ_1、ϵ_2、$\epsilon_3 \geqslant 0$，满足

$$\begin{bmatrix} G_A^{\mathrm{T}}PG_A - P & G_A^{\mathrm{T}}PG_B \\ G_B^{\mathrm{T}}PG_A & G_B^{\mathrm{T}}PG_B \end{bmatrix} + \begin{bmatrix} G_C^{\mathrm{T}} \\ G_D^{\mathrm{T}} \end{bmatrix} \Sigma \begin{bmatrix} G_C & G_D \end{bmatrix} < 0 \tag{5.23}$$

则对于所有非均匀采样间隔 $T_k \in [T_{\min},\ T_{\max}]$ 和时变延时 $\nu_k \in \{d_l,\ \cdots,\ d_m\}$，闭环系统 (5.4) 稳定。其中，$\Sigma = \mathrm{diag}\{\Pi_{\Delta_1},\ \Pi_{\bar{\Delta}_2},\ \Pi_{\bar{\Delta}_3},\ W\}$，矩阵 Π_{Δ_1}、$\Pi_{\bar{\Delta}_2}$、$\Pi_{\bar{\Delta}_3}$ 见式 (5.9)，变量 X_1、X_2、X_3 见式 (5.10)。

证明 详细证明过程略去，可参考文献 [190] 中的定理 2 以及文献 [150] 和 [185] 中的稳定条件。证毕。

矩阵 W 根据所选的多时变延时算子 S_τ 的 IQC 而定，可等于式 (5.15) 中的 W_1，也可为式 (5.20) 中的 W_2，或其组合。同理，算子 S_τ 满足的 IQC 描述方式的选择同样决定了矩阵 Y 的形式，可为 Y_1 或 Y_2。若选择 Π_1 定义的 IQC，则矩阵 $Y = Y_1$ 为半正定对角矩阵。

5.5 数值仿真

例 5.1 考虑系统 (5.1) 具有如下参数[178]：

$$A = \begin{bmatrix} 0 & 1 \\ 0 & -0.1 \end{bmatrix}, \quad B = \begin{bmatrix} 0 \\ 0.1 \end{bmatrix}, \quad K = \begin{bmatrix} -3.75 & -11.5 \end{bmatrix}$$

时变延时的最小值为 $d_l = 1\text{s}$, 非均匀采样间隔满足 $T_k \in [0.001,\ 0.04]\text{s}$, $\alpha = 2$。当时变延时满足 $d_m = 10\text{s}$ 时, 定理 5.3 有可行解, 闭环系统稳定。本例中, 选择 Π_1 作为多时变延时算子的积分二次型约束描述以降低保守性, 如式 (5.14) 和式 (5.15)。

对于给定的执行器采样间隔子区间个数 α, 当非均匀采样间隔满足 $T_{\min} = 0.001\text{s}$ 和 $T_{\max} = 0.04\text{s}$ 时, 根据定理 5.3, 可求得时变延时的最小值 d_l 和其对应的最大值 d_m, 如表 5.1 所示; 当给定时变延时的上下界 $d_l = 2\text{s}$ 和 $d_m = 6\text{s}$ 时, 可求得非均匀采样间隔的最小值 $T_{\min}$ 和其对应的最大值 $T_{\max}$, 如表 5.2 所示。将本例与例 4.1 进行对比, 由表 4.2、表 4.3 和表 5.1、表 5.2 可知, 当采样间隔范围相同时, 本章方法可得到更大的时变延时; 在相同的时变延时范围下, 本章方法得到的采样间隔范围更大。因此, 本章方法在保守性方面有一定的优越性。

表 5.1　例 5.1 中 $T_k \in [0.001,\ 0.04]\text{s}$ 时传输延时最小值与对应的最大值

d_l/s	d_m/s			
	$\alpha = 1$	$\alpha = 2$	$\alpha = 3$	$\alpha = 4$
0	19	8	5	3
1	21	10	6	5
2	21	10	7	5
3	23	12	8	6
4	23	12	9	7
5	24	14	10	8

表 5.2　例 5.1 中 $\nu_k \in \{2,\ 3,\ \cdots,\ 6\}\text{s}$ 时采样间隔最小值与对应的最大值

$T_{\min}/\text{s}$	$T_{\max}/\text{s}$			
	$\alpha = 1$	$\alpha = 2$	$\alpha = 3$	$\alpha = 4$
0.01	0.14	0.07	0.05	0.04
0.02	0.14	0.08	0.06	0.05
0.03	0.15	0.08	0.06	0.05
0.04	0.15	0.09	0.07	0.06
0.05	0.15	0.10	0.08	0.07

例 5.2　考虑系统 (5.1) 具有如下参数 [182]:

$$A = \begin{bmatrix} -0.8 & 0.01 \\ 1 & 0.1 \end{bmatrix}, \quad B = \begin{bmatrix} 0.4 \\ 0.1 \end{bmatrix}, \quad K = \begin{bmatrix} -1.2625 & -1.2679 \end{bmatrix}$$

每个采样间隔被等分为 $\alpha = 2$ 个子区间。非均匀采样间隔满足 $T_k \in [0.2,\ 0.3]$s，时变延时满足 $\nu_k \in \{2,\ 3,\ 4\}$s，系统响应分别如图 5.3、图 5.4 和图 5.5 所示。应用 MATLAB 的线性矩阵不等式工具箱可知，定理 5.3 有可行解，因此闭环系统稳定。

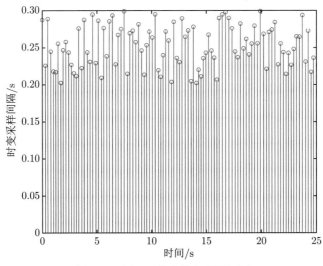

图 5.3　例 5.2 的非均匀采样间隔

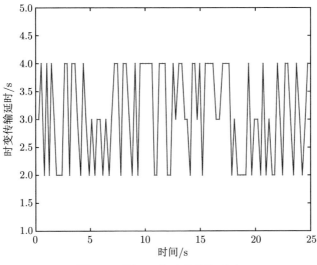

图 5.4　例 5.2 的时变传输延时

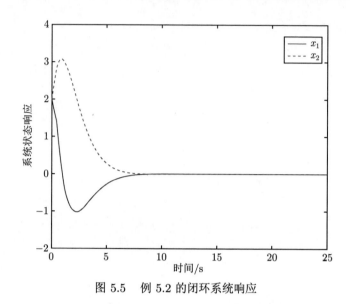

图 5.5　例 5.2 的闭环系统响应

5.6　本　章　小　结

　　本章在积分二次型约束框架下，研究了非均匀采样网络化控制系统的稳定性，提出了非均匀采样不确定性算子和多时变延时算子的积分二次型约束描述及其系统，并建立闭环系统级联模型。将闭环系统建模为级联系统，其前向通道为与时变延时无关的线性时不变系统，反向通道同时包含非均匀采样不确定性算子和多时变延时算子。根据积分二次型约束稳定性定理，以时域有限维线性矩阵不等式形式给出了系统稳定条件，仿真实例证明了该方法的有效性。

第 6 章　非均匀采样马尔可夫跳变系统
均方指数镇定

6.1　引　言

众所周知，随机现象广泛存在于各类实际控制系统，随机因素的存在往往是控制系统的性能变坏甚至系统失稳的重要原因之一。马尔可夫跳变系统是一种具有多个模态的随机系统，系统在各个模态之间的跳变转移是由一组马尔可夫链来决定的[191,192]。动态系统中各种可变参数、突发性的故障、风云变幻的经济环境、物理学中的核聚变和热传导问题、机动目标状态的随机变化、子系统耦合部分的随机改变、网络化系统中的随机时延或丢包等都可以通过建模成马尔可夫跳变系统来进行研究[193-198]。针对马尔可夫跳变系统的均方指数稳定性衰减率估测问题，一些学者给出了估测方法。文献 [199] 首次给出了范数有界不确定马尔可夫跳变时滞系统的衰减率估测方法。文献 [200] 通过分割时滞下界构建 Lyapunov 泛函，讨论了马尔可夫跳变时滞系统的均方指数稳定性，得到更低保守性的衰减率估测结果。通过引入三重积分项构建模态相关 Lyapunov 泛函，文献 [201] 进一步讨论了马尔可夫跳变时滞系统的衰减率估测问题。基于输入时滞方法，文献 [202] 讨论了非均匀采样马尔可夫跳变系统的均方指数稳定性和衰减率的估测问题，但是没有给出采样周期与衰减率的量化关系。本章将讨论非均匀采样马尔可夫跳变系统的均方指数稳定性，通过分割采样周期下界，获得更低保守性的衰减率估测结果。

本章针对非均匀采样马尔可夫跳变系统的均方指数镇定问题，通过构建环泛函和时变 Lyapunov 泛函，得到非均匀采样马尔可夫跳变系统的均方指数稳定性条件，给出保守性更低的衰减率估测条件，并且得到衰减率与采样周期上界之间的量化关系；更进一步，设计了非均匀采样控制器。最后通过数值仿真验证本章所提方法的有效性。

6.2　问 题 描 述

考虑如下马尔可夫跳变系统：

$$\dot{x}(t) = A_{r(t)}x(t) + B_{r(t)}u(t) \tag{6.1}$$

其中，$x(t) \in \mathbb{R}^n$ 是系统状态向量；$u(t) \in \mathbb{R}^m$ 是系统控制输入；$r(t)$ 是定义在完备概率空间上右连续的马尔可夫链，在有限集 $\mathscr{N} = \{1, 2, \cdots, s\}$ 中取值。

转移率矩阵 $\Pi \overset{\text{def}}{=} [\pi_{ij}]_{s \times s}$，具有如下转移概率：

$$\Pr\{r(t+h) = j \mid r(t) = i\} = \begin{cases} \pi_{ij}h + o(h), & i \neq j \\ 1 + \pi_{ii}h + o(h), & i = j \end{cases} \tag{6.2}$$

其中，$h > 0$，$\lim_{h \to 0}(o(h)/h) = 0$。如果 $i \neq j$，那么 $\pi_{ij} \geqslant 0$ 是在时刻 t 的模态 i 跳到时刻 $t+h$ 的模态 j 的转移率，并且 $\pi_{ii} = -\sum\limits_{j=1, j \neq i}^{s} \pi_{ij}$。对于系统 (6.1)，$t = t_k$ 是系统采样时刻，并且满足 $0 = t_0 < t_1 < t_2 < \cdots < t_k < \cdots$，$t_k \in \mathbb{R}^+$，$\forall k \in \mathbb{N}$。采样控制输入为

$$u(t) = -K_i(t)x(t_k), \quad \forall t \in [t_k, t_{k+1}) \tag{6.3}$$

采样间隔 T_k 满足 $0 < T_{\min} \leqslant T_k := t_{k+1} - t_k \leqslant T_{\max} < \infty$。$K_i(t)$ 是模态相关非均匀采样控制器增益。将式 (6.3) 代入系统 (6.1)，可得

$$\dot{x}(t) = A_i x(t) - B_i K_i(t) x(t_k) \tag{6.4}$$

6.3　稳定性分析

在本节中，为了简化向量和矩阵表达，重新构建如下向量：

$$\xi^{\mathrm{T}}(t) = [x^{\mathrm{T}}(t) \quad \dot{x}^{\mathrm{T}}(t) \quad x^{\mathrm{T}}(t_k)]$$

$$e_\varrho = [0_{n \times (\varrho-1)n} \quad I_{n \times n} \quad 0_{n \times (3-\varrho)n}] \in \mathbb{R}^{n \times 3n}, \quad \varrho = 1, 2, 3$$

考虑采样区间 $[t_k, t_k + T_{\min})$，分割成 L 等份，每段长度为 $\dfrac{T_{\min}}{L}$，假设 $\theta_0 = 0$，$\theta_q = q\dfrac{T_{\min}}{L}$，$\lambda_{k,q} = [t_k + \theta_q, t_k + \theta_{q+1})$，$q = 0, 1, \cdots, L-1$，$\lambda_{k,L} = [t_k + T_{\min}, t_{k+1})$，有 $\bigcup_{n=0}^{L-1} \lambda_{k,n} = [t_k, t_k + T_{\min})$ 且 $\lambda_{k,n} \bigcap \lambda_{k,m} = \varnothing$。通过线性插值公式，令 $P_{i,q} = P_i(t_k + \theta_q)$，构建如下时变 Lyapunov 泛函和环泛函：

$$\mathscr{W}_i(t, x(t)) = W_i(t, x(t)) + v(t, x(t)) \tag{6.5}$$

时变 Lyapunov 泛函为

$$W_i(t, x(t)) = \begin{cases} V_i(t, x(t)), & t \in \lambda_{k,q}, \ q = 0, 1, \cdots, L-1 \\ \Lambda_i(t, x(t)), & t \in \lambda_{k,L} \end{cases}$$

其中

$$V_i(t,\ x(t)) = \mathrm{e}^{\lambda t} x^{\mathrm{T}}(t) P_i(t) x(t)$$

$$\Lambda_i(t,\ x(t)) = \mathrm{e}^{\lambda t} x^{\mathrm{T}}(t) P_{i,L} x(t)$$

并且

$$P_i(t) = (1-u) P_{i,q} + u P_{i,q+1} \tag{6.6}$$

其中，$u = \dfrac{L}{T_{\min}}(t - t_k - \theta_q),\ 0 \leqslant u \leqslant 1$。

环泛函为

$$v(t,\ x(t)) = \mathrm{e}^{\lambda t}(t_{k+1} - t)\tilde{x}^{\mathrm{T}}(t)(\mathscr{S}\tilde{x}(t) + 2\mathscr{U}x(t_k))$$

$$+ (t_{k+1} - t)\int_{t_k}^{\mathrm{T}} \mathrm{e}^{\lambda(s-t)}\dot{x}^{\mathrm{T}}(s)\mathscr{R}\dot{x}(s)\mathrm{d}s \tag{6.7}$$

其中，$\tilde{x}(t) = x(t) - x(t_k)$。

利用构建的时变 Lyapunov 泛函和环泛函 (6.5)，得到系统 (6.4) 的均方指数稳定性条件。

定理 6.1 对于 $q = 0,\ 1,\ \cdots,\ L$，如果存在正定矩阵 $P_{i,q}$、$\mathscr{R}$，矩阵 $\mathscr{S}$、$\mathscr{U}$、$\mathscr{N}_i$、$\mathscr{M}_i$，并且对于 $q = 0,\ 1,\ \cdots,\ L-1$，$T_k \in \{T_{\min},\ T_{\max}\}$，$i \in \mathscr{N}$，有如下线性矩阵不等式成立：

$$\Phi_{i1,q} + T_k\Phi_{i2} < 0 \tag{6.8}$$

$$\Phi_{i1,q+1} + T_k\Phi_{i2} < 0 \tag{6.9}$$

$$\hat{\Phi}_{i1,L} + T_k\Phi_{i2} < 0 \tag{6.10}$$

$$\begin{bmatrix} \Phi_{i1,q} & T_k\mathscr{M}_i^{\mathrm{T}} \\ * & -T_k\mathrm{e}^{\lambda T_{\max}}\mathscr{R} \end{bmatrix} < 0 \tag{6.11}$$

$$\begin{bmatrix} \Phi_{i1,q+1} & T_k\mathscr{M}_i^{\mathrm{T}} \\ * & -T_k\mathrm{e}^{\lambda T_{\max}}\mathscr{R} \end{bmatrix} < 0 \tag{6.12}$$

$$\begin{bmatrix} \hat{\Phi}_{i1,L} & T_k\mathscr{M}_i^{\mathrm{T}} \\ * & -T_k\mathrm{e}^{\lambda T_{\max}}\mathscr{R} \end{bmatrix} < 0 \tag{6.13}$$

$$P_{j,0} - P_{i,L} < 0, \quad i \neq j \tag{6.14}$$

则非均匀采样马尔可夫跳变系统 (6.4) 均方指数稳定。其中，

$$\Phi_{i1,q} = \mathrm{He}\Big\{e_1^\mathrm{T} P_{i,q} e_2\Big\} + e_1^\mathrm{T} \sum_{j=1}^{s} \pi_{ij} P_{j,q} e_1 + e_1^\mathrm{T} \frac{1}{\delta}(P_{i,q+1} - P_{i,q}) e_1$$

$$+ \lambda e_1^\mathrm{T} P_{i,q} e_1 - (e_1 - e_3)^\mathrm{T}\Big[\mathscr{S}(e_1 - e_3) + 2\mathscr{U} e_3\Big]$$

$$+ \mathrm{He}\Big\{e^{-\lambda T_{\max}}(e_1^\mathrm{T} M_{1i}^\mathrm{T} + e_2^\mathrm{T} M_{2i}^\mathrm{T} + e_3^\mathrm{T} M_{3i}^\mathrm{T})(e_1 - e_3)\Big\}$$

$$+ \mathrm{He}\Big\{(e_1^\mathrm{T} N_{1i}^\mathrm{T} + e_2^\mathrm{T} N_{2i}^\mathrm{T} + e_3^\mathrm{T} N_{3i}^\mathrm{T})(A_i e_1 - B_i K_i(t) e_3 - e_2)\Big\}$$

$$\Phi_{i1,q+1} = \mathrm{He}\Big\{e_1^\mathrm{T} P_{i,q+1} e_2\Big\} + e_1^\mathrm{T} \sum_{j=1}^{s} \pi_{ij} P_{j,q+1} e_1 + e_1^\mathrm{T} \frac{1}{\delta}(P_{i,q+1} - P_{i,q}) e_1$$

$$+ \lambda e_1^\mathrm{T} P_{i,q+1} e_1 - (e_1 - e_3)^\mathrm{T}\Big[\mathscr{S}(e_1 - e_3) + 2\mathscr{U} e_3\Big]$$

$$+ \mathrm{He}\Big\{e^{-\lambda T_{\max}}(e_1^\mathrm{T} M_{1i}^\mathrm{T} + e_2^\mathrm{T} M_{2i}^\mathrm{T} + e_3^\mathrm{T} M_{3i}^\mathrm{T})(e_1 - e_3)\Big\}$$

$$+ \mathrm{He}\Big\{(e_1^\mathrm{T} N_{1i}^\mathrm{T} + e_2^\mathrm{T} N_{2i}^\mathrm{T} + e_3^\mathrm{T} N_{3i}^\mathrm{T})(A_i e_1 - B_i K_i(t) e_3 - e_2)\Big\}$$

$$\hat{\Phi}_{i1,L} = \mathrm{He}\Big\{e_1^\mathrm{T} P_{i,L} e_2\Big\} + e_1^\mathrm{T} \lambda P_{i,L} e_1 + e_1^\mathrm{T} \sum_{j=1}^{s} \pi_{ij} P_{j,L} e_1$$

$$- (e_1 - e_3)^\mathrm{T}\Big[\mathscr{S}(e_1 - e_3) + 2\mathscr{U} e_3\Big]$$

$$+ \mathrm{He}\Big\{e^{-\lambda T_{\max}}(e_1^\mathrm{T} M_{1i}^\mathrm{T} + e_2^\mathrm{T} M_{2i}^\mathrm{T} + e_3^\mathrm{T} M_{3i}^\mathrm{T})(e_1 - e_3)\Big\}$$

$$+ \mathrm{He}\Big\{(e_1^\mathrm{T} N_{1i}^\mathrm{T} + e_2^\mathrm{T} N_{2i}^\mathrm{T} + e_3^\mathrm{T} N_{3i}^\mathrm{T})(A_i e_1 - B_i K_i(t) e_3 - e_2)\Big\}$$

$$\Phi_{i2} = \lambda(e_1 - e_3)^\mathrm{T}\Big[\mathscr{S}(e_1 - e_3) + 2\mathscr{U} e_3\Big] + e_2^\mathrm{T}\Big[\mathscr{S}(e_1 - e_3) + 2\mathscr{U} e_3\Big]$$

$$+ (e_1 - e_3)^\mathrm{T}\mathscr{S} e_2 + e_2^\mathrm{T} \mathscr{R} e_2$$

$$\mathscr{M}_i = [M_{1i} \quad M_{2i} \quad M_{3i}]$$

$$\mathscr{N}_i = [N_{1i} \quad N_{2i} \quad N_{3i}]$$

这里，$\mathrm{He}\{A\} = A + A^\mathrm{T}$。

证明　令 $\mathscr{L}$ 是沿着系统 (6.4) 的随机过程 $\{x_t, r(t), t \geqslant 0\}$ 的弱无穷小算子，对任意 $r(t) = i$，有

$$\mathscr{L}V_i(t, x(t)) = \xi^\mathrm{T}(t) e^{\lambda t}\Big\{(1 - u)\Big[2 e_1^\mathrm{T} P_{i,q} e_2 + e_1^\mathrm{T} \sum_{j=1}^{s} \pi_{ij} P_{j,q} e_1$$

$$+ e_1^{\mathrm{T}} \frac{1}{\delta}(P_{i,q+1} - P_{i,q})e_1 + \lambda e_1^{\mathrm{T}} P_{i,q} e_1 \Big]$$

$$+ u \Big[2e_1^{\mathrm{T}} P_{i,q+1} e_2 + e_1^{\mathrm{T}} \sum_{j=1}^{s} \pi_{ij} P_{j,q+1} e_1$$

$$+ e_1^{\mathrm{T}} \frac{1}{\delta}(P_{i,q+1} - P_{i,q})e_1 + \lambda e_1^{\mathrm{T}} P_{i,q+1} e_1 \Big] \Big\} \xi(t) \tag{6.15}$$

$$\mathscr{L}\Lambda_i(t,\ x(t)) = \mathrm{e}^{\lambda t} \eta^{\mathrm{T}}(t) \Big(e_1^{\mathrm{T}} \lambda P_{i,L} e_1 + 2e_1^{\mathrm{T}} P_{i,L} e_2 + e_1^{\mathrm{T}} \sum_{j=1}^{s} \pi_{ij} P_{j,L} e_1 \Big) \eta(t) \tag{6.16}$$

$$\mathscr{L}v(t,\ x(t)) = \xi^{\mathrm{T}}(t) \mathrm{e}^{\lambda t} \Big((T_k - \sigma) \Big\{ \lambda(e_1 - e_3)^{\mathrm{T}} \Big[\mathscr{S}(e_1 - e_3) + 2\mathscr{U} e_3 \Big]$$

$$+ e_2^{\mathrm{T}} \Big[\mathscr{S}(e_1 - e_3) + 2\mathscr{U} e_3 \Big] + (e_1 - e_3)^{\mathrm{T}} \mathscr{S} e_2 + e_2^{\mathrm{T}} \mathscr{R} e_2 \Big\}$$

$$- (e_1 - e_3)^{\mathrm{T}} \Big[\mathscr{S}(e_1 - e_3) + 2\mathscr{U} e_3 \Big] \Big) \xi(t)$$

$$- \int_{t_k}^{\mathrm{T}} \mathrm{e}^{\lambda(s-t)} \dot{x}^{\mathrm{T}}(s) \mathscr{R} \dot{x}(s) \mathrm{d}s$$

$$- \lambda(t_{k+1} - t) \int_{t_k}^{\mathrm{T}} \mathrm{e}^{\lambda(s-t)} \dot{x}^{\mathrm{T}}(s) \mathscr{R} \dot{x}(s) \mathrm{d}s \tag{6.17}$$

基于自由权矩阵方法[24]，对于任意矩阵 $\mathscr{M}_i = [M_{1i} \quad M_{2i} \quad M_{3i}]$，有如下不等式成立：

$$- \int_{t_k}^{\mathrm{T}} \dot{x}^{\mathrm{T}}(s) \mathscr{R} \dot{x}(s) \mathrm{d}s \leqslant \sigma \xi^{\mathrm{T}}(t) \mathscr{M}_i^{\mathrm{T}} \mathscr{R}^{-1} \mathscr{M}_i \xi(t) + 2\xi^{\mathrm{T}}(t) \mathscr{M}_i^{\mathrm{T}} \tilde{x}(t) \tag{6.18}$$

对于任意矩阵 $\mathscr{N}_i = [N_{1i} \quad N_{2i} \quad N_{3i}]$，有如下等式成立：

$$2\xi^{\mathrm{T}}(t) \mathscr{N}_i^{\mathrm{T}} [A_i x(t) - B_i K_i(t) x(t_k) - \dot{x}(t)] = 0 \tag{6.19}$$

因此，由式 (6.15) ～ 式 (6.19)，对于 $t \in \lambda_{k,q}$，$q = 0,\ 1,\ \cdots,\ L-1$，有

$$\mathscr{L}\mathscr{W}_i(t,\ x(t)) + \lambda(t_{k+1} - t) \int_{t_k}^{\mathrm{T}} \mathrm{e}^{\lambda(s-t)} \dot{x}^{\mathrm{T}}(s) \mathscr{R} \dot{x}(s) \mathrm{d}s \leqslant \mathrm{e}^{\lambda t} \xi^{\mathrm{T}}(t) \Phi_i(\sigma) \xi(t)$$

其中

$$\Phi_i(\sigma) = (1 - u)\Phi_{i,q}(\sigma) + u\Phi_{i,q+1}(\sigma)$$

并且

$$\Phi_{i,q}(\sigma) = \Phi_{i1,q} + (T_k - \sigma)\Phi_{i2} + \sigma\Phi_{i3}$$

$$\Phi_{i,q+1}(\sigma) = \Phi_{i1,q+1} + (T_k - \sigma)\Phi_{i2} + \sigma\Phi_{i3}$$

$$\Phi_{i3} = \mathrm{e}^{-\lambda T_{\max}} \mathscr{M}_i^{\mathrm{T}}(\mathscr{R})^{-1}\mathscr{M}_i$$

对于 $t \in \lambda_{k,L}$, 有

$$\mathscr{L}\mathscr{W}_i(t,\ x(t)) + \lambda(t_{k+1} - t)\int_{t_k}^{\mathrm{T}} \mathrm{e}^{\lambda(s-t)}\dot{x}^{\mathrm{T}}(s)\mathscr{R}\dot{x}(s)\mathrm{d}s \leqslant \mathrm{e}^{\lambda t}\xi^{\mathrm{T}}(t)\Phi_{i,L}(\sigma)\xi(t)$$

其中, $\hat{\Phi}_i(\sigma) = \hat{\Phi}_{i1,L} + (T_k - \sigma)\Phi_{i2} + \sigma\Phi_{i3}$。由于 $\Phi_{i,q}(\sigma)$、$\Phi_{i,q+1}(\sigma)$、$\Psi_i(\sigma)$ 对于 σ 是仿射的, 则 $\Phi_{i,q}(\sigma)$、$\Phi_{i,q+1}(\sigma)$、$\Psi_i(\sigma)$ 是 σ 的凸组合。由凸集性质, 属于该集合的任意数量的点的凸组合仍然在该集合内。因此, 在有限集合 $\sigma \in \{0,\ T_k\}$ 上对其进行检验负定是必要且充分的。当 $\sigma = 0$ 时, $\Phi_{i,q}(0) < 0$ 等价于式 (6.8), $\Phi_{i,q+1}(0) < 0$ 等价于式 (6.9), $\hat{\Phi}_i(0) < 0$ 等价于式 (6.10)。当 $\sigma = T_k$ 时, 由 Schur 补引理 1.2, $\Phi_{i,q}(T_k) < 0$ 等价于式 (6.11), $\Phi_{i,q+1}(T_k) < 0$ 等价于式 (6.12), $\hat{\Phi}_{i,L}(T_k) < 0$ 等价于式 (6.13)。在采样时刻 t_k, 式 (6.14) 可以保证在采样时刻泛函 (6.5) 是非增的。

由引理 1.4, 可得如下数学期望:

$$\mathbb{E}\Big\{W_i(x(t_k),\ r(t_k),\ t_k)\Big\} = W_i\big(x(0),\ r(0),\ 0\big) + \mathbb{E}\Big\{\int_0^{t_k}\mathscr{L}W(x(s),\ r(s),\ s)\mathrm{d}s\Big\}$$

$$\leqslant W_i\big(x(0),\ r(0),\ 0\big) \tag{6.20}$$

由式 (6.5) 可以得到

$$W_i\big(x(0),\ r(0),\ 0\big) \leqslant \rho\|x(0)\|_2^2$$

其中, $\rho = \rho_1 + \rho_2$, $\rho_1 = \max_{i\in\mathscr{I}}\{\lambda_{\max}(P_i(t))\}$, $\rho_2 = \max_{i\in\mathscr{I}}\{\lambda_{\max}(P_{i,L})\}$。

进一步, 由式 (6.5), 有

$$\mathrm{e}^{\lambda t_k}\min_{i\in\mathscr{I}}\{\lambda_{\min}(P_i(t)),\ \lambda_{\min}(P_{i,L})\}\mathbb{E}\big\{\|x(t_k)\|_2^2\big\} \leqslant \mathbb{E}\big\{W(x(t_k),\ r(t_k),\ t_k)\big\}$$

因此, 可以得到

$$\mathbb{E}\big\{\|x(t_k)\|_2^2\big\} \leqslant \frac{\rho}{\gamma}\mathrm{e}^{-\lambda t_k}\|x(0)\|_2^2 \tag{6.21}$$

其中, $\gamma = \mathrm{e}^{\lambda t_k}\min_{i\in\mathscr{I}}\{\lambda_{\min}(P_i(t)),\ \lambda_{\min}(P_{i,L})\}$。

另外, $\forall t \in [t_k,\ t_{k+1})$, 对系统 (6.4) 进行积分, 有

$$x(t) = x(t_k) + \int_{t_k}^{\mathrm{T}} \big(A_i x(s) - B_i K_i(t) x(t_k) \big) \mathrm{d}s$$

更进一步，有

$$\|x(t)\|_2 = \left\| x(t_k) + \int_{t_k}^{\mathrm{T}} \big(A_i x(s) - B_i K_i(t) x(t_k) \big) \mathrm{d}s \right\|_2$$

$$\leqslant \|x(t_k)\|_2 + \int_{t_k}^{\mathrm{T}} \|A_i\|_2 \|x(s)\|_2 \mathrm{d}s + T_k \| - B_i K_i(t)\|_2 \|x(t_k)\|_2 \mathrm{d}s$$

$$\leqslant \Big(1 + T_{\max} \| - B_i K_i(t)\|_2 \Big) \|x(t_k)\|_2 + \|A_i\|_2 \int_{t_k}^{\mathrm{T}} \|x(s)\|_2 \mathrm{d}s$$

由引理 1.3，有

$$\|x(t)\|_2 \leqslant \Big(1 + T_{\max} \| - B_i K_i(t)\|_2 \Big) \|x(t_k)\|_2 \mathrm{e}^{\|A_i\|_2 (t-t_k)}$$

令 $\zeta = 1 + T_{\max} \| - B_i K_i(t)\|_2$，可以得到

$$\|x(t)\|_2 \leqslant \zeta \mathrm{e}^{\|A_i\|_2 (t-t_k)} \|x(t_k)\|_2 \tag{6.22}$$

因此，由式 (6.21) 和式 (6.22) 可以得到

$$\mathbb{E}\big\{ \|x(t)\|_2^2 \big\} \leqslant \mathbb{E}\big\{ \zeta^2 \mathrm{e}^{2\|A_i\|_2 (t-t_k)} \|x(t_k)\|_2^2 \big\}$$

$$\leqslant \mathbb{E}\Big\{ \zeta^2 \frac{\rho}{\gamma} \mathrm{e}^{-\lambda t_k + 2\|A_i\|_2 (t-t_k)} \|x(0)\|_2^2 \Big\}$$

$$= \mathbb{E}\Big\{ \zeta^2 \frac{\rho}{\gamma} \mathrm{e}^{\lambda(t-t_k) + 2\|A_i\|_2 (t-t_k)} \mathrm{e}^{-\lambda t} \|x(0)\|_2^2 \Big\}$$

$$\leqslant \zeta^2 \frac{\rho}{\gamma} \mathrm{e}^{(\lambda + 2\|A_i\|_2) T_{\max}} \mathrm{e}^{-\lambda t} \|x(0)\|_2^2 \tag{6.23}$$

基于定义 1.3，有

$$\mathbb{E}\big\{ \|x(t)\|_2^2 \big\} \leqslant \alpha \mathrm{e}^{-\lambda t} \|x(0)\|_2^2$$

其中

$$\alpha = \zeta^2 \frac{\rho}{\gamma} \mathrm{e}^{(\lambda + 2\|A_i\|_2) T_{\max}} \tag{6.24}$$

因此，系统 (6.1) 是均方指数稳定的。证毕。

注 6.1　通过定理 6.1，给出了非均匀采样马尔可夫跳变系统的均方指数稳定性条件。更进一步，由式 (6.24) 可以得到最大采样间隔与衰减率的量化关系：

$$\lambda = \frac{\ln \dfrac{\alpha\gamma}{(1 + T_{\max}|| - B_i K_i(t)||_2)^2 \rho}}{T_{\max}} - 2||A_i||_2 \tag{6.25}$$

由式 (6.25)，除了衰减率和最大采样间隔，其他参数保持不变，可以发现衰减率与最大采样间隔是负相关的。也就是说，系统趋向于平衡点的收敛速度可以通过调整最大采样间隔而改变。令 $T_{\min} = T_{\max}$，定理 6.1 对于分析均匀采样系统依然是有效的。对于均匀采样系统，系统趋向于平衡点的收敛速度可以通过调整采样间隔而改变。事实上，采样间隔与衰减率的负相关关系在文献 [203] 中已经得到，式 (6.25) 则从一个新的角度给出了非均匀采样马尔可夫跳变系统衰减率与最大采样间隔的量化关系式。另外，基于输入时滞方法，文献 [202] 也给出了非均匀采样马尔可夫跳变系统的均方指数稳定性条件，但是没有给出采样间隔与衰减率具有的量化关系。

注 6.2　通过构建环泛函 (6.7)，分析了非均匀采样马尔可夫跳变线性系统的均方指数稳定性。在采样时刻 $v(t_k) = v(t_{k+1}) = 0$，满足定理 1.3 中环泛函的条件，那么构建的泛函 (6.5) 在采样时刻就只保留 Lyapunov 泛函 $W_i(x(t))$。由于在环泛函 $v(x(t))$ 中不要求 $\mathscr{U}$ 和 $\mathscr{S}$ 为正定矩阵，所以并不要求在采样间隔内泛函 (6.5) 是正的，从而得到保守性更低的稳定性条件。

6.4　控制器设计

本节将给出系统 (6.1) 的非均匀采样控制器设计方法。

定理 6.2　给定常数 $\chi_i > 0$，对于 $q = 0, 1, \cdots, L$，如果存在正定矩阵 $Q_{i,q}$、$\mathscr{R}_{i,q}$，矩阵 $\mathscr{S}_{i,q}$、$\mathscr{U}_{i,q}$、$\mathscr{M}_{i,q}$、$M_{1i,q}$、$M_{2i,q}$、$M_{3i,q}$，且对于 $q = 0, 1, \cdots, L-1$，存在矩阵 $\hat{\mathscr{S}}_{i,q}$、$\hat{\mathscr{U}}_{i,q}$、$\hat{M}_{1i,q}$、$\hat{M}_{2i,q}$、$\hat{M}_{3i,q}$，则对于 $q = 0, 1, \cdots, L-1$，$T_k \in \{T_{\min}, T_{\max}\}$，$i \in \mathscr{N}$，有如下线性矩阵不等式成立：

$$\begin{bmatrix} \Psi_{i1,q} + T_k \Psi_{i2,q} & e_1^{\mathrm{T}} \Upsilon_{i1,q} \\ * & -\Upsilon_{i2,q} \end{bmatrix} < 0 \tag{6.26}$$

$$\begin{bmatrix} \Theta_{i1,q+1} + T_k \Theta_{i2,q+1} & e_1^{\mathrm{T}} \Upsilon_{i1,q+1} \\ * & -\Upsilon_{i2,q+1} \end{bmatrix} < 0 \tag{6.27}$$

$$\begin{bmatrix} \Omega_{i1,L} + T_k \Omega_{i2,L} & e_1^{\mathrm{T}} \Upsilon_{i1,L} \\ * & -\Upsilon_{i2,L} \end{bmatrix} < 0 \tag{6.28}$$

$$\begin{bmatrix} \varPsi_{i1,q} & T_k\mathscr{M}_{i,q}^{\mathrm{T}} & e_1^{\mathrm{T}}\varUpsilon_{i1,q} \\ * & -T_k\mathscr{R} & 0 \\ * & * & -\varUpsilon_{i2,q} \end{bmatrix} < 0 \tag{6.29}$$

$$\begin{bmatrix} \varTheta_{i1,q+1} & T_k\mathscr{M}_{i,q+1}^{\mathrm{T}} & e_1^{\mathrm{T}}\varUpsilon_{i1,q+1} \\ * & -T_k\mathscr{R} & 0 \\ * & * & -\varUpsilon_{i2,q+1} \end{bmatrix} < 0 \tag{6.30}$$

$$\begin{bmatrix} \varOmega_{i1,L} & T_k\mathscr{M}_{i,L}^{\mathrm{T}} & e_1^{\mathrm{T}}\varUpsilon_{i1,L} \\ * & -T_k\mathscr{R} & 0 \\ * & * & -\varUpsilon_{i2,L} \end{bmatrix} < 0 \tag{6.31}$$

$$Q_{i,L} - Q_{j,0} < 0, \quad i \neq j \tag{6.32}$$

则非均匀采样马尔可夫跳变系统 (6.1) 均方指数稳定，非均匀采样控制器为

$$K_i(t) = \begin{cases} \hat{K}_i(t)((1-u)Q_{i,q} + uQ_{i,q+1})^{-1}, & t \in \lambda_{k,q}, \ q = 0, \ 1, \ \cdots, \ L-1 \\ \hat{K}_{i,L}(Q_{i,L})^{-1}, & t \in \lambda_{k,L} \end{cases}$$

$$\tag{6.33}$$

并且 $\hat{K}_i(t) = (1-u)\hat{K}_{i,q} + u\hat{K}_{i,q+1}$, $u = \dfrac{L}{T_{\min}}(t - t_k - \theta_q)$。其中

$$
\begin{aligned}
\varPsi_{i1,q} =\ & \mathrm{He}\Big\{e_1^{\mathrm{T}}Q_{i,q}e_2\Big\} + e_1^{\mathrm{T}}\big[\pi_{ii}Q_{i,q} + \lambda Q_{i,q} - (1/\delta)(Q_{i,q+1} - Q_{i,q})\big]e_1 \\
& - (e_1 - e_3)^{\mathrm{T}}\Big\{[(1-u)\mathcal{S}_{i,q} + 2u\hat{\mathcal{S}}_{i,q}](e_1 - e_3) + 2[(1-u)\mathcal{U}_{i,q} \\
& + 2u\hat{\mathcal{U}}_{i,q}]e_3\Big\} + \mathrm{He}\Big\{e^{-\lambda T_{\max}}\{e_1^{\mathrm{T}}[(1-u)M_{1i,q}^{\mathrm{T}} + 2u\hat{M}_{1i,q}^{\mathrm{T}}] \\
& + e_2^{\mathrm{T}}[(1-u)M_{2i,q}^{\mathrm{T}} + 2u\hat{M}_{2i,q}^{\mathrm{T}}] \\
& + e_3^{\mathrm{T}}[(1-u)M_{3i,q}^{\mathrm{T}} + 2u\hat{M}_{3i,q}^{\mathrm{T}}]\}(e_1 - e_3)\Big\} \\
& + \mathrm{He}\Big\{(e_1^{\mathrm{T}}\chi_i + e_2^{\mathrm{T}}\chi_i + e_3^{\mathrm{T}}\chi_i)(A_i e_1 - B_i\hat{K}_{i,q}e_3 - e_2)\Big\} \\
\varTheta_{i1,q+1} =\ & \mathrm{He}\Big\{e_1^{\mathrm{T}}Q_{i,q+1}e_2\Big\} + e_1^{\mathrm{T}}\big[\pi_{ii}Q_{i,q+1} + \lambda Q_{i,q+1} - 1/\delta(Q_{i,q+1} - Q_{i,q})\big]e_1 \\
& - (e_1 - e_3)^{\mathrm{T}}\big[u\mathcal{S}_{i,q+1}(e_1 - e_3) + 2u\mathcal{U}_{i,q+1}e_3\big] \\
& + \mathrm{He}\Big\{e^{-\lambda T_{\max}}(e_1^{\mathrm{T}}uM_{1i,q+1}^{\mathrm{T}} + e_2^{\mathrm{T}}uM_{2i,q+1}^{\mathrm{T}} + e_3^{\mathrm{T}}uM_{3i,q+1}^{\mathrm{T}})(e_1 - e_3)\Big\}
\end{aligned}
$$

$$+ \mathrm{He}\Big\{(e_1^{\mathrm{T}}\chi_i + e_2^{\mathrm{T}}\chi_i + e_3^{\mathrm{T}}\chi_i)(A_i e_1 - B_i \hat{K}_{i,q+1}e_3 - e_2)\Big\}$$

$$\Omega_{i1,L} = \mathrm{He}\Big\{e_1^{\mathrm{T}} Q_{i,L} e_2\Big\} + e_1^{\mathrm{T}}(\pi_{ii}Q_{i,L} + \lambda Q_{i,L})e_1$$

$$- (e_1 - e_3)^{\mathrm{T}}\Big[\mathscr{S}_{i,L}(e_1 - e_3) + 2\mathscr{U}_{i,L}e_3\Big]$$

$$+ \mathrm{He}\Big\{e^{-\lambda T_{\max}}(e_1^{\mathrm{T}} M_{1i,L}^{\mathrm{T}} + e_2^{\mathrm{T}} M_{2i,L}^{\mathrm{T}} + e_3^{\mathrm{T}} M_{3i,L}^{\mathrm{T}})(e_1 - e_3)\Big\}$$

$$+ \mathrm{He}\Big\{(e_1^{\mathrm{T}}\chi_i + e_2^{\mathrm{T}}\chi_i + e_3^{\mathrm{T}}\chi_i)(A_i e_1 - B_i \hat{K}_{i,L}e_3 - e_2)\Big\}$$

$$\Psi_{i2,q} = \lambda(e_1 - e_3)^{\mathrm{T}}\Big\{\big[(1-u)\mathscr{S}_{i,q} + 2u\hat{\mathscr{S}}_{i,q}\big](e_1 - e_3) + 2\big[(1-u)\mathscr{U}_{i,q}$$

$$+ 2u\hat{\mathscr{U}}_{i,q}\big]e_3\Big\} + e_2^{\mathrm{T}}\Big\{\big[(1-u)\mathscr{S}_{i,q} + 2u\hat{\mathscr{S}}_{i,q}\big](e_1 - e_3)$$

$$+ 2\big[(1-u)\mathscr{U}_{i,q} + 2u\hat{\mathscr{U}}_{i,q}\big]e_3\Big\}$$

$$+ (e_1 - e_3)^{\mathrm{T}}\big[(1-u)\mathscr{S}_{i,q} + 2u\hat{\mathscr{S}}_{i,q}\big]e_2 + e_2^{\mathrm{T}}\mathscr{R}_{i,q}e_2$$

$$\Theta_{i2,\,q+1} = \lambda(e_1 - e_3)^{\mathrm{T}}\Big[u\mathscr{S}_{i,q+1}(e_1 - e_3) + 2u\mathscr{U}_{i,q+1}e_3\Big]$$

$$+ e_2^{\mathrm{T}}\Big[u\mathscr{S}_{i,q+1}(e_1 - e_3) + 2u\mathscr{U}_{i,q+1}e_3\Big]$$

$$+ (e_1 - e_3)^{\mathrm{T}}u\mathscr{S}_{i,q+1}e_2 + e_2^{\mathrm{T}}\mathscr{R}_{i,q+1}e_2$$

$$\Omega_{i2,L} = \lambda(e_1 - e_3)^{\mathrm{T}}\Big[\mathscr{S}_{i,L}(e_1 - e_3) + 2\mathscr{U}_{i,L}e_3\Big] + e_2^{\mathrm{T}}\Big[\mathscr{S}_{i,L}(e_1 - e_3) + 2\mathscr{U}_{i,L}e_3\Big]$$

$$+ (e_1 - e_3)^{\mathrm{T}}\mathscr{S}_{i,L}e_2 + e_2^{\mathrm{T}}\mathscr{R}_{i,L}e_2$$

$$\Upsilon_{i1,q} = [\sqrt{\pi_{i,1}}Q_{i,q}, \ \cdots, \ \sqrt{\pi_{i,i-1}}Q_{i,q}, \sqrt{\pi_{i,i+1}}Q_{i,q}, \ \cdots, \ \sqrt{\pi_{i,s}}Q_{i,q}]$$

$$\Upsilon_{i2,q} = \mathrm{diag}\{Q_{1,q}, \ \cdots, \ Q_{i-1,q}, Q_{i+1,q}, \ \cdots, \ Q_{s,q}\}$$

$$\Upsilon_{i1,q+1} = [\sqrt{\pi_{i,1}}Q_{i,q+1}, \ \cdots, \ \sqrt{\pi_{i,i-1}}Q_{i,q+1}, \sqrt{\pi_{i,i+1}}Q_{i,q+1}, \ \cdots, \ \sqrt{\pi_{i,s}}Q_{i,q+1}]$$

$$\Upsilon_{i2,q+1} = \mathrm{diag}\{Q_{1,q+1}, \ \cdots, \ Q_{i-1,q+1}, Q_{i+1,q+1}, \ \cdots, \ Q_{s,q+1}\}$$

$$\Upsilon_{i1,L} = [\sqrt{\pi_{i,1}}Q_{i,L}, \ \cdots, \ \sqrt{\pi_{i,i-1}}Q_{i,L}, \sqrt{\pi_{i,i+1}}Q_{i,L}, \ \cdots, \ \sqrt{\pi_{i,s}}Q_{i,L}]$$

$$\Upsilon_{i2,L} = \mathrm{diag}\{Q_{1,L}, \ \cdots, \ Q_{i-1,L}, Q_{i+1,L}, \ \cdots, \ Q_{s,L}\}$$

$$\mathscr{M}_{i,q} = [\check{M}_{1i,q} \quad \check{M}_{2i,q} \quad \check{M}_{3i,q}]$$

$$\mathscr{M}_{i,q+1} = [\check{M}_{1i,q+1} \quad \check{M}_{2i,q+1} \quad \check{M}_{3i,q+1}]$$

$$\mathscr{M}_{i,L} = [\check{M}_{1i,L} \quad \check{M}_{2i,L} \quad \check{M}_{3i,L}]$$

证明 构建如下时变 Lyapunov 泛函和环泛函:

$$\mathscr{W}_i(t, x(t)) = \hat{W}_i(t, x(t)) + v(t, x(t)) \tag{6.34}$$

其中环泛函在式 (6.7) 中已经给出, 时变 Lyapunov 泛函为

$$\hat{W}_i(t, x(t)) = \begin{cases} \hat{V}_i(t, x(t)), & t \in \lambda_{k,q}, \quad q = 0, 1, \cdots, L-1 \\ \hat{\Lambda}_i(t, x(t)), & t \in \lambda_{k,L} \end{cases}$$

并且

$$\hat{V}_i(t, x(t)) = x^{\mathrm{T}}(t)\mathrm{e}^{\lambda t}Q_i^{-1}(t)x(t)$$

$$\hat{\Lambda}_i(t, x(t)) = x^{\mathrm{T}}(t)\mathrm{e}^{\lambda t}Q_{i,L}^{-1}x(t)$$

令 $\mathscr{L}$ 是沿着系统 (6.1) 的随机过程 $\{x_t, r(t), t \geqslant 0\}$ 的弱无穷小算子, 对任意 $r(t) = i$, 有

$$\mathscr{L}\hat{V}_i(t, x(t)) = \mathrm{e}^{\lambda t}x^{\mathrm{T}}(t)\lambda Q_i^{-1}(t)x(t) + \mathrm{e}^{\lambda t}x^{\mathrm{T}}(t)\left(\sum_{j=1}^{s}\pi_{ij}Q_j^{-1}(t)\right)x(t)$$

$$+ \mathrm{e}^{\lambda t}2x^{\mathrm{T}}(t)Q_i^{-1}(t)\dot{x}(t) - \mathrm{e}^{\lambda t}x^{\mathrm{T}}(t)Q_i^{-1}(t)\dot{Q}_i(t)Q_i^{-1}(t)x(t)$$

$$\mathscr{L}\hat{\Lambda}_i(t, x(t)) = \mathrm{e}^{\lambda t}x^{\mathrm{T}}(t)\lambda Q_{i,L}^{-1}x(t) + \mathrm{e}^{\lambda t}x^{\mathrm{T}}(t)\left(\sum_{j=1}^{s}\pi_{ij}Q_{j,L}^{-1}\right)x(t)$$

$$+ \mathrm{e}^{\lambda t}2x^{\mathrm{T}}(t)Q_{i,L}^{-1}\dot{x}(t)$$

由式 (6.17) ~ 式 (6.19), 对于 $t \in \lambda_{k,q}$, $q = 0, 1, \cdots, L-1$, 可以得到

$$\mathscr{L}\hat{\mathscr{W}}_i(t, x(t)) + \lambda(t_{k+1}-t)\int_{t_k}^{\mathrm{T}}\mathrm{e}^{\lambda(s-t)}\dot{x}^{\mathrm{T}}(s)\mathscr{R}\dot{x}(s)\mathrm{d}s \leqslant \mathrm{e}^{\lambda t}\xi^{\mathrm{T}}(t)\Psi_i(t, \sigma)\xi(t)$$

其中

$$\Psi_i(t, \sigma) = \Psi_{i1}(t) + (T_k - \sigma)\Phi_{i2} + \sigma\Phi_{i3}$$

并且

$$\Psi_{i1}(t) = \mathrm{He}\left\{e_1^{\mathrm{T}}Q_i^{-1}(t)e_2\right\} + e_1^{\mathrm{T}}\sum_{j=1}^{s}\pi_{ij}Q_j^{-1}(t)e_1$$

$$+ e_1^{\mathrm{T}}\Big(\lambda Q_i^{-1}(t) - Q_i^{-1}(t)\dot{Q}_i(t)Q_i^{-1}(t)\Big)e_1$$

$$- (e_1 - e_3)^{\mathrm{T}}\Big[\mathscr{S}(e_1 - e_3) + 2\mathscr{U}e_3\Big]$$

$$+ \mathrm{He}\Big\{e^{-\lambda T_{\max}}\big(e_1^{\mathrm{T}}M_{1i}^{\mathrm{T}} + e_2^{\mathrm{T}}M_{2i}^{\mathrm{T}} + e_3^{\mathrm{T}}M_{3i}^{\mathrm{T}}\big)(e_1 - e_3)\Big\}$$

$$+ \mathrm{He}\Big\{\big(e_1^{\mathrm{T}}N_{1i}^{\mathrm{T}} + e_2^{\mathrm{T}}N_{2i}^{\mathrm{T}} + e_3^{\mathrm{T}}N_{3i}^{\mathrm{T}}\big)\big(A_i e_1 - B_i K_i(t)e_3 - e_2\big)\Big\}$$

对于 $t \in \lambda_{k,L}$, 可以得到

$$\mathscr{L}\hat{\mathscr{W}}_i\big(t,\ x(t)\big) + \lambda(t_{k+1} - t)\int_{t_k}^{\mathrm{T}} e^{\lambda(s-t)}\dot{x}^{\mathrm{T}}(s)\mathscr{R}\dot{x}(s)\mathrm{d}s \leqslant e^{\lambda t}\xi^{\mathrm{T}}(t)\Psi_i(\sigma)\xi(t)$$

其中

$$\Psi_i(\sigma) = \Psi_{i1,L} + (T_k - \sigma)\Phi_{i2} + \sigma\Phi_{i3}$$

$$\Psi_{i1,L} = \mathrm{He}\Big\{e_1^{\mathrm{T}}Q_{i,L}^{-1}e_2\Big\} + e_1^{\mathrm{T}}\sum_{j=1}^{s}\pi_{ij}Q_{j,L}^{-1}e_1 + e_1^{\mathrm{T}}\lambda Q_{i,L}^{-1}e_1$$

$$- (e_1 - e_3)^{\mathrm{T}}\Big[\mathscr{S}(e_1 - e_3) + 2\mathscr{U}e_3\Big]$$

$$+ \mathrm{He}\Big\{e^{-\lambda T_{\max}}\big(e_1^{\mathrm{T}}M_{1i}^{\mathrm{T}} + e_2^{\mathrm{T}}M_{2i}^{\mathrm{T}} + e_3^{\mathrm{T}}M_{3i}^{\mathrm{T}}\big)(e_1 - e_3)\Big\}$$

$$+ \mathrm{He}\Big\{\big(e_1^{\mathrm{T}}N_{1i}^{\mathrm{T}} + e_2^{\mathrm{T}}N_{2i}^{\mathrm{T}} + e_3^{\mathrm{T}}N_{3i}^{\mathrm{T}}\big)\big(A_i e_1 - B_i K_{i,L}e_3 - e_2\big)\Big\}$$

对于 $t \in \lambda_{k,q}$, 令 $N_{1i} = \chi_i Q_i^{-1}(t)$, $N_{2i} = \chi_i Q_i^{-1}(t)$, $N_{3i} = \chi_i Q_i^{-1}(t)$, 在 $\Psi_i(t,\ \sigma)$ 两边乘以对角阵 $\mathrm{diag}\{Q_i(t), Q_i(t), Q_i(t)\}$; 对于 $t \in \lambda_{k,L}$, 令 $N_{1i} = \chi_i Q_{i,L}^{-1}$, $N_{2i} = \chi_i Q_{i,L}^{-1}$, $N_{3i} = \chi_i Q_{i,L}^{-1}$, 在 $\Psi_i(\sigma)$ 两边乘以对角阵 $\mathrm{diag}\{Q_{i,L}, Q_{i,L}, Q_{i,L}\}$, 定义如下新的矩阵:

$$\begin{aligned}
&\mathscr{R}_{i,q} = Q_{i,q}\mathscr{R}Q_{i,q}, &&\mathscr{R}_{i,q+1} = Q_{i,q+1}\mathscr{R}Q_{i,q+1}\\
&\mathscr{R}_{i,L} = Q_{i,L}\mathscr{R}Q_{i,L}, &&\mathscr{S}_{i,q} = Q_{i,q}\mathscr{S}Q_{i,q}\\
&\mathscr{S}_{i,q+1} = Q_{i,q+1}\mathscr{S}Q_{i,q+1}, &&\mathscr{S}_{i,L} = Q_{i,L}\mathscr{S}Q_{i,L}\\
&\hat{\mathscr{S}}_{i,q} = Q_{i,q}\mathscr{S}Q_{i,q+1}, &&\hat{\mathscr{U}}_{i,q} = Q_{i,q}\mathscr{U}Q_{i,q+1}\\
&\mathscr{U}_{i,q} = Q_{i,q}\mathscr{U}Q_{i,q}, &&\mathscr{U}_{i,q+1} = Q_{i,q+1}\mathscr{U}Q_{i,q+1}\\
&\mathscr{U}_{i,L} = Q_{i,L}\mathscr{U}Q_{i,L}, &&M_{1i,q} = Q_{i,q}M_{1i}Q_{i,q}\\
&M_{2i,q} = Q_{i,q}M_{2i}Q_{i,q}, &&M_{3i,q} = Q_{i,q}M_{3i}Q_{i,q}\\
&M_{1i,q+1} = Q_{i,q+1}M_{1i}Q_{i,q+1}, &&\hat{M}_{1i,q} = Q_{i,q}M_{1i}Q_{i,q+1}
\end{aligned}$$

$$M_{2i,q+1} = Q_{i,q+1}M_{2i}Q_{i,q+1}, \quad \hat{M}_{2i,q} = Q_{i,q}M_{2i}Q_{i,q+1}$$

$$M_{3i,q+1} = Q_{i,q+1}M_{3i}Q_{i,q+1}, \quad \hat{M}_{3i,q} = Q_{i,q}M_{3i}Q_{i,q+1}$$

$$M_{1i,L} = Q_{i,L}M_{1i}Q_{i,L}, \quad\quad M_{2i,L} = Q_{i,L}M_{2i}Q_{i,L}$$

$$M_{3i,L} = Q_{i,L}M_{3i}Q_{i,L}, \quad\quad \check{M}_{1i,q} = Q_{i,q}M_{1i}$$

$$\check{M}_{2i,q} = Q_{i,q}M_{2i}, \quad\quad \check{M}_{3i,q} = Q_{i,q}M_{3i}$$

$$\check{M}_{1i,q+1} = Q_{i,q+1}M_{1i}, \quad\quad \check{M}_{2i,q+1} = Q_{i,q+1}M_{2i}$$

$$\check{M}_{3i,q+1} = Q_{i,q+1}M_{3i}, \quad\quad \check{M}_{1i,L} = Q_{i,L}M_{1i}$$

$$\check{M}_{2i,L} = Q_{i,L}M_{2i}, \quad\quad \check{M}_{3i,L} = Q_{i,L}M_{3i}$$

$$\hat{K}_{i,q} = K_{i,q}Q_{i,q}, \quad\quad \hat{K}_{i,q+1} = K_{i,q+1}Q_{i,q+1}$$

$$\hat{K}_{i,L} = K_{i,L}Q_{i,L}$$

可以得到

$$\Psi_i(\sigma) = (1-u)\left(\Psi_{i,q}(\sigma) + \mathcal{Q}_{ij,q}\right) + u\left(\Theta_{i,q+1}(\sigma) + \mathcal{Q}_{ij,q+1}\right)$$

$$\Omega_i(\sigma) = \Omega_{i1,L} + (T_k - \sigma)\Omega_{i2,L} + \sigma\Psi_{i3,L} + \mathcal{Q}_{ij,L}$$

其中

$$\Psi_{i,q}(\sigma) = \Psi_{i1,q} + (T_k - \sigma)\Psi_{i2,q} + \sigma\Psi_{i3,q}$$

$$\Theta_{i,q+1}(\sigma) = \Theta_{i1,q+1} + (T_k - \sigma)\Theta_{i2,q+1} + \sigma\Psi_{i3,q+1}$$

$$\mathcal{Q}_{ij,q} = \sum_{j=1,i\neq j}^{s} \pi_{ij}Q_{i,q}Q_{j,q}^{-1}Q_{i,q} = \Upsilon_{i1,q}\Upsilon_{i2,q}^{-1}\Upsilon_{i1,q}^{\mathrm{T}}$$

$$\mathcal{Q}_{ij,q+1} = \sum_{j=1,i\neq j}^{s} \pi_{ij}Q_{i,q+1}Q_{j,q+1}^{-1}Q_{i,q+1} = \Upsilon_{i1,q+1}\Upsilon_{i2,q+1}^{-1}\Upsilon_{i1,q+1}^{\mathrm{T}}$$

$$\mathcal{Q}_{ij,L} = \sum_{j=1,i\neq j}^{s} \pi_{ij}Q_{i,L}Q_{j,L}^{-1}Q_{i,L} = \Upsilon_{i1,L}\Upsilon_{i2,L}^{-1}\Upsilon_{i1,L}^{\mathrm{T}}$$

$$\Psi_{i3,q} = \mathrm{e}^{-\lambda T_{\max}}\mathcal{M}_{i,q}^{\mathrm{T}}\mathcal{R}^{-1}\mathcal{M}_{i,q}$$

$$\Psi_{i3,q+1} = \mathrm{e}^{-\lambda T_{\max}}\mathcal{M}_{i,q+1}^{\mathrm{T}}\mathcal{R}^{-1}\mathcal{M}_{i,q+1}$$

$$\Psi_{i3,L} = \mathrm{e}^{-\lambda T_{\max}}\mathcal{M}_{i,L}^{\mathrm{T}}\mathcal{R}^{-1}\mathcal{M}_{i,L}$$

由于 $\Psi_{i,q}(\sigma)$、$\Theta_{i,q+1}(\sigma)$、$\Omega_{i,L}(\sigma)$ 关于 σ 是仿射的，则 $\Psi_{i,q}(\sigma)$、$\Theta_{i,q+1}(\sigma)$、$\Omega_{i,L}(\sigma)$ 是 σ 的凸组合，由凸集性质，属于该集合的任意数量的点的凸组合仍然在该集合内。因

此，在有限集合 $\sigma \in \{0, T_k\}$ 上对其进行检验的负定是必要且充分的。当 $\sigma = 0$ 时，由 Schur 补引理 1.2，$\Psi_{i,q}(0) + \mathcal{Q}_{ij,q} < 0$ 等价于式 (6.26)，$\Theta_{i,q+1}(0) + \mathcal{Q}_{ij,q+1} < 0$ 等价于式 (6.27)，$\Omega_i(0) < 0$ 等价于式 (6.28)。当 $\sigma = T_k$ 时，由 Schur 补引理 1.2，$\Psi_{i,q}(T_k) + \mathcal{Q}_{ij,q} < 0$ 等价于式 (6.29)，$\Theta_{i,q+1}(T_k) + \mathcal{Q}_{ij,q+1} < 0$ 等价于式 (6.30)，$\Omega_i(T_k) < 0$ 等价于式 (6.31)。在采样时刻 t_k，式 (6.32) 可以保证构建的泛函 (6.34) 是非增的。因此，可以得到非均匀采样控制器 (6.33) 保证系统是均方指数稳定。证毕。

6.5　数　值　仿　真

例 6.1　考虑系统 (6.4)，假设系统矩阵为

$$A_1 = \begin{bmatrix} 1 & 0 \\ 0 & -1 \end{bmatrix}, \quad B_1 = \begin{bmatrix} 1 \\ 0 \end{bmatrix}, \quad K_1 = \begin{bmatrix} 2 & 0 \end{bmatrix}$$

$$A_2 = \begin{bmatrix} 0 & 1 \\ -1 & 0 \end{bmatrix}, \quad B_2 = \begin{bmatrix} 0 \\ 1 \end{bmatrix}, \quad K_2 = \begin{bmatrix} 0 & 1 \end{bmatrix}$$

$$\pi_{11} = -0.3, \quad \pi_{12} = 0.3, \quad \pi_{21} = 0.6, \quad \pi_{22} = -0.6$$

给定 $T_{\min} = 0.1\text{s}$，表 6.1 列出了对于不同 $T_{\max}$ 所求得的最大衰减率 λ。通过增加分割次数 L，最大衰减率 λ 也随之增大。更进一步，可以看到最大衰减率 λ 与采样间隔上界 $T_{\max}$ 是呈负相关的，验证了给出的衰减率与采样间隔上界的关系。

表 6.1　例 6.1 的最大衰减率 λ

方法	$T_{\max} = 0.4\text{s}$	$T_{\max} = 0.5\text{s}$	$T_{\max} = 0.6\text{s}$	$T_{\max} = 0.7\text{s}$	$T_{\max} = 0.8\text{s}$
定理 6.1 ($L=1$)	2.2628	1.8808	1.4020	0.9578	0.5530
定理 6.1 ($L=2$)	2.2871	1.9062	1.4098	0.9592	0.5532
定理 6.1 ($L=3$)	2.2891	1.9062	1.4098	0.9592	0.5533

例 6.2　考虑系统 (6.4)，假设系统矩阵为 [199-201]

$$A_1 = \begin{bmatrix} -0.90 & 0.50 \\ -0.32 & -0.80 \end{bmatrix}, \quad B_1 K_1 = \begin{bmatrix} 0.50 & 0.30 \\ -0.30 & 0.20 \end{bmatrix}$$

$$A_2 = \begin{bmatrix} -1.05 & 0.80 \\ -0.15 & -1.30 \end{bmatrix}, \quad B_2 K_2 = \begin{bmatrix} -0.60 & 0.40 \\ -0.35 & 0.41 \end{bmatrix}$$

$$\pi_{11} = -0.2, \quad \pi_{12} = 0.2, \quad \pi_{21} = 0.8, \quad \pi_{22} = -0.8$$

通过输入时滞方法，并且假定 $h(t) = t - t_k$，$t \in [t_k, t_{k+1})$，采样控制输入信号可以重新表示如下：$u(t) = B_i K_i x(t_k) = B_i K_i x(t - h(t))$，$t_k \leqslant t < t_{k+1}$，其中锯齿

状时滞 $h(t)$ 是分段线性的并且满足对于 $t \neq t_k$，$\dot{h}(t) = 1$。因此，非均匀采样马尔可夫跳变系统可以看作马尔可夫跳变时滞系统 $\dot{x}(t) = A_i x(t) + A_{di} x(t - h(t))$，其中 $A_{di} = B_i K_i$。可见，马尔可夫跳变时滞系统衰减率估测的方法对于非均匀采样马尔可夫跳变系统依然是适用的。令 $T_k = T_{\min} = T_{\max}$，表 6.2 列出了对于不同 T_k 求得的最大衰减率 λ。相比于文献 [199] $\sim$ [201]，本章给出的方法可以获得更大的衰减率。

表 6.2　例 6.2 的最大衰减率 λ 和决策变量个数

方法	λ				决策变量个数
	$T_k = 0.5\text{s}$	$T_k = 0.8\text{s}$	$T_k = 1\text{s}$	$T_k = 1.2\text{s}$	
文献 [199]	0.968	0.771	0.660	0.557	28
文献 [200] (m=1)	1.006	0.796	0.683	0.590	39
文献 [200] (m=2)	1.022	0.823	0.714	0.620	72
文献 [201]	1.197	1.003	0.839	0.693	26
定理 6.1 (L=1)	1.467	1.158	0.981	0.813	34
定理 6.1 (L=2)	1.504	1.215	1.016	0.826	51
定理 6.1 (L=3)	1.520	1.238	1.032	0.838	68

例 6.3　考虑一个电路系统[202] (图 6.1)，开关占据两个位置，可以将该电路系统建模为马尔可夫过程，并采用转移率矩阵 $\Pi = \begin{bmatrix} -1 & 1 \\ 0.3 & -0.3 \end{bmatrix}$，$i_L(t)$ 和 $u_c(t)$ 分别表示流过电感的电流和电容器两端的电压。将基尔霍夫定律应用于 $r(t) = 1$, 2，有 $\dfrac{\mathrm{d}i_L(t)}{\mathrm{d}t} = \dfrac{u_L(t)}{L_i} = \dfrac{u - u_c(t) - i_L(t)}{L_i}$，$\dfrac{\mathrm{d}u_c(t)}{\mathrm{d}t} = \dfrac{i_L(t)}{C_i}$。令 $x_1(t) = u_c(t)$ 和 $x_2(t) = i_L(t)$，可以将图 6.1 的电路建模为非均匀采样马尔可夫跳变系统 (6.1)，并具有以下参数：

$$A_i = \begin{bmatrix} 0 & \dfrac{1}{C_i} \\ -\dfrac{1}{L_i} & -\dfrac{R}{L_i} \end{bmatrix}, \quad B_i = \begin{bmatrix} 0 \\ \dfrac{1}{L_i} \end{bmatrix}, \quad i = 1, 2$$

其中，$C_1 = 0.5\text{F}$，$C_2 = 0.8\text{F}$，$R = 0.01\Omega$，$L_1 = 4\text{H}$，$L_2 = 8\text{H}$。

对于均匀采样，令 $T_{\min} = T_{\max} = 0.3\text{s}$，$\lambda = 0.1$，$\chi_1 = 0.2$，$\chi_2 = 0.3$，$t_k = 0.1\text{s}$。当 $q = 0$ 时，令 $t - 0.11$；当 $q = 1$ 时，令 $t = 0.26$。表 6.3 列出了 $q = 0$, 1, 2 时求得的均匀采样控制器增益 K_1 和 K_2。对于非均匀采样，令 $T_{\min} = 0.1\text{s}$，$T_{\max} = 0.3\text{s}$，$\lambda = 0.1\text{s}$，$\chi_1 = 0.2$，$\chi_2 = 0.3$，$t_k = 0.1\text{s}$。当 $q = 0$ 时，令 $t = 0.11$；当 $q = 1$ 时，令 $t = 0.26$。表 6.4 列出了求得的非均匀采样控制器 $K_1(q = 0, 1, 2)$ 和 $K_2(q = 0, 1, 2)$。

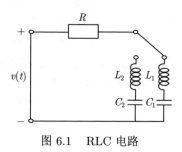

图 6.1　RLC 电路

表 6.3　例 6.3 均匀采样控制器

控制器	$q = 0$	$q = 1$	$q = 2$
K_1	[0.2276　12.8083]	[−0.7612　14.2237]	[−0.7597　13.8964]
K_2	[0.0355　9.7581]	[−0.9458　15.0130]	[−0.8026　11.3472]

表 6.4　例 6.3 的非均匀采样控制器

控制器	$q = 0$	$q = 1$	$q = 2$
K_1	[−0.0843　12.6005]	[−0.7975　12.3999]	[−0.7013　12.3924]
K_2	[−0.2888　10.0194]	[−0.8666　11.6782]	[−0.6989　9.9866]

　　基于求得的控制器，图 6.2 和图 6.3 给出了对应的系统状态轨迹和马尔可夫跳变信号、采样控制输入和非均匀采样间隔，验证了本章给出的采样控制器设计方法是有效的。

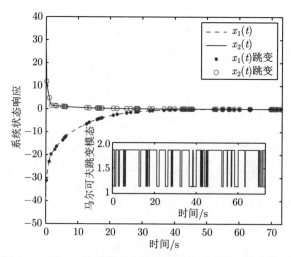

图 6.2　例 6.3 的系统状态轨迹和马尔可夫跳变模态信号

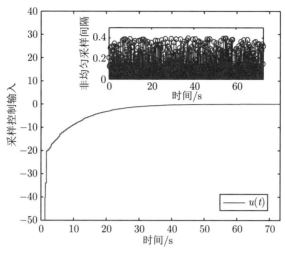

图 6.3 例 6.3 的采样控制输入和非均匀采样间隔

6.6 本 章 小 结

本章通过构建时变 Lyapunov 泛函和环泛函，给出了非均匀采样马尔可夫跳变系统的均方指数稳定性条件和衰减率估测条件，得到衰减率与采样间隔上界之间的量化关系，并且设计了非均匀采样控制器。数值仿真验证了方法的有效性，与已有相关文献中的结果相比，本章提出的方法可获得更大的衰减率。

第 7 章   非均匀采样不确定马尔可夫跳变系统无源性分析和控制器设计

7.1   引 言

针对非均匀采样马尔可夫跳变系统的无源性问题，文献 [202] 通过输入时滞方法，研究非均匀采样凸多面体不确定马尔可夫跳变系统的扩展的耗散性和均方指数镇定问题，给出了无源性、耗散性和 H_2/H_∞ 性能指数。文献 [204] 和 [205] 基于无源性定义，通过构建时间依赖的 Lyapunov 泛函，给出非均匀采样范数不确定马尔可夫跳变系统的随机无源性条件，进一步设计了非脆弱采样控制器。

本章针对非均匀采样凸多面体不确定马尔可夫跳变系统的随机无源性问题，通过构建参数依赖环泛函和参数依赖 Lyapunov 泛函，给出非均匀采样凸多面体不确定马尔可夫跳变系统的随机无源性条件，并设计采样控制器。作为推论，得到非均匀采样标称马尔可夫跳变系统的随机无源性条件和采样控制器设计方法。更进一步，通过构建参数依赖环泛函和参数依赖时变 Lyapunov 泛函，得到非均匀采样凸多面体不确定马尔可夫跳变系统的随机无源性条件，并设计时变采样控制器。同样给出非均匀采样标称马尔可夫跳变系统的随机无源性条件和非均匀采样控制器设计方法。最后通过数值仿真验证本章方法的有效性。

7.2   问题描述

考虑如下凸多面体不确定马尔可夫跳变系统：

$$
\begin{cases}
\dot{x}(t) = A_{r(t)}(\theta)x(t) + B_{r(t)}(\theta)u(t) + C_{r(t)}(\theta)w(t) \\
z(t) = D_{r(t)}(\theta)x(t) + E_{r(t)}(\theta)u(t) + F_{r(t)}(\theta)w(t)
\end{cases} \tag{7.1}
$$

其中，$x(t) \in \mathbb{R}^n$ 是系统状态向量；$u(t) \in \mathbb{R}^m$ 是系统控制输入；$w(t) \in \mathbb{L}_2[0,\ \infty)$ 是系统扰动输入；$r(t)$ 是定义在完备概率空间上右连续的马尔可夫链，在有限集 $\mathcal{N} = \{1,\ 2,\ \cdots,\ s\}$ 中取值。

转移率矩阵 $\Pi \overset{\text{def}}{=} [\Pi_{ij}]_{s \times s}$，具有如下转移概率：

$$
\Pr\{r(t+h) = j \mid r(t) = i\} =
\begin{cases}
\pi_{ij}h + o(h), & i \neq j \\
1 + \pi_{ii}h + o(h), & i = j
\end{cases} \tag{7.2}
$$

其中, $h > 0$, $\lim\limits_{h \to 0}(o(h)/h) = 0$。如果 $i \neq j$, 那么 $\pi_{ij} \geqslant 0$ 是在时刻 t 的模态 i 跳到时刻 $t+h$ 的模态 j 的转移率, 并且 $\pi_{ii} = -\sum\limits_{j=1,j\neq i}^{s} \pi_{ij}$。矩阵 $A_{r(t)}(\theta)$、$B_{r(t)}(\theta)$、$C_{r(t)}(\theta)$、$D_{r(t)}(\theta)$、$E_{r(t)}(\theta)$、$F_{r(t)}(\theta)$ 具有如下结构:

$$\theta \in \mathscr{G} := \mathrm{co}\{\theta_1,\ \theta_2,\ \cdots,\ \theta_p\}$$

$$\mathscr{H}_{r(t)}(\theta) \stackrel{\text{def}}{=} \{A_{r(t)}(\theta),\ B_{r(t)}(\theta),\ C_{r(t)}(\theta),\ D_{r(t)}(\theta),\ E_{r(t)}(\theta),\ F_{r(t)}(\theta)\} \in \mathscr{G}$$

$$\mathscr{G} \stackrel{\text{def}}{=} \left\{\mathscr{H}_{r(t)}(\theta) \middle| \mathscr{H}_{r(t)}(\theta) = \sum_{\alpha=1}^{r} \theta_\alpha \mathscr{H}_{r(t)}^\alpha, \sum_{\alpha=1}^{r} \theta_\alpha = 1, \theta_\alpha \geqslant 0\right\}$$

$$\mathscr{H}_{r(t)}^\alpha \stackrel{\text{def}}{=} \{A_{r(t)}^\alpha,\ B_{r(t)}^\alpha,\ C_{r(t)}^\alpha,\ D_{r(t)}^\alpha,\ E_{r(t)}^\alpha,\ F_{r(t)}^\alpha\}$$

其中, θ 在凸多面体的顶点 $\theta_1, \theta_2, \cdots, \theta_p$ 中变化; $\mathscr{G}$ 是由 r 个顶点描述的给定凸多面体, $\mathscr{H}_{r(t)}^\alpha$ 表示多面体的顶点。为了方便表示, 令 $A_i^\alpha = A_{r(t)}^\alpha$, 其他符号也如此表示。

对于系统 (7.1), $t = t_k$ 是系统采样时刻, 并且满足 $0 = t_0 < t_1 < t_2 < \cdots < t_k < \cdots$, $t_k \in \mathbb{R}^+$, $\forall k \in \mathbb{N}$。分段定常控制输入 $u(t) = -K_i x(t_k)$, $\forall t \in [t_k,\ t_{k+1})$。采样间隔 T_k 满足 $0 < T_{\min} \leqslant T_k := t_{k+1} - t_k \leqslant T_{\max} < \infty$。$K_i$ 是模态相关的采样控制器增益。

7.3 无源性分析

在本节中, 为了简化向量和矩阵表达形式, 重新构建如下向量:

$$\xi^{\mathrm{T}}(t) = \begin{bmatrix} x^{\mathrm{T}}(t) & \dot{x}^{\mathrm{T}}(t) & x^{\mathrm{T}}(t_k) & w^{\mathrm{T}}(t) \end{bmatrix}$$

$$e_\iota = \begin{bmatrix} 0_{n\times(\iota-1)n} & I_{n\times n} & 0_{n\times(4-\iota)n} \end{bmatrix} \in \mathbb{R}^{n\times 4n}, \quad \iota = 1,\ 2,\ 3,\ 4$$

7.3.1 随机无源性分析

本节针对非均匀采样凸多面体不确定马尔可夫跳变系统 (7.1), 给出了系统随机无源性条件。

定理 7.1 如果存在正定矩阵 P_i^α、R^α, 矩阵 S^α、U^α、N_i、M_i^α, 对于 $T_k \in \{T_{\min}, T_{\max}\}$, $i \in \mathscr{N}$, $\alpha = 1,\ 2,\ \cdots, r$, 有如下线性矩阵不等式成立:

$$\Phi_{i1}^\alpha + T_k \Phi_{i2}^\alpha < 0 \tag{7.3}$$

$$\begin{bmatrix} \Phi_{i1}^\alpha & T_k(M_i^\alpha)^{\mathrm{T}} \\ * & -T_k R^\alpha \end{bmatrix} < 0 \tag{7.4}$$

则非均匀采样凸多面体不确定马尔可夫跳变系统 (7.1) 是随机无源的。其中

$$
\begin{aligned}
\Phi_{i1}^{\alpha} = \mathrm{He} \Big\{ & e_1^{\mathrm{T}} P_i^{\alpha} e_2 + (M_i^{\alpha})^{\mathrm{T}}(e_1 - e_3) - e_1^{\mathrm{T}}(D_i^{\alpha})^{\mathrm{T}} e_4 + e_3^{\mathrm{T}}(K_i)^{\mathrm{T}}(E_i^{\alpha})^{\mathrm{T}} e_4 \\
& - e_4^{\mathrm{T}}(F_i^{\alpha})^{\mathrm{T}} e_4 + (-e_1^{\mathrm{T}} N_i - e_2^{\mathrm{T}} N_i - e_3^{\mathrm{T}} N_i)(e_2 - A_i^{\alpha} e_1 + B_i^{\alpha} K_i e_3 - C_i^{\alpha} e_4) \Big\} \\
& - \gamma e_4^{\mathrm{T}} I e_4 + e_1^{\mathrm{T}} \sum_{j=1}^{s} \pi_{ij} P_j^{\alpha} e_1 - (e_1^{\mathrm{T}} - e_3^{\mathrm{T}})[S^{\alpha}(e_1 - e_3) + 2U^{\alpha} e_3]
\end{aligned}
$$

$$
\Phi_{i2}^{\alpha} = e_2^{\mathrm{T}} \Big[S^{\alpha}(e_1 - e_3) + 2U^{\alpha} e_3 \Big] + (e_1^{\mathrm{T}} - e_3^{\mathrm{T}}) S^{\alpha} e_2 + e_2^{\mathrm{T}} R^{\alpha} e_2
$$

证明　构建如下参数依赖 Lyapunov 泛函和参数依赖环泛函：

$$
W_{r(t)}(x(t)) = V_{r(t)}(x(t)) + \vartheta(x(t)) \tag{7.5}
$$

其中，参数依赖 Lyapunov 泛函为

$$
V_{r(t)}(x(t)) = \sum_{\alpha=1}^{p} x^{\mathrm{T}}(t) \theta_{\alpha} P_{r(t)}^{\alpha} x(t) \tag{7.6}
$$

参数依赖环泛函为

$$
\begin{aligned}
\vartheta(x(t)) = & \sum_{\alpha=1}^{p} (t_{k+1} - t) \tilde{x}^{\mathrm{T}}(t) \theta_{\alpha} S^{\alpha} x(t) + \sum_{\alpha=1}^{p} (t_{k+1} - t) \tilde{x}^{\mathrm{T}}(t) \theta_{\alpha} 2U^{\alpha} x(t_k) \\
& + \sum_{\alpha=1}^{p} (t_{k+1} - t) \int_{t_k}^{\mathrm{T}} \dot{x}^{\mathrm{T}}(s) \theta_{\alpha} R^{\alpha} \dot{x}(s) \mathrm{d}s
\end{aligned} \tag{7.7}
$$

这里，$\tilde{x}(t) = x(t) - x(t_k)$。

　　令 $\mathscr{L}$ 是沿着系统 (7.1) 的随机过程 $\{x_t, r(t), t \geqslant 0\}$ 的弱无穷小算子，对任意 $r(t) = i$，有

$$
\mathscr{L}V(x(t)) = \sum_{\alpha=1}^{p} \xi^{\mathrm{T}}(t) \Big[2e_1^{\mathrm{T}} \theta_{\alpha} P_i^{\alpha} e_2 + e_1^{\mathrm{T}} \sum_{j=1}^{s} \pi_{ij} \theta_{\alpha} P_j^{\alpha} e_1 \Big] \xi(t) \tag{7.8}
$$

$$
\begin{aligned}
\mathscr{L}v(x(t)) = & \sum_{\alpha=1}^{p} \xi^{\mathrm{T}}(t) \Big\{ - (e_1^{\mathrm{T}} - e_3^{\mathrm{T}})[\theta_{\alpha} S^{\alpha}(e_1 - e_3) + 2\theta_{\alpha} U^{\alpha} e_3] \\
& + \sum_{\alpha=1}^{p} (T_k - \delta) e_2^{\mathrm{T}} \Big[\theta_{\alpha} S^{\alpha}(e_1 - e_3) + 2\theta_{\alpha} U^{\alpha} e_3 \Big]
\end{aligned}
$$

$$+ \sum_{\alpha=1}^{p} (T_k - \delta) \Big[(e_1^{\mathrm{T}} - e_3^{\mathrm{T}}) \theta_\alpha S^\alpha e_2 + e_2^{\mathrm{T}} \theta_\alpha R^\alpha e_2 \Big] \Big\} \xi(t)$$

$$- \sum_{\alpha=1}^{p} \int_{t_k}^{\mathrm{T}} \dot{x}^{\mathrm{T}}(s) \theta_\alpha R^\alpha \dot{x}(s) \mathrm{d}s \tag{7.9}$$

其中, $\delta = t - t_k$。由自由权矩阵方法, 对任意矩阵 $M_i^\alpha = [M_{1i}^\alpha \quad M_{2i}^\alpha \quad M_{3i}^\alpha \quad M_{4i}^\alpha]$, 有如下不等式成立:

$$\sum_{\alpha=1}^{r} \int_{t_k}^{\mathrm{T}} \theta_\alpha \begin{bmatrix} \xi(t) \\ \dot{x}(s) \end{bmatrix}^{\mathrm{T}} \begin{bmatrix} (M_i^\alpha)^{\mathrm{T}} (R^\alpha)^{-1} M_i^\alpha & (M_i^\alpha)^{\mathrm{T}} \\ * & R^\alpha \end{bmatrix} \begin{bmatrix} \xi(t) \\ \dot{x}(s) \end{bmatrix} \mathrm{d}s \geqslant 0 \tag{7.10}$$

因此, 可以得到

$$- \sum_{\alpha=1}^{r} \int_{t_k}^{\mathrm{T}} \dot{x}^{\mathrm{T}}(s) \theta_\alpha R^\alpha \dot{x}(s) \mathrm{d}s$$

$$\leqslant \sum_{\alpha=1}^{r} \Big(\delta \xi^{\mathrm{T}}(t) \theta_\alpha (M_i^\alpha)^{\mathrm{T}} (R^\alpha)^{-1} M_i^\alpha \xi(t) + 2\xi^{\mathrm{T}}(t) \theta_\alpha (M_i^\alpha)^{\mathrm{T}} \tilde{x}(t) \Big) \tag{7.11}$$

对于任意合适维数的矩阵 N_i, 有如下等式成立:

$$2(-x^{\mathrm{T}}(t)N_i - \dot{x}^{\mathrm{T}}(t)N_i - x^{\mathrm{T}}(t_k)N_i)$$

$$\times \Big[\dot{x}(t) - \sum_{\alpha=1}^{j} \theta_\alpha \big(A_i^\alpha x(t) - B_i^\alpha K_i x(t_k) + C_i^\alpha w(t) \big) \Big] = 0 \tag{7.12}$$

因此, 由式 (7.8) ~ 式 (7.12), 对于 $t \in [t_k, \ t_{k+1})$, 有

$$\mathbb{E}\Big\{ \mathscr{L} W_{r(t)}\big(x(t)\big) - 2z^{\mathrm{T}}(t)w(t) - \gamma w^{\mathrm{T}}(t)w(t) \Big\} \leqslant \sum_{\alpha=1}^{r} \xi^{\mathrm{T}}(t) \theta_\alpha \Phi_1^\alpha(\delta) \xi(t) \tag{7.13}$$

其中

$$\Phi_1^\alpha(\delta) = \Phi_{i1}^\alpha + (T_k - \delta)\Phi_{i2}^\alpha + \delta \Phi_{i3}^\alpha \tag{7.14}$$

并且 $\Phi_{i3}^\alpha = (M_i^\alpha)^{\mathrm{T}} (R^\alpha)^{-1} M_i^\alpha$。注意到 $\Phi_1^\alpha(\delta)$ 关于 δ 是仿射的, 则 $\Phi_1^\alpha(\delta)$ 是 δ 的凸组合, 由凸集性质, 属于该集合的任意数量的点的凸组合仍然在该集合内。因此, 在有限集合 $\delta \in \{0, \ T_k\}$ 上对其进行检验负定是必要且充分的。式 (7.14) 中令 $\delta = 0$, 当 $\Phi_1^\alpha(0) < 0$ 时, 可以得到式 (7.3); 令 $\delta = T_k$, 当 $\Phi_1^\alpha(T_k) < 0$ 时, 由 Schur 补引理 1.2, 可以得到式 (7.4)。更进一步, 有

$$\mathbb{E}\Big\{ \mathscr{L} W_{r(t)}\big(x(t)\big) - 2z^{\mathrm{T}}(t)w(t) - \gamma w^{\mathrm{T}}(t)w(t) \Big\} \leqslant 0 \tag{7.15}$$

由泛函 (7.5) 可以看出 $\lim_{t \to t_k} W_i(x(t)) = V_i(x(t_k))$。对式 (7.15) 进行累和运算，可以得到

$$\sum_{k=0}^{N} \mathbb{E}\left\{2\int_{t_k}^{t_{k+1}^-} z^{\mathrm{T}}(t)w(t)\mathrm{d}t\right\} + \sum_{k=0}^{N} \mathbb{E}\left\{\gamma\int_{t_k}^{t_{k+1}^-} w^{\mathrm{T}}(t)w(t)\mathrm{d}t\right\}$$

$$\geqslant \sum_{k=0}^{N} \mathbb{E}\left\{V(i_{t_{k+1}^-}, t_{k+1}^-) - V(i_{t_k}, t_k)\right\}$$

$$\geqslant \mathbb{E}\left\{V(i_{t_{N+1}^-}, t_{N+1}^-)\right\}$$

$$> 0 \tag{7.16}$$

对 $N \to \infty$，有

$$\lim_{N\to\infty}\sum_{k=0}^{N} \mathbb{E}\left\{2\int_{t_k}^{t_{k+1}^-} z^{\mathrm{T}}(t)w(t)\mathrm{d}t\right\} \geqslant \lim_{N\to\infty}\gamma\sum_{k=0}^{N}\mathbb{E}\left\{-\int_{t_k}^{t_{k+1}^-} w^{\mathrm{T}}(t)w(t)\mathrm{d}t\right\} \tag{7.17}$$

由定义 1.2，系统 (7.1) 是随机无源的。证毕。

注 7.1　通过构建参数依赖环泛函 (7.7)，给出了系统 (7.1) 的随机无源性条件。在采样时刻 $v(t_k) = v(t_{k+1}) = 0$，满足定理 1.3 中环泛函的条件。

当系统 (7.1) 中不含有不确定参数时，可以得到如下非均匀采样标称马尔可夫跳变系统：

$$\begin{cases} \dot{x}(t) = A_{r(t)}x(t) + B_{r(t)}u(t) + C_{r(t)}w(t) \\ z(t) = D_{r(t)}x(t) + E_{r(t)}u(t) + F_{r(t)}w(t) \end{cases} \tag{7.18}$$

由定理 7.1 得到非均匀采样标称马尔可夫跳变系统 (7.18) 的随机无源性条件。

推论 7.1　如果存在正定矩阵 P_i、R，矩阵 S、U、N_i、M_i，对于 $i \in \mathcal{N}$，$T_k \in \{T_{\min}, T_{\max}\}$，有如下线性矩阵不等式成立：

$$\Phi_{i1} + T_k\Phi_{i2} < 0 \tag{7.19}$$

$$\begin{bmatrix} \Phi_{i1} & T_kM_i^{\mathrm{T}} \\ * & -T_kR \end{bmatrix} < 0 \tag{7.20}$$

则非均匀采样标称马尔可夫跳变系统 (7.18) 是随机无源的。其中

$$\Phi_{i1} = \mathrm{He}\left\{e_1^{\mathrm{T}}P_ie_2 + M_i^{\mathrm{T}}(e_1 - e_3) - e_1^{\mathrm{T}}D_i^{\mathrm{T}}e_4 - e_4^{\mathrm{T}}F_i^{\mathrm{T}}e_4 + e_3^{\mathrm{T}}K_i^{\mathrm{T}}E_i^{\mathrm{T}}e_4\right.$$

$$+ (-e_1^{\mathrm{T}} N_i - e_2^{\mathrm{T}} N_i - e_3^{\mathrm{T}} N_i)(e_2 - A_i e_1 + B_i K_i e_3 - C_i e_4)\Big\}$$

$$+ e_1^{\mathrm{T}} \sum_{j=1}^{s} \pi_{ij} P_j e_1 - e_4^{\mathrm{T}} \gamma I e_4 - (e_1^{\mathrm{T}} - e_3^{\mathrm{T}})[S(e_1 - e_3) + 2U e_3]$$

$$\Phi_{i2} = e_2^{\mathrm{T}} [S(e_1 - e_3) + 2U e_3] + (e_1^{\mathrm{T}} - e_3^{\mathrm{T}})S e_2 + e_2^{\mathrm{T}} R e_2$$

证明　构建如下 Lyapunov 泛函和环泛函:

$$\check{W}_i(x(t)) = \check{V}_i(x(t)) + \check{\vartheta}(x(t)) \tag{7.21}$$

其中, Lyapunov 泛函为

$$\check{V}_i(x(t)) = x^{\mathrm{T}}(t) P_i x(t) \tag{7.22}$$

环泛函为

$$\check{\vartheta}(x(t)) = (t_{k+1} - t)\tilde{x}^{\mathrm{T}}(t)S x(t) + (t_{k+1} - t)\tilde{x}^{\mathrm{T}}(t)2U x(t_k)$$

$$+ (t_{k+1} - t) \int_{t_k}^{\mathrm{T}} \dot{x}^{\mathrm{T}}(s) R \dot{x}(s)\mathrm{d}s \tag{7.23}$$

其中, $\tilde{x}(t) = x(t) - x(t_k)$。利用类似于定理 (7.1) 的证明可以得到本推论的证明。
证毕。

7.3.2　基于参数依赖时变 Lyapunov 泛函和参数依赖环泛函的随机无源性分析

对于系统 (7.1), 非均匀采样控制输入如下:

$$u(t) = -K_i(t)x(t_k), \quad \forall t \in [t_k,\ t_{k+1}) \tag{7.24}$$

将采样区间 $[t_k,\ t_k + T_{\min})$ 分割成 L 等份, 每段长度为 $\dfrac{T_{\min}}{L}$。假设 $\theta_0 = 0$,
$\theta_q = q\dfrac{T_{\min}}{L}$; $\lambda_{k,q} = [t_k + \theta_q,\ t_k + \theta_{q+1})$, $q = 0,\ 1,\ \cdots,\ L-1$, $\lambda_{k,L} = [t_k + T_{\min},\ t_{k+1})$,
有 $\bigcup_{n=0}^{L-1} \lambda_{k,n} = [t_k,\ t_k + T_{\min})$ 并且 $\lambda_{k,n} \bigcap \lambda_{k,m} = \varnothing$。利用线性插值公式, 令
$P_{i,q}^{\alpha} = P_i^{\alpha}(t_k + \theta_q)$, 构建如下参数依赖时变 Lyapunov 泛函和参数依赖环泛函:

$$\hat{W}_i(x(t)) = \hat{V}_i(x(t)) + \vartheta(x(t)) \tag{7.25}$$

其中, 参数依赖时变 Lyapunov 泛函为

$$\hat{V}_i(x(t)) = \sum_{\alpha=1}^{r} x^{\mathrm{T}}(t)\theta_{\alpha} P_i^{\alpha}(t)x(t) \tag{7.26}$$

并且

$$P_i^\alpha(t) = \begin{cases} P_i^\alpha(u), & t \in \lambda_{k,q}, \quad q = 0,\ 1,\ \cdots,\ L-1 \\ P_{i,L}^\alpha, & t \in \lambda_{k,L} \end{cases} \tag{7.27}$$

这里

$$P_i^\alpha(u) = (1-u)P_{i,q}^\alpha + uP_{i,q+1}^\alpha \tag{7.28}$$

参数依赖环泛函 $\vartheta(x(t))$ 在式 (7.5) 中已经给出。利用构建的泛函 (7.25)，如下定理给出了系统 (7.1) 的随机无源性条件。

定理 7.2　对于 $q = 0,\ 1,\ \cdots,\ L$，如果存在正定矩阵 $P_{i,q}^\alpha$、R^α，矩阵 S^α、U^α、N_i、M_i^α，并且对于 $q = 0,\ 1,\ \cdots,\ L-1$，$T_k \in \{T_{\min}, T_{\max}\}$，$i \in \mathcal{N}$，$\alpha = 1,\ 2,\ \cdots,\ r$，有如下线性矩阵不等式成立：

$$\Gamma_{i1,q}^\alpha + T_k \Pi_{i2}^\alpha < 0 \tag{7.29}$$

$$\Theta_{i1,q+1}^\alpha + T_k \Pi_{i2}^\alpha < 0 \tag{7.30}$$

$$\Xi_{i1,L}^\alpha + T_k \Pi_{i2}^\alpha < 0 \tag{7.31}$$

$$\begin{bmatrix} \Gamma_{i1,q}^\alpha & T_k(M_i^\alpha)^{\mathrm{T}} \\ * & -T_k R^\alpha \end{bmatrix} < 0 \tag{7.32}$$

$$\begin{bmatrix} \Theta_{i1,q+1}^\alpha & T_k(M_i^\alpha)^{\mathrm{T}} \\ * & -T_k R^\alpha \end{bmatrix} < 0 \tag{7.33}$$

$$\begin{bmatrix} \Xi_{i1,L}^\alpha & T_k(M_i^\alpha)^{\mathrm{T}} \\ * & -T_k R^\alpha \end{bmatrix} < 0 \tag{7.34}$$

$$P_{j,0}^\alpha - P_{i,L}^\alpha < 0, \quad i \neq j \tag{7.35}$$

则非均匀采样凸多面体不确定马尔可夫跳变系统 (7.1) 是随机无源的。其中

$$\begin{aligned}
\Gamma_{i1,q}^\alpha = {}& \mathrm{He}\Big\{ e_1^{\mathrm{T}} P_{i,q}^\alpha e_2 + (M_i^\alpha)^{\mathrm{T}}(e_1 - e_3) - e_1^{\mathrm{T}}(D_i^\alpha)^{\mathrm{T}} e_4 \\
& + e_3^{\mathrm{T}}(K_i(t))^{\mathrm{T}}(E_i^\alpha)^{\mathrm{T}} e_4 - e_4^{\mathrm{T}}(F_i^\alpha)^{\mathrm{T}} e_4 \\
& + (-e_1^{\mathrm{T}} N_i - e_2^{\mathrm{T}} N_i - e_3^{\mathrm{T}} N_i)(e_2 - A_i^\alpha e_1 + B_i^\alpha K_i(t) e_3 - C_i^\alpha e_4) \Big\} \\
& + e_1^{\mathrm{T}} \Big\{ \frac{L}{T_{\min}}(P_{i,q+1}^\alpha - P_{i,q}^\alpha) + \sum_{j=1}^{s} \pi_{ij} P_{j,q}^\alpha \Big\} e_1
\end{aligned}$$

$$- e_4^{\mathrm{T}} \gamma I e_4 - (e_1^{\mathrm{T}} - e_3^{\mathrm{T}})\big[S^\alpha(e_1 - e_3) + 2U^\alpha e_3\big]$$

$$\Theta_{i1,q+1}^\alpha = \mathrm{He}\Big\{ e_1^{\mathrm{T}} P_{i,q+1}^\alpha e_2 + (M_i^\alpha)^{\mathrm{T}}(e_1 - e_3) - e_1^{\mathrm{T}}(D_i^\alpha)^{\mathrm{T}} e_4$$

$$+ e_3^{\mathrm{T}}(K_i(t))^{\mathrm{T}}(E_i^\alpha)^{\mathrm{T}} e_4 - e_4^{\mathrm{T}}(F_i^\alpha)^{\mathrm{T}} e_4$$

$$+ (-e_1^{\mathrm{T}} N_i - e_2^{\mathrm{T}} N_i - e_3^{\mathrm{T}} N_i)(e_2 - A_i^\alpha e_1 + B_i^\alpha K_i(t)e_3 - C_i^\alpha e_4)\Big\}$$

$$+ e_1^{\mathrm{T}}\Big[\frac{L}{T_{\min}}(P_{i,q+1}^\alpha - P_{i,q}^\alpha) + \sum_{j=1}^{s}\pi_{ij}P_{j,q+1}^\alpha\Big]e_1$$

$$- e_4^{\mathrm{T}} \gamma I e_4 - (e_1^{\mathrm{T}} - e_3^{\mathrm{T}})\big[S^\alpha(e_1 - e_3) + 2U^\alpha e_3\big]$$

$$\Xi_{i1,L}^\alpha = \mathrm{He}\Big\{ e_1^{\mathrm{T}} P_{i,L}^\alpha e_2 + (M_i^\alpha)^{\mathrm{T}}(e_1 - e_3) - e_1^{\mathrm{T}}(D_i^\alpha)^{\mathrm{T}} e_4$$

$$+ e_3^{\mathrm{T}}(K_i(t))^{\mathrm{T}}E_i^{\mathrm{T}} e_4 - e_4^{\mathrm{T}}(F_i^\alpha)^{\mathrm{T}} e_4$$

$$+ (-e_1^{\mathrm{T}} N_i - e_2^{\mathrm{T}} N_i - e_3^{\mathrm{T}} N_i)(e_2 - A_i^\alpha e_1 + B_i^\alpha K_i(t)e_3 - C_i^\alpha e_4)\Big\}$$

$$+ e_1^{\mathrm{T}}\sum_{j=1}^{s}\pi_{ij}P_{j,L}^\alpha e_1 - e_4^{\mathrm{T}} \gamma I e_4 - (e_1^{\mathrm{T}} - e_3^{\mathrm{T}})\big[S^\alpha(e_1 - e_3) + 2U^\alpha e_3\big]$$

$$\Pi_{i2}^\alpha = e_2^{\mathrm{T}}\big[S^\alpha(e_1 - e_3) + 2U^\alpha e_3\big] + (e_1^{\mathrm{T}} - e_3^{\mathrm{T}})S^\alpha e_2 + e_2^{\mathrm{T}} R^\alpha e_2$$

证明 令 $\mathscr{L}$ 是沿着系统 (7.1) 的随机过程 $\{x_t, r(t), t \geqslant 0\}$ 的弱无穷小算子, 对任意 $r(t) = i$, 有

$$\mathscr{L}V(x(t)) = \sum_{\alpha=1}^{r}\xi^{\mathrm{T}}(t)\theta_\alpha\Big((1-u)\Big\{2e_1^{\mathrm{T}} P_{i,q}^\alpha e_2 + e_1^{\mathrm{T}}\sum_{j=1}^{s}\pi_{ij}P_{j,q}^\alpha e_1$$

$$+ e_1^{\mathrm{T}}\Big[\frac{L}{T_{\min}}(P_{i,q+1}^\alpha - P_{i,q}^\alpha)\Big]e_1\Big\}$$

$$+ u\Big\{2e_1^{\mathrm{T}} P_{i,q+1}^\alpha e_2 + e_1^{\mathrm{T}}\sum_{j=1}^{s}\pi_{ij}P_{j,q+1}^\alpha e_1$$

$$+ e_1^{\mathrm{T}}\Big[\frac{L}{T_{\min}}(P_{i,q+1}^\alpha - P_{i,q}^\alpha)\Big]e_1\Big\}\Big)\xi(t) \qquad (7.36)$$

因此, 由式 (7.10) $\sim$ 式 (7.12) 和式 (7.36), 对于 $t \in [t_k, t_{k+1}]$, 有

$$\mathbb{E}\big\{\mathscr{L}W_{r(t)}(x(t)) - 2z^{\mathrm{T}}(t)w(t) - \gamma w^{\mathrm{T}}(t)w(t)\big\} \leqslant \sum_{\alpha=1}^{r}\xi^{\mathrm{T}}(t)\theta_\alpha(\Pi(\delta))^\alpha \xi(t)$$

其中

$$\Pi^\alpha(\delta) = (1-u)\Pi_1^\alpha(\delta) + u\Pi_2^\alpha(\delta)$$

$$\Pi_1^\alpha(\delta) = \Gamma_{i1,q}^\alpha + (T_k - \delta)\Pi_{i2}^\alpha + \delta\Pi_{i3}^\alpha$$

$$\Pi_2^\alpha(\delta) = \Theta_{i1,q+1}^\alpha + (T_k - \delta)\Pi_{i2}^\alpha + \delta\Pi_{i3}^\alpha$$

并且 $\Pi_{i3}^\alpha = (M_i^\alpha)^{\mathrm{T}}(R^\alpha)^{-1}M_i^\alpha$。因为 $\Pi_1^\alpha(\delta)$、$\Pi_2^\alpha(\delta)$ 是仿射的，则 $\Pi_1^\alpha(\delta)$、$\Pi_2^\alpha(\delta)$ 是 δ 的凸组合。由凸集性质，属于该集合的任意数量的点的凸组合仍然在该集合内。因此，在有限集合 $\delta \in \{0, T_k\}$ 上对其进行检验负定是必要且充分的。因此，式 (7.29) 和式 (7.30) 等价于 $\Pi_1^\alpha(0) < 0$ 和 $\Pi_2^\alpha(0) < 0$。当 $\Pi_1^\alpha(T_k) < 0$ 和 $\Pi_2^\alpha(T_k) < 0$ 时，由 Schur 补引理 1.2，可以得到式 (7.32) 和式 (7.33)。对于 $q = L$，$P_i(t) = P_{i,L}$，有

$$\mathscr{L}V(x(t)) = \sum_{\alpha=1}^{r} \xi^{\mathrm{T}}(t)\theta_\alpha \left(2e_1^{\mathrm{T}} P_{i,L}^\alpha e_2 + e_1^{\mathrm{T}} \sum_{j=1}^{s} \Pi_{ij} P_{j,L}^\alpha e_1 \right) \xi(t)$$

因此

$$\mathbb{E}\left\{ \mathscr{L}W_{r(t)}(x(t)) - 2z^{\mathrm{T}}(t)w(t) - \gamma w^{\mathrm{T}}(t)w(t) \right\} \leqslant \sum_{\alpha=1}^{r} \xi^{\mathrm{T}}(t)\theta_\alpha \hat{\Pi}^\alpha(\delta)\xi(t)$$

其中，$\hat{\Pi}^\alpha(\delta) = \Xi_{i1,L}^\alpha + (T_k - \delta)\Pi_{i2}^\alpha + \delta\Pi_{i3}^\alpha$。当 $\hat{\Pi}^\alpha(\delta) < 0$ 时，对于 $\delta \in \{0, T_k\}$，$q = L$，有式 (7.31) 和式 (7.34) 成立。在采样时刻 t_k，式 (7.35) 可以保证在采样时刻给定的泛函 (7.25) 是非增的。根据式 (7.16) $\sim$ 式 (7.17)，考虑整个时间域 t，由定义 1.2，系统 (7.1) 是随机无源的。证毕。

由定理 7.2 得到了非均匀采样标称马尔可夫跳变系统 (7.18) 的随机无源性条件。

推论 7.2 对于 $q = 0, 1, \cdots, L$，如果存在正定矩阵 $P_{i,q}$、R，矩阵 S、U、N_i、M_i，并且对于 $q = 0, 1, \cdots, L-1$，$T_k \in \{T_{\min}, T_{\max}\}$，$i \in \mathcal{N}$，有如下线性矩阵不等式成立：

$$\Gamma_{i1,q} + T_k \Pi_{i2} < 0 \tag{7.37}$$

$$\Theta_{i1,q+1} + T_k \Pi_{i2} < 0 \tag{7.38}$$

$$\Xi_{i1,L} + T_k \Pi_{i2} < 0 \tag{7.39}$$

$$\begin{bmatrix} \Gamma_{i1,q} & T_k M_i^{\mathrm{T}} \\ * & -T_k R \end{bmatrix} < 0 \tag{7.40}$$

$$\begin{bmatrix} \Theta_{i1,q+1} & T_k M_i^{\mathrm{T}} \\ * & -T_k R \end{bmatrix} < 0 \tag{7.41}$$

$$\begin{bmatrix} \Xi_{i1,L} & T_k M_i^{\mathrm{T}} \\ * & -T_k R \end{bmatrix} < 0 \tag{7.42}$$

$$P_{j,0} - P_{i,L} < 0, i \neq j \tag{7.43}$$

则非均匀采样标称马尔可夫跳变系统 (7.18) 是随机无源的。其中

$$\begin{aligned}
\Gamma_{i1,q} = {}& \mathrm{He}\Big\{ e_1^{\mathrm{T}} P_{i,q} e_2 + M_i^{\mathrm{T}}(e_1 - e_3) - e_1^{\mathrm{T}} D_i^{\mathrm{T}} e_4 + e_3^{\mathrm{T}} K_i^{\mathrm{T}}(t) E_i^{\mathrm{T}} e_4 - e_4^{\mathrm{T}} F_i^{\mathrm{T}} e_4 \\
& + (-e_1^{\mathrm{T}} N_i - e_2^{\mathrm{T}} N_i - e_3^{\mathrm{T}} N_i)(e_2 - A_i e_1 + B_i K_i(t) e_3 - C_i e_4) \Big\} \\
& + e_1^{\mathrm{T}} \Big[\frac{L}{T_{\min}}(P_{i,q+1} - P_{i,q}) + \sum_{j=1}^{s} \pi_{ij} P_{j,q} \Big] e_1 \\
& - e_4^{\mathrm{T}} \gamma I e_4 - (e_1^{\mathrm{T}} - e_3^{\mathrm{T}})\big[S(e_1 - e_3) + 2U e_3 \big]
\end{aligned}$$

$$\begin{aligned}
\Theta_{i1,q+1} = {}& \mathrm{He}\Big\{ e_1^{\mathrm{T}} P_{i,q+1} e_2 + M_i^{\mathrm{T}}(e_1 - e_3) - e_1^{\mathrm{T}} D_i^{\mathrm{T}} e_4 + e_3^{\mathrm{T}} K_i^{\mathrm{T}}(t) E_i^{\mathrm{T}} e_4 - e_4^{\mathrm{T}} F_i^{\mathrm{T}} e_4 \\
& + (-e_1^{\mathrm{T}} \delta_1 N_i - e_2^{\mathrm{T}} N_i - e_3^{\mathrm{T}} \delta_2 N_i)(e_2 - A_i e_1 + B_i K_i(t) e_3 - C_i e_4) \Big\} \\
& + e_1^{\mathrm{T}} \Big[\frac{L}{T_{\min}}(P_{i,q+1} - P_{i,q}) + \sum_{j=1}^{s} \pi_{ij} P_{j,q+1} \Big] e_1 \\
& - e_4^{\mathrm{T}} \gamma I e_4 - (e_1^{\mathrm{T}} - e_3^{\mathrm{T}})\big[S(e_1 - e_3) + 2U e_3 \big]
\end{aligned}$$

$$\begin{aligned}
\Xi_{i1,L} = {}& \mathrm{He}\Big\{ e_1^{\mathrm{T}} P_{i,L} e_2 + M_i^{\mathrm{T}}(e_1 - e_3) - e_1^{\mathrm{T}} D_i^{\mathrm{T}} e_4 + e_3^{\mathrm{T}} K_i^{\mathrm{T}}(t) E_i^{\mathrm{T}} e_4 - e_4^{\mathrm{T}} F_i^{\mathrm{T}} e_4 \\
& + (-e_1^{\mathrm{T}} \delta_1 N_i - e_2^{\mathrm{T}} N_i - e_3^{\mathrm{T}} \delta_2 N_i)(e_2 - A_i e_1 + B_i K_i(t) e_3 - C_i e_4) \Big\} \\
& + e_1^{\mathrm{T}} \sum_{j=1}^{s} \pi_{ij} P_{j,L} e_1 - e_4^{\mathrm{T}} \gamma I e_4 - (e_1^{\mathrm{T}} - e_3^{\mathrm{T}})\big[S(e_1 - e_3) + 2U e_3 \big]
\end{aligned}$$

$$\Pi_{i2} = e_2^{\mathrm{T}} \big[S(e_1 - e_3) + 2U e_3 \big] + (e_1^{\mathrm{T}} - e_3^{\mathrm{T}}) S e_2 + e_2^{\mathrm{T}} R e_2$$

证明　构建如下时变 Lyapunov 泛函和环泛函:

$$\tilde{W}_i(x(t)) = \tilde{V}_i(x(t)) + \check{\vartheta}(x(t)) \tag{7.44}$$

其中, 时变 Lyapunov 泛函为

$$\tilde{V}_i(x(t)) = \tilde{x}^{\mathrm{T}}(t) P_i(t) \tilde{x}(t) \tag{7.45}$$

并且

$$P_i(t) = \begin{cases} P_i(u), & t \in \lambda_{k,q}, \quad q = 0,\ 1,\ \cdots,\ L-1 \\ P_{i,L}, & t \in \lambda_{k,L} \end{cases} \tag{7.46}$$

这里

$$P_i(u) = (1-u)P_{i,q} + uP_{i,q+1}$$

$\tilde{x}(t) = x(t) - x(t_k)$, $u = \dfrac{L}{T_{\min}}(t - t_k - \theta_q)$。环泛函 $\check{\vartheta}(x(t))$ 在式 (7.25) 中已经给出。类似于定理 7.2 的证明过程，可得推论 7.2，具体证明过程省略。证毕。

7.4　控制器设计

7.4.1　采样控制器设计

本节将给出非均匀采样凸多面体不确定马尔可夫跳变系统 (7.1) 的采样控制器设计方法。

定理 7.3　给定常数 $\lambda_i > 0$，如果存在正定矩阵 Q_i^α、$\tilde{R}_i^\alpha$，矩阵 $\tilde{S}_i^\alpha$、$\tilde{U}_i^\alpha$、$\tilde{M}_i^\alpha$，对于 $T_k \in \{T_{\min},\ T_{\max}\}$, $i \in \mathcal{N}$, $\alpha = 1,\ 2,\ \cdots,\ r$, 有如下线性矩阵不等式成立：

$$\begin{bmatrix} \Psi_{i1}^\alpha + T_k\Psi_{i2}^\alpha & e_1^T\Lambda_{i1}^\alpha \\ * & -\Lambda_{i2}^\alpha \end{bmatrix} < 0 \tag{7.47}$$

$$\begin{bmatrix} \Psi_{i1}^\alpha & T_k(\tilde{M}_i^\alpha)^T & e_1^T\Lambda_{i1}^\alpha \\ * & -T_k\tilde{R}_i^\alpha & 0 \\ * & * & -\Lambda_{i2}^\alpha \end{bmatrix} < 0 \tag{7.48}$$

则非均匀采样凸多面体不确定马尔可夫跳变系统 (7.1) 是随机无源的，并且有采样控制器 $K_i = \tilde{K}_i^\alpha(Q_i^\alpha)^{-1}$。其中

$$\begin{aligned} \Psi_{i1}^\alpha = \mathrm{He}\Big\{ & e_1^T Q_i^\alpha e_2 + (\tilde{M}_i^\alpha)^T(e_1 - e_3) + e_3^T(\tilde{K}_i^\alpha)^T(E_i^\alpha)^T e_4 - e_1^T(D_i^\alpha)^T e_4 \\ & - e_4^T(F_i^\alpha)^T e_4 + (-e_1^T\lambda_i - e_2^T\lambda_i - e_3^T\lambda_i)(Q_i^\alpha e_2 - A_i^\alpha Q_i^\alpha e_1 + B_i^\alpha \tilde{K}_i^\alpha e_3 \\ & - C_i^\alpha e_4)\Big\} + e_1^T\pi_{ii}Q_i^\alpha e_1 - e_4^T\gamma I e_4 - (e_1^T - e_3^T)\big[\tilde{S}_i^\alpha(e_1 - e_3) + 2\tilde{U}_i^\alpha e_3\big] \end{aligned}$$

$$\Psi_{i2}^\alpha = e_2^T\big[\tilde{S}_i^\alpha(e_1 - e_3) + 2\tilde{U}_i^\alpha e_3\big] + (e_1^T - e_3^T)\tilde{S}_i^\alpha e_2 + e_2^T\tilde{R}_i^\alpha e_2$$

$$\Lambda_{i1}^\alpha = [\sqrt{\pi_{i,1}}Q_i^\alpha, \cdots, \sqrt{\pi_{i,i-1}}Q_i^\alpha, \sqrt{\pi_{i,i+1}}Q_i^\alpha, \cdots, \sqrt{\pi_{i,s}}Q_i^\alpha]$$

$$\Lambda_{i2}^\alpha = \mathrm{diag}\{Q_1^\alpha, \cdots, Q_{i-1}^\alpha, Q_{i+1}^\alpha, \cdots, Q_N^\alpha\}$$

证明 令 $Q_i^\alpha = (P_i^\alpha)^{-1}$，$N_i = \lambda_i P_i^\alpha$，定义下面新的变量：

$$\tilde{R}_i^\alpha = Q_i^\alpha R^\alpha Q_i^\alpha, \qquad \tilde{S}_i^\alpha = Q_i^\alpha S^\alpha Q_i^\alpha$$

$$\tilde{U}_i^\alpha = Q_i^\alpha U^\alpha Q_i^\alpha, \qquad \tilde{M}_{1i}^\alpha = Q_i^\alpha M_{1i}^\alpha Q_i^\alpha$$

$$\tilde{M}_{2i}^\alpha = Q_i^\alpha M_{2i}^\alpha Q_i^\alpha, \qquad \tilde{M}_{3i}^\alpha = Q_i^\alpha M_{3i}^\alpha Q_i^\alpha$$

$$\tilde{M}_{4i}^\alpha = Q_i^\alpha M_{4i}^\alpha Q_i, \qquad \check{M}_{4i}^\alpha = Q_i^\alpha M_{4i}$$

$$\tilde{D}_i^\alpha = D_i^\alpha Q_i^\alpha, \qquad \tilde{K}_i^\alpha = K_i Q_i^\alpha$$

$$\tilde{M}_i^\alpha = [\tilde{M}_{1i}^\alpha \quad \tilde{M}_{2i}^\alpha \quad \tilde{M}_{3i}^\alpha \quad \tilde{M}_{4i}^\alpha]$$

$$\check{M}_i^\alpha = [\tilde{M}_{1i}^\alpha \quad \tilde{M}_{2i}^\alpha \quad \tilde{M}_{3i}^\alpha \quad \check{M}_{4i}^\alpha]$$

$$\mathcal{Q}_{ij}^\alpha = \sum_{j=1,i\neq j}^{s} \pi_{ij} Q_i^\alpha ((Q_j)^\alpha)^{-1} Q_i^\alpha = \Lambda_{i1}^\alpha (\Lambda_{i2}^\alpha)^{-1} (\Lambda_{i1}^\alpha)^{\mathrm{T}}$$

在线性矩阵不等式 (7.3) 两边乘以 $\mathrm{diag}\{Q_i^\alpha,\ Q_i^\alpha,\ Q_i^\alpha,\ I\}$，在线性矩阵不等式 (7.4) 两边乘以 $\mathrm{diag}\{Q_i^\alpha,\ Q_i^\alpha,\ Q_i^\alpha,\ I,\ Q_i^\alpha\}$，可以得到

$$\Psi_{i1}^\alpha + T_k \Psi_{i2}^\alpha + e_1^{\mathrm{T}} \mathcal{Q}_{ij}^\alpha e_1 < 0 \tag{7.49}$$

$$\begin{bmatrix} \Psi_{i1}^\alpha & T_k(\tilde{M}_i^\alpha)^{\mathrm{T}} \\ * & -T_k \tilde{R}_i^\alpha \end{bmatrix} + e_1^{\mathrm{T}} \mathcal{Q}_{ij}^\alpha e_1 < 0 \tag{7.50}$$

由 Schur 补引理 1.2，可得线性矩阵不等式 (7.47) $\sim$ (7.48)。因此，可以得到采样控制器 $K_i = \tilde{K}_i^\alpha (Q_i^\alpha)^{-1}$ 保证系统 (7.1) 是随机无源的。证毕。

由定理 7.3 得到了非均匀采样标称马尔可夫跳变系统 (7.18) 的采样控制器设计方法。

推论 7.3 给定常数 $\lambda_i > 0$，如果存在正定矩阵 Q_i、$\tilde{R}_i$，矩阵 $\tilde{S}_i$、$\tilde{U}_i$、$\tilde{M}_i$，对于 $T_k \in \{T_{\min},\ T_{\max}\}$，$i \in \mathcal{N}$，有如下线性矩阵不等式成立：

$$\begin{bmatrix} \Psi_{i1} + T_k \Psi_{i2} & e_1^{\mathrm{T}} \Lambda_{i1} \\ * & -\Lambda_{i2} \end{bmatrix} < 0 \tag{7.51}$$

$$\begin{bmatrix} \Psi_{i1} & T_k \tilde{M}_i^{\mathrm{T}} & e_1^{\mathrm{T}} \Lambda_{i1} \\ * & -T_k \tilde{R}_i & 0 \\ * & * & -\Lambda_{i2} \end{bmatrix} < 0 \tag{7.52}$$

则非均匀采样标称马尔可夫跳变系统 (7.18) 是随机无源的，并且有采样控制器 $K_i = \tilde{K}_i Q_i^{-1}$。其中

$$\Psi_{i1} = \mathrm{He}\Big\{ e_1^{\mathrm{T}} Q_i e_2 + M_i^{\mathrm{T}}(e_1 - e_3) - e_1^{\mathrm{T}} Q_i D_i^{\mathrm{T}} e_4 + e_3^{\mathrm{T}} \tilde{K}_i^{\mathrm{T}} E_i^{\mathrm{T}} e_4 - e_4^{\mathrm{T}} F_i^{\mathrm{T}} e_4$$

$$+ (-e_1^{\mathrm{T}} \lambda_1 - e_2^{\mathrm{T}} \lambda_1 - e_3^{\mathrm{T}} \lambda_1)(Q_i e_2 - A_i Q_i e_1 + B_i \tilde{K}_i e_3 - C_i e_4) \Big\}$$

$$+ e_1^{\mathrm{T}} \pi_{ii} Q_i e_1 - e_4^{\mathrm{T}} \gamma I e_4 - (e_1^{\mathrm{T}} - e_3^{\mathrm{T}})\big[\tilde{S}_i(e_1 - e_3) + 2\tilde{U}_i e_3 \big]$$

$$\Psi_{i2} = e_2^{\mathrm{T}} \Big[\tilde{S}_i(e_1 - e_3) + 2\tilde{U}_i e_3 \Big] + (e_1^{\mathrm{T}} - e_3^{\mathrm{T}}) \tilde{S}_i e_2 + e_2^{\mathrm{T}} \tilde{R}_i e_2$$

$$\Lambda_{i1} = [\sqrt{\pi_{i,1}} Q_i, \ \cdots, \ \sqrt{\pi_{i,i-1}} Q_i, \ \sqrt{\pi_{i,i+1}} Q_i, \ \cdots, \ \sqrt{\pi_{i,s}} Q_i]$$

$$\Lambda_{i2} = \mathrm{diag}\{Q_1, \ \cdots, \ Q_{i-1}, \ Q_{i+1}, \ \cdots, \ Q_N\}$$

7.4.2 非均匀采样控制器设计

本节将给出非均匀采样凸多面体不确定马尔可夫跳变系统 (7.1) 的非均匀采样控制器设计方法。

定理 7.4 给定常数 $\lambda_i > 0$，对于 $q = 0, 1, \cdots, L$，如果存在正定矩阵 $Q_{i,q}^\alpha$、$R_{i,q}^\alpha$、R，矩阵 $S_{i,q}^\alpha$、$U_{i,q}^\alpha$、$M_{i,L}^\alpha$、$\tilde{M}_{i,q}^\alpha$，存在矩阵 $\mathscr{S}_{i,q}^\alpha$、$\mathscr{U}_{i,q}^\alpha$、$\mathscr{M}_{i,q}^\alpha$、$\hat{M}_{i,q}^\alpha$、$\check{M}_{i,q}^\alpha$ $(q = 0, 1, \cdots, L-1)$，并且对于 $q = 0, 1, \cdots, L-1$，$T_k \in \{T_{\min}, T_{\max}\}$，$i \in \mathscr{N}$，$\alpha = 1, 2, \cdots, r$，有如下线性矩阵不等式成立：

$$\begin{bmatrix} \varUpsilon_{i1,q}^\alpha + T_k \varUpsilon_{i2,q}^\alpha & e_1^{\mathrm{T}} \varLambda_{i1,q}^\alpha \\ * & -\varLambda_{i2,q}^\alpha \end{bmatrix} < 0 \tag{7.53}$$

$$\begin{bmatrix} \varOmega_{i1,q+1}^\alpha + T_k \varOmega_{i2,q+1}^\alpha & e_1^{\mathrm{T}} \varLambda_{i1,q+1}^\alpha \\ * & -\varLambda_{i2,q+1}^\alpha \end{bmatrix} < 0 \tag{7.54}$$

$$\begin{bmatrix} \varDelta_{i1,L}^\alpha + T_k \varDelta_{i2,L}^\alpha & e_1^{\mathrm{T}} \varLambda_{i1,L}^\alpha \\ * & -\varLambda_{i2,L}^\alpha \end{bmatrix} < 0 \tag{7.55}$$

$$\begin{bmatrix} \varUpsilon_{i1,q}^\alpha & T_k (\tilde{M}_{i,q}^\alpha)^{\mathrm{T}} & e_1^{\mathrm{T}} \varLambda_{i1,q}^\alpha \\ * & -T_k R^\alpha & 0 \\ * & * & -\varLambda_{i2,q}^\alpha \end{bmatrix} < 0 \tag{7.56}$$

$$\begin{bmatrix} \varOmega_{i1,q+1}^\alpha & T_k (\tilde{M}_{i,q+1}^\alpha)^{\mathrm{T}} & e_1^{\mathrm{T}} \varLambda_{i1,q+1}^\alpha \\ * & -T_k R^\alpha & 0 \\ * & * & -\varLambda_{i2,q+1}^\alpha \end{bmatrix} < 0 \tag{7.57}$$

$$\begin{bmatrix} \varDelta_{i1,L}^\alpha & T_k (M_{i,L}^\alpha)^{\mathrm{T}} & e_1^{\mathrm{T}} \varLambda_{i1,L}^\alpha \\ * & -T_k R_{i,L}^\alpha & 0 \\ * & * & -\varLambda_{i2,L}^\alpha \end{bmatrix} < 0 \tag{7.58}$$

$$Q_{i,L}^{\alpha} - Q_{j,0}^{\alpha} < 0, \quad i \neq j \tag{7.59}$$

则非均匀采样凸多面体不确定马尔可夫跳变系统 (7.1) 是随机无源的，有非均匀采样控制器

$$K_i(t) = \begin{cases} \tilde{K}_i^{\alpha}(t)((1-u)Q_{i,q}^{\alpha} + uQ_{i,q+1}^{\alpha})^{-1}, & t \in \Lambda_{k,q}, \ q = 0, \ 1, \ \cdots, \ L-1 \\ \tilde{K}_{i,L}^{\alpha}(Q_{i,L}^{\alpha})^{-1}, & t \in \lambda_{k,L} \end{cases}$$

$$\tag{7.60}$$

并且 $\tilde{K}_i^{\alpha}(t) = (1-u)\tilde{K}_{i,q}^{\alpha} + u\tilde{K}_{i,q+1}^{\alpha}$, $u = \dfrac{L}{T_{\min}}(t - t_k - \theta_q)$。其中

$$\begin{aligned}
\varUpsilon_{i1,q}^{\alpha} = &\,\mathrm{He}\Big\{ e_1^{\mathrm{T}}Q_{i,q}^{\alpha}e_2 + ((1-u)(\check{M}_{i,q}^{\alpha})^{\mathrm{T}} + 2u(\mathscr{M}_{i,q}^{\alpha})^{\mathrm{T}} + (\hat{M}_{i,q}^{\alpha})^{\mathrm{T}})(e_1 - e_3) \\
&- e_1^{\mathrm{T}}Q_{i,q}^{\alpha}(D_i^{\alpha})^{\mathrm{T}}e_4 + e_3^{\mathrm{T}}(\tilde{K}_{i,q}^{\alpha})^{\mathrm{T}}(E_i^{\alpha})^{\mathrm{T}}e_4 - e_4^{\mathrm{T}}(F_i^{\alpha})^{\mathrm{T}}e_4 \\
&+ (-e_1^{\mathrm{T}}\lambda_i - e_2^{\mathrm{T}}\lambda_i - e_3^{\mathrm{T}}\lambda_i)(Q_{i,q}^{\alpha}e_2 - A_iQ_{i,q}^{\alpha}e_1 + B_i^{\alpha}\tilde{K}_{i,q}^{\alpha}e_3 - C_i^{\alpha}e_4)\Big\} \\
&+ e_1^{\mathrm{T}}\Big[-\frac{L}{T_{\min}}(Q_{i,q+1}^{\alpha} - Q_{i,q}^{\alpha}) + \pi_{ii}Q_{i,q}^{\alpha}\Big]e_1 - e_4^{\mathrm{T}}\gamma I e_4 \\
&- (e_1^{\mathrm{T}} - e_3^{\mathrm{T}})\Big\{ [(1-u)S_{i,q}^{\alpha} + 2u\mathcal{S}_{i,q}^{\alpha}](e_1 - e_3) + 2[(1-u)U_{i,q}^{\alpha} + 2u\mathcal{U}_{i,q}^{\alpha}]e_3\Big\}
\end{aligned}$$

$$\begin{aligned}
\varOmega_{i1,q+1}^{\alpha} = &\,\mathrm{He}\Big\{ e_1^{\mathrm{T}}Q_{i,q+1}^{\alpha}e_2 - e_1^{\mathrm{T}}Q_{i,q+1}^{\alpha}(D_i^{\alpha})^{\mathrm{T}}e_4 + (u\check{M}_{i,q+1}^{\alpha} + \hat{M}_{i,q+1}^{\alpha})^{\mathrm{T}}(e_1 - e_3) \\
&+ e_3^{\mathrm{T}}(\tilde{K}_{i,q+1}^{\alpha})^{\mathrm{T}}(E_i^{\alpha})^{\mathrm{T}}e_4 - e_4^{\mathrm{T}}(F_i^{\alpha})^{\mathrm{T}}e_4 \\
&+ (-e_1^{\mathrm{T}}\lambda_i - e_2^{\mathrm{T}}\lambda_i - e_3^{\mathrm{T}}\lambda_i)(Q_{i,q+1}^{\alpha}e_2 - A_i^{\alpha}Q_{i,q+1}^{\alpha}e_1 + B_i^{\alpha}\tilde{K}_{i,q+1}^{\alpha}e_3 - C_i^{\alpha}e_4)\Big\} \\
&+ e_1^{\mathrm{T}}\Big[-\frac{L}{T_{\max}}(Q_{i,q+1}^{\alpha} - Q_{i,q}^{\alpha}) + \pi_{ii}Q_{i,q+1}^{\alpha}\Big]e_1 - e_4^{\mathrm{T}}\gamma I e_4 \\
&- (e_1^{\mathrm{T}} - e_3^{\mathrm{T}})\Big[uS_{i,q+1}^{\alpha}(e_1 - e_3) + 2uU_{i,q+1}^{\alpha}e_3\Big]
\end{aligned}$$

$$\begin{aligned}
\varDelta_{i1,L}^{\alpha} = &\,\mathrm{He}\Big\{ e_1^{\mathrm{T}}Q_{i,L}^{\alpha}e_2 + (M_{i,L}^{\alpha})^{\mathrm{T}}(e_1 - e_3) - e_4^{\mathrm{T}}(F_i^{\alpha})^{\mathrm{T}}e_4 \\
&- e_1^{\mathrm{T}}Q_{i,L}^{\alpha}(D_i^{\alpha})^{\mathrm{T}}e_4 + e_3^{\mathrm{T}}(\tilde{K}_{i,L}^{\alpha})^{\mathrm{T}}(E_i^{\alpha})^{\mathrm{T}}e_4 \\
&+ (-e_1^{\mathrm{T}}\lambda_i - e_2^{\mathrm{T}}\lambda_i - e_3^{\mathrm{T}}\lambda_i)(Q_{i,L}^{\alpha}e_2 - A_i^{\alpha}Q_{i,L}^{\alpha}e_1 + B_i^{\alpha}\tilde{K}_{i,L}^{\alpha}e_3 - C_i^{\alpha}e_4)\Big\} \\
&+ e_1^{\mathrm{T}}\pi_{ii}Q_{i,L}^{\alpha}e_1 - e_4^{\mathrm{T}}\gamma I e_4 - (e_1^{\mathrm{T}} - e_3^{\mathrm{T}})\Big[S_{i,L}^{\alpha}(e_1 - e_3) + 2U_{i,L}^{\alpha}e_3\Big]
\end{aligned}$$

$$\varUpsilon_{i2,q}^{\alpha} = e_2^{\mathrm{T}}\Big\{ [(1-u)S_{i,q}^{\alpha} + 2u\mathcal{S}_{i,q}^{\alpha}](e_1 - e_3) + 2[(1-u)U_{i,q}^{\alpha} + 2u\mathcal{U}_{i,q}^{\alpha}]e_3\Big\}$$

$$+ (e_1^{\mathrm{T}} - e_3^{\mathrm{T}})\big[(1-u)S_{i,q}^{\alpha} + 2u\mathcal{S}_{i,q}^{\alpha}\big]e_2 + e_2^{\mathrm{T}}R_{i,q}^{\alpha}e_2$$

$$\Omega_{i2,q+1}^{\alpha} = e_2^{\mathrm{T}}\big[uS_{i,q+1}^{\alpha}(e_1-e_3) + 2uU_{i,q+1}^{\alpha}e_3\big] + (e_1^{\mathrm{T}} - e_3^{\mathrm{T}})uS_{i,q+1}^{\alpha}e_2 + e_2^{\mathrm{T}}R_{i,q+1}^{\alpha}e_2$$

$$\Delta_{i2,L}^{\alpha} = e_2^{\mathrm{T}}\big[S_{i,L}^{\alpha}(e_1-e_3) + 2U_{i,L}^{\alpha}e_3\big] + (e_1^{\mathrm{T}} - e_3^{\mathrm{T}})S_{i,L}^{\alpha}e_2 + e_2^{\mathrm{T}}R_{i,L}^{\alpha}e_2$$

$$\Lambda_{i1,q}^{\alpha} = \Big[\sqrt{\pi_{i,1}}Q_{i,q}^{\alpha}, \ \cdots, \ \sqrt{\pi_{i,i-1}}Q_{i,q}^{\alpha}, \ \sqrt{\pi_{i,i+1}}Q_{i,q}^{\alpha}, \ \cdots, \ \sqrt{\pi_{i,s}}Q_{i,q}^{\alpha}\Big]$$

$$\Lambda_{i2,q}^{\alpha} = \mathrm{diag}\Big\{Q_{1,q}^{\alpha}, \ \cdots, \ Q_{i-1,q}^{\alpha}, \ Q_{i+1,q}^{\alpha}, \ \cdots, \ Q_{s,q}^{\alpha}\Big\}$$

$$\Lambda_{i1,q+1}^{\alpha} = \Big[\sqrt{\pi_{i,1}}Q_{i,q+1}^{\alpha}, \ \cdots, \ \sqrt{\pi_{i,i-1}}Q_{i,q+1}^{\alpha}, \ \sqrt{\pi_{i,i+1}}Q_{i,q+1}^{\alpha}, \ \cdots, \ \sqrt{\pi_{i,s}}Q_{i,q+1}^{\alpha}\Big]$$

$$\Lambda_{i2,q+1}^{\alpha} = \mathrm{diag}\Big\{Q_{1,q+1}^{\alpha}, \ \cdots, \ Q_{i-1,q+1}^{\alpha}, \ Q_{i+1,q+1}^{\alpha}, \ \cdots, \ Q_{s,q+1}^{\alpha}\Big\}$$

$$\Lambda_{i1,L}^{\alpha} = \Big[\sqrt{\pi_{i,1}}Q_{i,L}^{\alpha}, \ \cdots, \ \sqrt{\pi_{i,i-1}}Q_{i,L}^{\alpha}, \ \sqrt{\pi_{i,i+1}}Q_{i,L}^{\alpha}, \ \cdots, \ \sqrt{\pi_{i,s}}Q_{i,L}^{\alpha}\Big]$$

$$\Lambda_{i2,L}^{\alpha} = \mathrm{diag}\Big\{Q_{1,L}^{\alpha}, \cdots, \ Q_{i-1,L}^{\alpha}, \ Q_{i+1,L}^{\alpha}, \cdots, Q_{s,L}^{\alpha}\Big\}$$

$$\mathscr{M}_{i,q}^{\alpha} = \Big[\mathscr{M}_{1i,q}^{\alpha} \quad \mathscr{M}_{2i,q}^{\alpha} \ \mathscr{M}_{3i,q}^{\alpha} \quad 0\Big]$$

$$M_{i,L}^{\alpha} = \Big[M_{1i,L}^{\alpha} \quad M_{2i,L}^{\alpha} \quad M_{3i,L}^{\alpha} \ M_{4i,L}^{\alpha}\Big]$$

$$\check{M}_{i,q}^{\alpha} = \Big[M_{1i,q}^{\alpha} \quad M_{2i,q}^{\alpha} \quad M_{3i,q}^{\alpha} \quad 0\Big]$$

$$\hat{M}_{i,q}^{\alpha} = \Big[0 \quad 0 \quad 0 \quad \hat{M}_{4i,q}^{\alpha}\Big]$$

$$\tilde{M}_{i,q}^{\alpha} = \Big[\tilde{M}_{1i,q}^{\alpha} \quad \tilde{M}_{2i,q}^{\alpha} \quad \tilde{M}_{3i,q}^{\alpha} \quad M_{4i}^{\alpha}\Big]$$

证明　构建如下参数依赖时变 Lyapunov 泛函和参数依赖环泛函：

$$\mathscr{W}_i(x(t)) = \mathscr{V}_i(x(t)) + \vartheta(x(t)) \tag{7.61}$$

其中，参数依赖时变 Lyapunov 泛函为

$$\mathscr{V}_i(x(t)) = \sum_{\alpha=1}^{r} \theta_{\alpha} x^{\mathrm{T}}(t)(Q_i^{\alpha}(t))^{-1}x(t) \tag{7.62}$$

并且

$$Q_i^{\alpha}(t) = \begin{cases} Q_i^{\alpha}(u), & t \in \lambda_{k,q}, \ q = 0, \ 1, \ \cdots, \ L-1 \\ Q_{i,L}^{\alpha}, & t \in \lambda_{k,L} \end{cases} \tag{7.63}$$

这里
$$Q_i^\alpha(u) = (1-u)Q_{i,q}^\alpha + uQ_{i,q+1}^\alpha$$

并且 $u = \dfrac{L}{T_{\min}}(t - t_k - \theta_q)$。参数依赖环泛函 $\vartheta(x(t))$ 已经在式 (7.7) 中给出。

令 $\mathscr{L}$ 是沿着系统 (7.1) 的随机过程 $\{x_t, r(t), t \geqslant 0\}$ 的弱无穷小算子，对任意 $r(t) = i$，有

$$\mathscr{L}\mathscr{V}_i(x(t)) = \sum_{\alpha=1}^{r} \theta_\alpha \Big[2x^{\mathrm{T}}(t)\big(Q_j^{-1}(t)\big)^\alpha \dot{x}(t) + x^{\mathrm{T}}(t)\sum_{j=1}^{s}\pi_{ij}\big(Q_i^{-1}(t)\big)^\alpha x(t)$$
$$- x^{\mathrm{T}}(t)\big(Q_i^{-1}(t)\big)^\alpha \big(\dot{Q}_i(t)\big)^\alpha \big(Q_i^{-1}(t)\big)^\alpha x(t)\Big], \quad t \in \lambda_{k,q}$$

$$\mathscr{L}\mathscr{V}_i(x(t)) = \sum_{\alpha=1}^{r} \theta_\alpha \Big[x^{\mathrm{T}}(t)\sum_{j=1}^{s}\pi_{ij}(Q_{j,L}^\alpha)^{-1}x(t) + 2x^{\mathrm{T}}(t)(Q_{i,L}^\alpha)^{-1}\dot{x}(t)\Big], \quad t \in \lambda_{k,L}$$

因此，由式 (7.10) $\sim$ 式 (7.12)，对于 $t \in [t_k, \ t_{k+1})$，有

$$\mathbb{E}\Big\{\mathscr{L}\mathscr{W}_{r(t)}\big(x(t)\big) - 2z^{\mathrm{T}}(t)w(t) - \gamma w^{\mathrm{T}}(t)w(t)\Big\} \leqslant \sum_{\alpha=1}^{r}\xi^{\mathrm{T}}(t)\theta_\alpha \Upsilon_i^\alpha(\delta, t)\xi(t)$$

对于 $t \in \lambda_{k,L}$，可以得到

$$\mathbb{E}\Big\{\mathscr{L}\mathscr{W}_{r(t)}(x(t)) - 2z^{\mathrm{T}}(t)w(t) - \gamma w^{\mathrm{T}}(t)w(t)\Big\} \leqslant \sum_{\alpha=1}^{r}\xi^{\mathrm{T}}(t)\theta_\alpha \Upsilon_i^\alpha(\delta)\xi(t)$$

其中
$$\Upsilon_i^\alpha(\delta, t) = \Upsilon_{i1}^\alpha(\delta) + (T_k - \delta)\Pi_{i2}^\alpha + \delta\Pi_{i3}^\alpha$$
$$\Upsilon_i^\alpha(\delta) = \Upsilon_{i1,L}^\alpha + (T_k - \delta)\Pi_{i2}^\alpha + \delta\Pi_{i3}^\alpha$$
$$\Pi_{i3}^\alpha = (M_i^\alpha)^{\mathrm{T}}(R^\alpha)^{-1}M_i^\alpha$$

在 $\Upsilon_i^\alpha(\delta, \ t)$ 两边乘以 $\mathrm{diag}\{Q_i^\alpha(t), \ Q_i^\alpha(t), \ Q_i^\alpha(t), \ I\}$，在 $\Upsilon_i^\alpha(\delta)$ 两边乘以 $\mathrm{diag}\{Q_{i,L}^\alpha, Q_{i,L}^\alpha, Q_{i,L}^\alpha, I\}$，定义下面新的变量：

$$R_{i,q}^\alpha = Q_{i,q}^\alpha R^\alpha Q_{i,q}^\alpha, \qquad R_{i,q+1}^\alpha = Q_{i,q+1}^\alpha R^\alpha Q_{i,q+1}^\alpha$$
$$R_{i,L}^\alpha = Q_{i,L}^\alpha R^\alpha Q_{i,L}^\alpha, \qquad S_{i,q}^\alpha = Q_{i,q}^\alpha S^\alpha Q_{i,q}^\alpha$$
$$S_{i,q+1}^\alpha = Q_{i,q+1}^\alpha S^\alpha Q_{i,q+1}^\alpha, \qquad S_{i,L}^\alpha = Q_{i,L}^\alpha S^\alpha Q_{i,L}^\alpha$$
$$U_{i,q}^\alpha = Q_{i,q}^\alpha U^\alpha Q_{i,q}^\alpha, \qquad U_{i,q+1}^\alpha = Q_{i,q+1}^\alpha U^\alpha Q_{i,q+1}^\alpha$$

$$U_{i,L}^{\alpha} = Q_{i,L}^{\alpha} U^{\alpha} Q_{i,L}^{\alpha}, \qquad M_{1i,q}^{\alpha} = Q_{i,q}^{\alpha} M_{1i}^{\alpha} Q_{i,q}^{\alpha}$$

$$M_{2i,q}^{\alpha} = Q_{i,q}^{\alpha} M_{2i}^{\alpha} Q_{i,q}^{\alpha}, \qquad M_{3i,q}^{\alpha} = Q_{i,q}^{\alpha} M_{3i}^{\alpha} Q_{i,q}^{\alpha}$$

$$M_{1i,q+1}^{\alpha} = Q_{i,q+1}^{\alpha} M_{1i}^{\alpha} Q_{i,q+1}^{\alpha}, \qquad \mathcal{S}_{i,q} = Q_{i,q} S Q_{i,q+1}$$

$$M_{2i,q+1}^{\alpha} = Q_{i,q+1}^{\alpha} M_{2i}^{\alpha} Q_{i,q+1}^{\alpha}, \qquad \mathcal{U}_{i,q} = Q_{i,q} U Q_{i,q+1}$$

$$M_{3i,q+1}^{\alpha} = Q_{i,q+1}^{\alpha} M_{3i}^{\alpha} Q_{i,q+1}^{\alpha}, \qquad M_{1i,L}^{\alpha} = Q_{i,L}^{\alpha} M_{1i}^{\alpha} Q_{i,L}^{\alpha}$$

$$M_{2i,L}^{\alpha} = Q_{i,L}^{\alpha} M_{2i}^{\alpha} Q_{i,L}^{\alpha}, \qquad M_{3i,L}^{\alpha} = Q_{i,L}^{\alpha} M_{3i}^{\alpha} Q_{i,L}^{\alpha}$$

$$M_{4i,q}^{\alpha} = Q_{i,q}^{\alpha} M_{4i}^{\alpha}, \qquad M_{4i,q+1}^{\alpha} = Q_{i,q+1}^{\alpha} M_{4i}^{\alpha}$$

$$M_{4i,L}^{\alpha} = Q_{i,L}^{\alpha} M_{4i}^{\alpha}, \qquad \hat{M}_{4i,q}^{\alpha} = Q_{i,q}^{\alpha} M_{4i}^{\alpha} Q_{i,q}^{\alpha}$$

$$\hat{M}_{4i,q+1}^{\alpha} = Q_{i,q+1}^{\alpha} M_{4i}^{\alpha} Q_{i,q+1}^{\alpha}, \qquad \hat{M}_{4i,L}^{\alpha} = Q_{i,L}^{\alpha} M_{4i}^{\alpha} Q_{i,L}^{\alpha}$$

$$\mathscr{M}_{1i,q}^{\alpha} = Q_{i,q}^{\alpha} M_{1i}^{\alpha} Q_{i,q+1}^{\alpha}, \qquad \mathscr{M}_{2i,q}^{\alpha} = Q_{i,q}^{\alpha} M_{2i}^{\alpha} Q_{i,q+1}^{\alpha}$$

$$\mathscr{M}_{3i,q}^{\alpha} = Q_{i,q}^{\alpha} M_{3i}^{\alpha} Q_{i,q+1}^{\alpha}, \qquad \tilde{M}_{1i,q}^{\alpha} = Q_{i,q}^{\alpha} M_{1i}^{\alpha}$$

$$\tilde{M}_{2i,q}^{\alpha} = Q_{i,q}^{\alpha} M_{2i}^{\alpha}, \qquad \tilde{M}_{3i,q}^{\alpha} = Q_{i,q}^{\alpha} M_{3i}^{\alpha}$$

$$\tilde{K}_{i,q}^{\alpha} = K_{i,q} Q_{i,q}^{\alpha}, \qquad \tilde{K}_{i,q+1}^{\alpha} = K_{i,q+1} Q_{i,q+1}^{\alpha}$$

$$\tilde{K}_{i,L}^{\alpha} = K_{i,L} Q_{i,L}^{\alpha}$$

然后，有

$$\Upsilon_{i}^{\alpha}(\delta) = (1-u)(\Upsilon_{i,q}^{\alpha}(\delta) + \mathcal{Q}_{ij,q}^{\alpha}) + u(\Omega_{i,q+1}^{\alpha}(\delta) + \mathcal{Q}_{ij,q+1}^{\alpha})$$

$$\Delta_{i}^{\alpha}(\delta) = \Delta_{i1,L}^{\alpha} + (T_k - \delta)\Delta_{i2,L}^{\alpha} + \delta\hat{\Upsilon}_{i3,L} + \mathcal{Q}_{ij,L}^{\alpha}$$

其中

$$\Upsilon_{i,q}^{\alpha}(\delta) = \Upsilon_{i1,q}^{\alpha} + (T_k - \delta)\Upsilon_{i2,q}^{\alpha} + \delta\Upsilon_{i3,q}^{\alpha}$$

$$\Omega_{i,q+1}^{\alpha}(\delta) = \Omega_{i1,q+1}^{\alpha} + (T_k - \delta)\Omega_{i2,q+1}^{\alpha} + \delta\Upsilon_{i3,q+1}^{\alpha}$$

$$\mathcal{Q}_{ij,q}^{\alpha} = \sum_{j=1,i\neq j}^{s} \pi_{ij} Q_{i,q}^{\alpha} (Q_{j,q}^{\alpha})^{-1} Q_{i,q}^{\alpha}$$

$$= \Lambda_{i1,q}^{\alpha}(\Lambda_{i2,q}^{\alpha})^{-1}(\Lambda_{i1,q}^{\alpha})^{\mathrm{T}}$$

$$\mathcal{Q}_{ij,q+1}^{\alpha} = \sum_{j=1,i\neq j}^{s} \pi_{ij} Q_{i,q+1}^{\alpha} (Q_{j,q+1}^{\alpha})^{-1} Q_{i,q+1}^{\alpha}$$

$$= \Lambda_{i1,q+1}^{\alpha}(\Lambda_{i2,q+1}^{\alpha})^{-1}(\Lambda_{i1,q+1}^{\alpha})^{\mathrm{T}}$$

$$\mathbb{Q}_{ij,L}^{\alpha} = \sum_{j=1,i\neq j}^{s} \pi_{ij} Q_{i,L}^{\alpha}(Q_{j,L}^{\alpha})^{-1} Q_{i,L}^{\alpha}$$

$$= \Lambda_{i1,L}^{\alpha}(\Lambda_{i2,L}^{\alpha})^{-1}(\Lambda_{i1,L}^{\alpha})^{\mathrm{T}}$$

$$\Upsilon_{i3,q}^{\alpha} = (\tilde{M}_{i,q}^{\alpha})^{\mathrm{T}} R^{\alpha} \tilde{M}_{i,q}^{\alpha} \Upsilon_{i3,q+1}^{\alpha}$$

$$= (\tilde{M}_{i,q+1}^{\alpha})^{\mathrm{T}} R^{\alpha} \tilde{M}_{i,q+1}^{\alpha} \hat{\Upsilon}_{i3,L}^{\alpha}$$

$$= (M_{i,L}^{\alpha})^{\mathrm{T}} R^{\alpha} M_{i,L}^{\alpha}$$

由于 $\Upsilon_{i,q}^{\alpha}(\delta)$、$\Omega_{i,q+1}^{\alpha}(\delta)$、$\Delta_{i,L}^{\alpha}(\delta)$ 关于 δ 是仿射的, 则 $\Upsilon_{i,q}^{\alpha}(\delta)$、$\Omega_{i,q+1}^{\alpha}(\delta)$、$\Delta_{i,L}^{\alpha}(\delta)$ 是 δ 的凸组合。由凸集性质, 属于该集合的任意数量的点的凸组合仍然在该集合内。因此, 在有限集合 $\delta \in \{0, T_k\}$ 上对其进行检验负定是必要且充分的。当 $\delta = 0$ 时, 由 Schur 补引理 1.2, $\Upsilon_{i,q}(0) + \mathbb{Q}_{ij,q} < 0$ 等价于式 (7.53), $\Omega_{i,q+1}(0) + \mathbb{Q}_{ij,q+1} < 0$ 等价于式 (7.54), $\Delta_i(0) < 0$ 等价于式 (7.55)。当 $\delta = T_k$ 时, 由 Schur 补引理 1.2, $\Upsilon_{i,q}(T_k) + \mathbb{Q}_{ij,q} < 0$ 等价于式 (7.56), $\Omega_{i,q+1}(T_k) + \mathbb{Q}_{ij,q+1} < 0$ 等价于式 (7.57), $\Delta_i(T_k) < 0$ 等价式 (7.58)。在采样时刻 t_k, 由式 (7.59) 可以保证在采样时刻给定的泛函 (7.61) 是非增的。因此, 可得非均匀采样控制器 (7.60) 保证系统 (7.1) 是随机无源的。证毕。

由定理 7.4, 得到了非均匀采样标称马尔可夫跳变系统 (7.18) 非均匀采样控制器设计方法。

推论 7.4 给定常数 $\lambda_i > 0$, 对于 $q = 0, 1, \cdots, L$, 如果存在正定矩阵 $Q_{i,q}$、$R_{i,q}$、R, 矩阵 $S_{i,q}$、$U_{i,q}$、$M_{i,L}$、$\tilde{M}_{i,q}$, 存在矩阵 $\mathcal{S}_{i,q}$、$\mathcal{U}_{i,L}$、$\mathcal{M}_{i,q}$、$\hat{M}_{i,q}$、$\check{M}_{i,q}$ ($q = 0, 1, \cdots, L-1$), 并且对于 $q = 0, 1, \cdots, L-1$, $i \in \mathcal{N}$, $T_k \in \{T_{\min}, T_{\max}\}$, $\alpha = 1, 2, \cdots, r$, 有如下线性矩阵不等式成立:

$$\begin{bmatrix} \Upsilon_{i1,q} + T_k \Upsilon_{i2,q} & e_1^{\mathrm{T}} \Lambda_{i1,q} \\ * & -\Lambda_{i2,q} \end{bmatrix} < 0 \tag{7.64}$$

$$\begin{bmatrix} \Omega_{i1,q+1} + T_k \Omega_{i2,q+1} & e_1^{\mathrm{T}} \Lambda_{i1,q+1} \\ * & -\Lambda_{i2,q+1} \end{bmatrix} < 0 \tag{7.65}$$

$$\begin{bmatrix} \Delta_{i1,L} + T_k \Delta_{i2,L} & e_1^{\mathrm{T}} \Lambda_{i1,L} \\ * & -\Lambda_{i2,L} \end{bmatrix} < 0 \tag{7.66}$$

$$\begin{bmatrix} \Upsilon_{i1,q} & T_k \tilde{M}_{i,q}^{\mathrm{T}} & e_1^{\mathrm{T}} \Lambda_{i1,q} \\ * & -T_k R & 0 \\ * & * & -\Lambda_{i2,q} \end{bmatrix} < 0 \tag{7.67}$$

$$\begin{bmatrix} \Omega_{i1,q+1} & T_k\tilde{M}_{i,q+1}^{\mathrm{T}} & e_1^{\mathrm{T}}\Lambda_{i1,q+1} \\ * & -T_kR & 0 \\ * & * & -\Lambda_{i2,q+1} \end{bmatrix} < 0 \tag{7.68}$$

$$\begin{bmatrix} \Delta_{i1,L} & T_kM_{i,L}^{\mathrm{T}} & e_1^{\mathrm{T}}\Lambda_{i1,L} \\ * & -T_kR_{i,L} & 0 \\ * & * & -\Lambda_{i2,L} \end{bmatrix} < 0 \tag{7.69}$$

$$Q_{i,L} - Q_{j,0} < 0, \quad i \neq j \tag{7.70}$$

则非均匀采样标称马尔可夫跳变系统 (7.18) 是随机无源的，并且有非均匀采样控制器

$$K_i(t) = \begin{cases} \tilde{K}_i(t)((1-u)Q_{i,q} + uQ_{i,q+1})^{-1}, & t \in \lambda_{k,q}, \ q = 0, \ 1, \ \cdots, \ L-1 \\ \tilde{K}_{i,L}(Q_{i,L})^{-1}, & t \in \lambda_{k,L} \end{cases} \tag{7.71}$$

且 $\tilde{K}_i(t) = (1-u)\tilde{K}_{i,q} + u\tilde{K}_{i,q+1}, \ u = \dfrac{L}{T_{\min}}(t - t_k - \theta_q)$。其中

$$\begin{aligned} \Upsilon_{i1,q} = {}& \mathrm{He}\Big\{ e_1^{\mathrm{T}}Q_{i,q}e_2 + [(1-u)\check{M}_{i,q}^{\mathrm{T}} + 2u\mathscr{M}_{i,q}^{\mathrm{T}} + \hat{M}_{i,q}^{\mathrm{T}}](e_1 - e_3) - e_1^{\mathrm{T}}Q_{i,q}D_i^{\mathrm{T}}e_4 \\ & + e_3^{\mathrm{T}}\tilde{K}_{i,q}^{\mathrm{T}}E_i^{\mathrm{T}}e_4 - e_4^{\mathrm{T}}F_i^{\mathrm{T}}e_4 + (-e_1^{\mathrm{T}}\lambda_i - e_2^{\mathrm{T}}\lambda_i - e_3^{\mathrm{T}}\lambda_i) \\ & \times (Q_{i,q}e_2 - A_iQ_{i,q}e_1 + B_i\tilde{K}_{i,q}e_3 - C_ie_4)\Big\} \\ & + e_1^{\mathrm{T}}\Big[-\frac{L}{T_{\min}}(Q_{i,q+1} - Q_{i,q}) + \pi_{ii}Q_{i,q}\Big]e_1 - e_4^{\mathrm{T}}\gamma Ie_4 \\ & - (e_1^{\mathrm{T}} - e_3^{\mathrm{T}})\Big\{ [(1-u)S_{i,q} + 2u\mathcal{S}_{i,q}](e_1 - e_3) + 2[(1-u)U_{i,q} + 2u\mathcal{U}_{i,q}]e_3 \Big\} \end{aligned}$$

$$\begin{aligned} \Omega_{i1,q+1} = {}& \mathrm{He}\Big\{ e_1^{\mathrm{T}}Q_{i,q+1}e_2 + (u\check{M}_{i,q+1} + \hat{M}_{i,q+1})^{\mathrm{T}}(e_1 - e_3) - e_1^{\mathrm{T}}Q_{i,q+1}D_i^{\mathrm{T}}e_4 \\ & + e_3^{\mathrm{T}}\tilde{K}_{i,q+1}^{\mathrm{T}}E_i^{\mathrm{T}}e_4 - e_4^{\mathrm{T}}F_i^{\mathrm{T}}e_4 + (-e_1^{\mathrm{T}}\lambda_i - e_2^{\mathrm{T}}\lambda_i - e_3^{\mathrm{T}}\lambda_i) \\ & \times (Q_{i,q+1}e_2 - A_iQ_{i,q+1}e_1 + B_i\tilde{K}_{i,q+1}e_3 - C_ie_4)\Big\} - e_4^{\mathrm{T}}\gamma Ie_4 \\ & + e_1^{\mathrm{T}}\Big[-\frac{L}{T_{\max}}(Q_{i,q+1} - Q_{i,q}) + \pi_{ii}Q_{i,q+1}\Big]e_1 \\ & - (e_1^{\mathrm{T}} - e_3^{\mathrm{T}})\big[uS_{i,q+1}(e_1 - e_3) + 2uU_{i,q+1}e_3 \big] \end{aligned}$$

$$\Delta_{i1,L} = \mathrm{He}\Big\{ e_1^{\mathrm{T}}Q_{i,L}e_2 + M_{i,L}^{\mathrm{T}}(e_1 - e_3) + e_1^{\mathrm{T}}Q_{i,L}D_i^{\mathrm{T}}e_4 + e_3^{\mathrm{T}}\tilde{K}_{i,L}^{\mathrm{T}}E_i^{\mathrm{T}}e_4 - e_4^{\mathrm{T}}F_i^{\mathrm{T}}e_4$$

$$+ (-e_1^\mathrm{T}\lambda_i - e_2^\mathrm{T}\lambda_i - e_3^\mathrm{T}\lambda_i)(Q_{i,L}e_2 - A_iQ_{i,L}e_1 + B_i\tilde{K}_{i,L}e_3 - C_ie_4)\Big\}$$

$$+ e_1^\mathrm{T}\pi_{ii}Q_{i,L}e_1 - e_4^\mathrm{T}\gamma Ie_4 - (e_1^\mathrm{T} - e_3^\mathrm{T})[S_{i,L}(e_1 - e_3) + 2U_{i,L}e_3]$$

$$\varUpsilon_{i2,q} = e_2^\mathrm{T}\{[(1-u)S_{i,q} + 2u\mathcal{S}_{i,q}](e_1 - e_3) + 2[(1-u)U_{i,q} + 2u\mathcal{U}_{i,q}]e_3\}$$

$$+ (e_1^\mathrm{T} - e_3^\mathrm{T})[(1-u)S_{i,q} + 2u\mathcal{S}_{i,q}]e_2 + e_2^\mathrm{T}R_{i,q}e_2$$

$$\varOmega_{i2,q+1} = e_2^\mathrm{T}[uS_{i,q+1}(e_1 - e_3) + 2uU_{i,q+1}e_3] + (e_1^\mathrm{T} - e_3^\mathrm{T})uS_{i,q+1}e_2 + e_2^\mathrm{T}R_{i,q+1}e_2$$

$$\varDelta_{i2,L} = e_2^\mathrm{T}[S_{i,L}(e_1 - e_3) + 2U_{i,L}e_3] + (e_1^\mathrm{T} - e_3^\mathrm{T})S_{i,L}e_2 + e_2^\mathrm{T}R_{i,L}e_2$$

$$\varLambda_{i1,q} = \left[\sqrt{\pi_{i,1}}Q_{i,q}, \; \cdots, \; \sqrt{\pi_{i,i-1}}Q_{i,q}, \; \sqrt{\pi_{i,i+1}}Q_{i,q}, \; \cdots, \; \sqrt{\pi_{i,s}}Q_{i,q}\right]$$

$$\varLambda_{i2,q} = \mathrm{diag}\Big\{Q_{1,q}, \; \cdots, \; Q_{i-1,q}, \; Q_{i+1,q}, \; \cdots, \; Q_{s,q}\Big\}$$

$$\varLambda_{i1,q+1} = \left[\sqrt{\pi_{i,1}}Q_{i,q+1}, \; \cdots, \; \sqrt{\pi_{i,i-1}}Q_{i,q+1}, \; \sqrt{\pi_{i,i+1}}Q_{i,q+1}, \; \cdots, \; \sqrt{\pi_{i,s}}Q_{i,q+1}\right]$$

$$\varLambda_{i2,q+1} = \mathrm{diag}\Big\{Q_{1,q+1}, \; \cdots, \; Q_{i-1,q+1}, \; Q_{i+1,q+1}, \; \cdots, \; Q_{s,q+1}\Big\}$$

$$\varLambda_{i1,L} = \left[\sqrt{\pi_{i,1}}Q_{i,L}, \; \cdots, \; \sqrt{\pi_{i,i-1}}Q_{i,L}, \; \sqrt{\pi_{i,i+1}}Q_{i,L}, \; \cdots, \; \sqrt{\pi_{i,s}}Q_{i,L}\right]$$

$$\varLambda_{i2,L} = \mathrm{diag}\Big\{Q_{1,L}, \; \cdots, \; Q_{i-1,L}, \; Q_{i+1,L}, \; \cdots, \; Q_{s,L}\Big\}$$

$$\mathscr{M}_{i,q} = \begin{bmatrix} \mathscr{M}_{1i,q} & \mathscr{M}_{2i,q} & \mathscr{M}_{3i,q} & 0 \end{bmatrix}$$

$$M_{i,L} = \begin{bmatrix} M_{1i,L} & M_{2i,L} & M_{3i,L} & M_{4i,L} \end{bmatrix}$$

$$\check{M}_{i,p} = \begin{bmatrix} M_{1i,p} & M_{2i,p} & M_{3i,p} & 0 \end{bmatrix}$$

$$\hat{M}_{i,q} = \begin{bmatrix} 0 & 0 & 0 & \hat{M}_{4i,q} \end{bmatrix}$$

$$\tilde{M}_{i,q} = \begin{bmatrix} \tilde{M}_{1i,q} & \tilde{M}_{2i,q} & \tilde{M}_{3i,q} & M_{4i} \end{bmatrix}$$

7.5 数 值 仿 真

例 7.1 对于 $r(t) = 1, 2$, $\alpha = 1, 2$, 考虑非均匀采样凸多面体不确定马尔可夫跳变系统 (7.1), 假设系统矩阵为

$$A_1^\alpha = \begin{bmatrix} 0.1 & 0.2 \\ 0.54 & 0.4\alpha - 1.8 \end{bmatrix}, \quad A_2^\alpha = \begin{bmatrix} -0.4\alpha & 0 \\ 5 & 0.5 \end{bmatrix}$$

$$B_1^\alpha = \begin{bmatrix} 0.25 - 0.3\alpha \\ -0.1 \end{bmatrix}, \quad B_2^\alpha = \begin{bmatrix} 0.08 - 0.3\alpha \\ -0.25 \end{bmatrix}$$

$$C_1^\alpha = \begin{bmatrix} 0.18 \\ 0.3\alpha - 0.99 \end{bmatrix}, \quad C_2^\alpha = \begin{bmatrix} -0.48 \\ 0.84 - 0.3\alpha \end{bmatrix}$$

$$D_1^\alpha = \begin{bmatrix} -1.82 \\ 0.2\alpha - 0.45 \end{bmatrix}, \quad D_2^\alpha = \begin{bmatrix} 0.2\alpha - 0.45 \\ 0 \end{bmatrix}$$

$$E_1^\alpha = 1.2 - 0.2\alpha, \quad E_2^\alpha = 0$$

$$F_1^\alpha = 1.2 - 0.2\alpha, \quad F_2^\alpha = 2.4 - 0.4\alpha$$

$$\pi_{11} = -1, \quad \pi_{12} = 1, \quad \pi_{21} = 0.3, \quad \pi_{22} = -0.3$$

$$K_i = [-5.6353 \quad -6.1540]$$

令 $T_k = T_{\min} = T_{\max}$，非均匀采样系统 (7.1) 可以转化成均匀采样系统。通过求解定理 7.1 中的不等式，得到的采样间隔是 0.4086s。

由定理 7.1 和定理 7.2，对于不同的采样间隔 T_k，表 7.1 列出了求得的最小无源增益 γ，可以看出定理 7.1 比定理 7.2 获得更小的无源增益 γ。随着分段数量 L 的增加，定理 7.2 获得的最小无源增益 γ 逐渐接近于定理 7.1 获得的最小无源增益 γ。

表 7.1　例 7.1 的最小无源增益 γ

方法	$T_k = 0.10$s	$T_k = 0.20$s	$T_k = 0.30$s	$T_k = 0.35$s	$T_k = 0.40$s
定理 7.1	0.4363	0.6716	0.9909	1.2147	2.4799
定理 7.2 (L=1)	1.2823	1.5373	1.8765	2.1007	4.7890
定理 7.2 (L=2)	1.1214	1.1900	1.3399	1.4798	3.5969
定理 7.2 (L=5)	1.1153	1.1659	1.2823	1.4011	2.7111
定理 7.2 (L=10)	1.1132	1.1578	1.2647	1.3799	2.4799
定理 7.2 (L=20)	1.1128	1.1539	1.2565	1.3706	2.4799
定理 7.2 (L=30)	1.1114	1.1498	1.2532	1.3657	2.4799
定理 7.2 (L=60)	1.1058	1.1456	1.2467	1.3623	2.4799
定理 7.2 (L=100)	1.1003	1.1408	1.2409	1.3564	2.4799

例 7.2　考虑多功能污水处理系统模型 [204]，建模为具有采样反馈的连续时间马尔可夫跳跃系统 (7.18)。对于 $r(t) = 1, 2$，假设系统矩阵为

$$A_1 = \begin{bmatrix} 0.11 & 1.84 \\ 0.19 & 1.39 \end{bmatrix}, \quad B_1 = \begin{bmatrix} 1 & 0 \\ 0 & 1 \end{bmatrix}$$

$$A_2 = \begin{bmatrix} 1.27 & 0.03 \\ 0.28 & 1.15 \end{bmatrix}, \quad B_2 = \begin{bmatrix} 1 & 0 \\ 0 & 1 \end{bmatrix}$$

$$C_1 = \begin{bmatrix} 0.42 \\ 0.36 \end{bmatrix}, \quad C_2 = \begin{bmatrix} 0.12 \\ 0.36 \end{bmatrix}$$

$$D_1 = \begin{bmatrix} 0.41 & 0.17 \end{bmatrix}, \quad D_2 = \begin{bmatrix} 0.06 & 0.45 \end{bmatrix}$$

$$E_1 = \begin{bmatrix} 0.36 & 1.45 \end{bmatrix}, \quad E_2 = \begin{bmatrix} 0.25 & 0.87 \end{bmatrix}$$

$$F_1 = 0.19, \quad F_2 = 0.52$$

$$K_1 = K_2 = \begin{bmatrix} 1.7394 & 0.1413 \\ 0.1181 & 2.1013 \end{bmatrix}, \quad \Pi = \begin{bmatrix} -e-1 & e+1 \\ e & -e \end{bmatrix}$$

在表 7.2 中, 当 $T_k > 0.6\text{s}$ 时, 通过本章方法求得的最小无源增益 γ 比文献 [204] 方法求得的最小无源增益 γ 小。当 $T_k > 0.6\text{s}$ 时, 本章给出的方法可获得保守性更低的结果。随着分段 L 的增加, 推论 7.2 获得的最小无源增益 γ 逐渐接近于推论 7.1 获得的最小无源增益 γ。在表 7.3 中, 列出了文献 [204]、推论 7.2 和推论 7.1 求得的采样间隔上界。显然, 本章给出的方法可以获得更大的采样间隔上界。随着分段 L 的增加, 推论 7.2 获得的采样间隔上界逐渐趋近于推论 7.1 获得的采样间隔上界。

表 7.2　例 7.2 的最小无源增益 γ

方法	$T_k = 0.10\text{s}$	$T_k = 0.30\text{s}$	$T_k = 0.60\text{s}$	$T_k = 0.65\text{s}$	$T_k = 0.70\text{s}$
文献 [204]	2.2683	2.2765	3.0581	16.9836	—
推论 7.1	2.3124	2.4727	2.7782	2.8601	2.9703
推论 7.2 ($L=1$)	3.7983	3.8124	3.7292	3.8316	3.9974
推论 7.2 ($L=2$)	2.6246	2.8860	3.2534	3.3477	3.4785
推论 7.2 ($L=10$)	2.3285	2.5145	2.8760	2.9688	3.0939
推论 7.2 ($L=20$)	2.3159	2.4740	2.8108	2.9005	3.0223
推论 7.2 ($L=30$)	2.3143	2.4729	2.7943	2.8830	3.0029
推论 7.2 ($L=60$)	2.3135	2.4728	2.7854	2.8721	2.9893
推论 7.2 ($L=100$)	2.3133	2.4728	2.7835	2.8625	2.9783

例 7.3　考虑直升机模型 [204], 建模成凸多面体不确定马尔可夫跳变系统 (7.18)。表 7.4 列出了受空速变化影响的性能参数 $a_{32}(\varepsilon(t))$、$a_{34}(\varepsilon(t))$ 和 $b_{21}(\varepsilon(t))$。

假设系统矩阵为

表 7.3　例 7.2 的最大采样间隔上界

方法	最大采样间隔上界 $T_{\max}$/s
文献 [204]	0.6557
推论 7.1	0.9157
推论 7.2 (L=1,2,3,4)	0.9113, 0.9134, 0.9138, 0.9140
推论 7.2 (L=5,6,7,13)	0.9141, 0.9142, 0.9143, 0.9146
推论 7.2 (L=20,40,50,100)	0.9147, 0.9148, 0.9149, 0.9150

$$A_i = \begin{bmatrix} -0.0366 & 0.0271 & 0.0188 & -0.4555 \\ 0.0482 & -1.01 & 0.0024 & -4.0208 \\ 0.1002 & a_{32}(\varepsilon(t)) & -0.707 & a_{34}(\varepsilon(t)) \\ 0 & 0 & 1 & 0 \end{bmatrix}$$

$$B_i = \begin{bmatrix} 0.4422 & 0.1761 \\ b_{21}(\varepsilon(t)) & -7.5922 \\ -5.5200 & 4.4900 \\ 0 & 0 \end{bmatrix}, \quad C_i^{\mathrm{T}} = \begin{bmatrix} I_{4\times4} \\ 0_{4\times2} \end{bmatrix}^{\mathrm{T}}$$

$$D_i = \begin{bmatrix} I_{4\times4} \\ 0_{2\times4} \end{bmatrix}, \quad E_i = \begin{bmatrix} 0_{4\times2} \\ I_{2\times2} \end{bmatrix}$$

$$\Pi = \begin{bmatrix} -6.7057 & 5.7057 & 1.0000 \\ 2.0000 & -5.5631 & 3.5631 \\ 3.0000 & 5.8406 & -8.8406 \end{bmatrix}, \quad F_i = I_{6\times6}$$

假设 $\lambda_1 = 0.5$, $\lambda_2 = 0.5$, $L = 2$, $T_{\min} = 0.1$s, $T_{\max} = 0.18$s, $t_k = 0.1$。当 $q = 0$ 时，令 $t = 0.12$。当 $q = 1$ 时，令 $t = 0.17$。求解推论 7.2 的不等式，得到的采样控制增益矩阵如下：

$$K_{1,q=0} = \begin{bmatrix} 0.2277 & -0.0712 & -0.4136 & -0.2198 \\ 0.0567 & -0.1612 & -0.0728 & 0.3566 \end{bmatrix}$$

$$K_{1,q=1} = \begin{bmatrix} 1.0432 & -0.0267 & -2.1293 & -1.6342 \\ 0.0734 & -0.6435 & -0.0423 & 1.1135 \end{bmatrix}$$

$$K_{1,q=2} = \begin{bmatrix} 0.3321 & -0.0732 & -0.3233 & -0.2792 \\ 0.0432 & -0.2434 & -0.1819 & 0.3432 \end{bmatrix}$$

$$K_{2,q=0} = \begin{bmatrix} 0.3025 & -0.1770 & -0.4861 & -0.5063 \\ 0.1526 & -0.1857 & -0.2181 & 0.1469 \end{bmatrix}$$

$$K_{2,q=1} = \begin{bmatrix} 0.7251 & -0.3238 & -1.2154 & -1.2346 \\ 0.3232 & -0.4431 & -0.3745 & 0.3212 \end{bmatrix}$$

$$K_{2,q=2} = \begin{bmatrix} 0.3245 & -0.1342 & -0.5325 & -0.5124 \\ 0.1534 & -0.1764 & -0.2432 & 0.1321 \end{bmatrix}$$

$$K_{3,q=0} = \begin{bmatrix} 0.6423 & -0.2064 & -0.7432 & -1.2321 \\ 0.4432 & -0.2764 & -0.4523 & -0.4132 \end{bmatrix}$$

$$K_{3,q=1} = \begin{bmatrix} 2.1212 & -0.4755 & -4.7532 & -5.1245 \\ 1.4732 & -1.4723 & -2.7532 & -1.6435 \end{bmatrix}$$

$$K_{3,q=2} = \begin{bmatrix} 0.7034 & -0.2632 & -0.7653 & -1.3876 \\ 0.4834 & -0.3365 & -0.5367 & -0.4534 \end{bmatrix}$$

令系统 (7.18) 初始值 $x(0) = [-4 \quad 6 \quad -6 \quad 5]^{\mathrm{T}}$,干扰输入 $w(t) = \dfrac{2d(t)}{1 + 0.1 \times t^2} \times$ $[1\ 1\ 1\ 1]^{\mathrm{T}}$, $d(t)$ 为随机常数,服从 $[0,1]$ 上的均匀分布。

表 7.4 $a_{32}(\varepsilon(t))$、$a_{34}(\varepsilon(t))$ 和 $b_{21}(\varepsilon(t))$ 对应的参数值

空速/节	$a_{32}(\varepsilon(t))$	$a_{34}(\varepsilon(t))$	$b_{21}(\varepsilon(t))$
60	0.0664	0.1198	0.9775
135	0.3681	1.4200	3.5446
170	0.5047	2.5460	5.1120

利用求得的采样控制器,得到采样控制下的系统状态轨迹和马尔可夫跳变信号,如图 7.1 所示。图 7.2 给出了对应的控制输入和非均匀采样间隔。因此,验证了本章给出的方法是有效的。

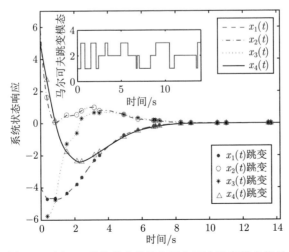

图 7.1 例 7.3 系统状态轨迹和马尔可夫跳变模态信号

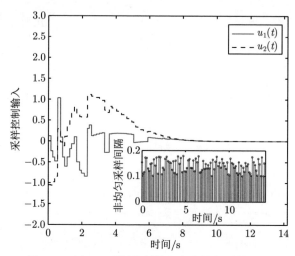

图 7.2　例 7.3 采样控制输入和非均匀采样间隔

7.6　本 章 小 结

　　本章通过构建参数依赖 Lyapunov 泛函和参数依赖环泛函，给出了非均匀采样凸多面体不确定马尔可夫跳变系统的随机无源性条件，设计了采样控制器。作为推论，得到了非均匀采样标称马尔可夫跳变线性系统的随机无源性条件和采样控制器设计方法。更进一步，构建了参数依赖环泛函和参数依赖时变 Lyapunov 泛函，给出非均匀采样凸多面体不确定马尔可夫跳变系统和非均匀采样标称马尔可夫跳变系统的随机无源性条件和非均匀采样控制器设计方法。数值仿真验证了本章方法的有效性，与已有相关文献中的结果相比，本章提出的方法可获得更大的采样间隔上界。

第 8 章 参数不确定网络化控制系统的事件触发控制

8.1 引 言

近年来，研究者提出了很多不同的事件触发条件，如相对触发条件[18]、绝对条件[114,115,132]、混合条件[117] 和基于 Lyapunov 函数的事件触发条件[110,144] 等。同时，为了避免出现芝诺现象，周期性事件触发策略[121,206] 和带有时间正则化的事件触发策略[125] 等方法也得到了广泛研究。此外，动态事件触发方法[146,207] 能够在保持系统性能相近的前提下进一步增加事件触发间隔。文献 [147] 尝试总结了不同的动态事件触发方法，并将它们纳入一个一般的框架中。总体来说，这些研究考虑的都是确定性系统，即为了分析的方便忽略了系统中存在的模型参数不确定性，而这种不确定性恰恰是广泛存在于实际系统当中的，并且常常不可忽视。关于针对参数不确定系统的事件触发控制，现有的研究较少。其中，文献 [208] 研究了线性系统的参数不确定性仅存在于系统矩阵 A 之中的情形；而文献 [127] 虽然研究了比较一般的情形，但是没有给出可以计算的系统稳定性充分条件。此外，网络化控制系统中由于网络带宽的限制，广泛存在着数据丢包的情形。这种数据上的不连续通信有可能导致系统性能的降低，甚至不再保持稳定。另外，在数字控制系统中常常需要将信号进行量化处理，在这个过程中产生的量化误差，同样会对控制系统的稳定性和动态性能造成影响。为此，需要考虑参数不确定系统中带有数据丢包和量化器的情形。Wang 等[209] 研究了系统矩阵和输出矩阵中带有参数不确定性的线性系统，并且考虑了存在随机数据丢包情况下系统的均方指数稳定性；然而没有考虑系统的输入矩阵不确定性，也没有分析量化误差造成的影响。Guan 等[210] 考虑了带有量化误差情况下线性系统的事件触发控制，通过线性矩阵不等式等工具，得到保证闭环系统最终一致有界的充分条件，但没有考虑系统的参数不确定性和数据丢包对系统性能的影响。

在本章中，首先针对参数不确定性同时存在于系统矩阵 A、输入矩阵 B 和输出矩阵 C 的一般情形，研究基于观测器的线性系统的事件触发控制。为了处理这些参数不确定性，采用 H_∞ 控制中处理参数不确定性的经典方法[181,211,212]。对于事件触发条件，在控制器端和观测器端同时使用绝对事件触发条件。在具体分析中，可以看到这种触发条件在保证系统的事件分离性方面优势显著：可以保证事件触发控制系统在一定条件下达到最终有界，并且这个界限可以通过调节事件触发条件中的参数来改变。然后针对参数不确定性同时存在于系统矩阵 A、输入矩阵 B 和输出矩阵 C 的一般情形，研究带有数据丢包和动态量化器的线性系统的事件触发控制。为此，考虑基于动态量化器的混合事件触发条件，并且通过构造 Lyapunov 函数得到了保证线性系统均值最终有界的充分条件。最后通过数值仿真验证本章所提出方法的有效性。

8.2　参数不确定连续时间线性系统的事件触发控制

8.2.1　问题描述

考虑如下参数不确定线性系统：

$$
\begin{aligned}
\dot{x}(t) &= (A + \Delta A)x(t) + (B + \Delta B)u(t) \\
y(t) &= (C + \Delta C)x(t)
\end{aligned}
\tag{8.1}
$$

其中，$x(t) \in \mathbb{R}^n$ 是系统的状态变量；$u(t) \in \mathbb{R}^m$ 是控制输入；$y(t) \in \mathbb{R}^r$ 是系统输出；$A \in \mathbb{R}^{n \times n}$，$B \in \mathbb{R}^{n \times m}$，$C \in \mathbb{R}^{n \times n}$。假设 (A, B) 是可控的，且 (A, C) 是可观测的。此外，对于系统中的参数不确定性矩阵 ΔA、ΔB 和 ΔC，有如下假设。

假设 8.1　令

$$
\begin{cases}
\Delta A = H_1 F(t) E_1 \\
\Delta B = H_1 F(t) E_2 \\
\Delta C = H_2 F(t) E_1
\end{cases}
\tag{8.2}
$$

其中，H_1、H_2、E_1 和 E_2 是已知的适维的常数实矩阵；$F(t)$ 是一个未知的时变矩阵，且满足不等式 $F^{\mathrm{T}}(t)F(t) < I$。

在本节中，假设传感器具有足够的计算能力以支撑如下式所示的全维状态观测器：

$$
\dot{\hat{x}}(t) = A\hat{x}(t) + Bu(t) + L(y(t) - C\hat{x}(t))
\tag{8.3}
$$

其中，$\hat{x}(t) \in \mathbb{R}^n$ 表示观测器的状态；L 为观测器增益矩阵。相应地，系统的控制器为

$$
u(t) = K\hat{x}(t)
\tag{8.4}
$$

其中，K 为控制器增益矩阵。

不同于传统的周期性数据采样，本节考虑控制器端和传感器端都进行事件触发采样的情形，也就是说，数据传输只有在满足一定的事件触发条件的情况下才会发生。在此采取绝对事件触发条件，这对于保证系统的事件分离性至关重要。

对于控制器，下一个需要采样的时刻为

$$t_{c,k+1} = \inf\{t > t_k | \|\hat{x}(t) - \hat{x}(t_k)\| \geqslant \varepsilon_1\} \tag{8.5}$$

同理，对于观测器，下一个需要采样的时刻为

$$t_{o,k+1} = \inf\{t > t_k | \|y(t) - y(t_k)\| \geqslant \varepsilon_2\} \tag{8.6}$$

因此，选取

$$t_{k+1} = \min\{t_{o,k+1}, \ t_{c,k+1}\} \tag{8.7}$$

为下一个采样时刻，其中 $t_0 = 0$。

在满足上述事件触发条件的触发时刻 t_i，状态观测器的 $y(t)$ 和控制器中的 $\hat{x}(t)$ 都根据采样值进行更新。而在两次触发时刻的间隔中，$y(t)$ 和 $\hat{x}(t)$ 都保持不变，也即

$$\begin{aligned}\hat{x}(t) &= \hat{x}(t_k) \\ y(t) &= y(t_k), \quad t \in [t_k, \ t_{k+1})\end{aligned} \tag{8.8}$$

为了方便讨论，引入变量 $e(t) = x(t) - \hat{x}(t)$ 表示观测器的估计误差，同时用 $\bar{x}(t) = x(t) - x(t_k)$ 和 $\bar{e}(t) = e(t) - e(t_k)$ 表示事件触发误差。接下来，根据式 (8.1) ~ 式 (8.4) 及式 (8.8)，原系统和误差系统的方程分别可以写成

$$\begin{aligned}\dot{x}(t) &= (A + \Delta A)x(t) + (B + \Delta B)K(x(t_k) - e(t_k)) \\ \dot{e}(t) &= (A - LC)e(t) + \Delta A x(t) + \Delta B K x(t_k) \\ &\quad - e(t_k) - L\Delta C x(t_k) - LC(x(t_k) - x(t))\end{aligned} \tag{8.9}$$

上述系统可以增广为

$$\dot{\xi}(t) = \Omega\xi(t) + \omega(t) \tag{8.10}$$

其中，$\xi := [x^{\mathrm{T}} \ e^{\mathrm{T}}]^{\mathrm{T}}$，且

$$\Omega = \begin{bmatrix} A + \Delta A + (B + \Delta B)K & -(B + \Delta B)K \\ \Delta A + \Delta B K - L\Delta C & A - LC - \Delta B K \end{bmatrix} \tag{8.11}$$

$$\omega(t) = \begin{bmatrix} -(B + \Delta B)K(\bar{x} - \bar{e}) \\ -\Delta B K(\bar{x} - \bar{e}) + L(C + \Delta C)\bar{x} \end{bmatrix} \tag{8.12}$$

为了给出本节的主要结论，引入如下关于最终有界和事件分离性质的定义。

定义 8.1　如果对于任意的初始状态 $\xi(0)$，都存在一个 $\varepsilon > 0$ 和一个时刻 $T_{\xi(0),\varepsilon} > 0$，使得系统 (8.10) 中的所有状态都满足 $\|\xi(t)\| \leqslant \varepsilon, \forall t > T_{\xi(0),\varepsilon}$，那么称闭环系统 (8.10) 最终有界。

定义 8.2[117]　对于事件触发控制系统 (8.10)，如果存在一个常数 $\tau_{\min} > 0$，使得所有的采样时刻 $t_k(k \in \mathbb{N})$ 都满足 $t_{k+1} - t_k \geqslant \tau_{\min}$，那么称系统 (8.10) 存在最小事件触发间隔。如果一个事件触发控制系统存在最小事件触发间隔，那么称它具有事件分离性。

8.2.2　最终有界性

在给出保证事件触发控制系统 (8.10) 最终有界的充分条件之前，先引入两个关于参数不确定系统的引理。

引理 8.1　考虑事件触发控制系统 (8.10) 以及事件触发机制 (8.4) ~ (8.8)，如果存在一个对称矩阵 $P > 0$ 和一个标量 $\gamma > 0$，使得

$$\Omega^{\mathrm{T}} P + P\Omega + \gamma I < 0 \tag{8.13}$$

那么系统最终有界。

证明　根据事件触发条件 (8.5) 和 (8.6)，可以得到 $\|\bar{x} - \bar{e}\| = \|\hat{x}(t) - \hat{x}(t_k)\| \leqslant \varepsilon_1$ 和 $\|L(C + \Delta C)\bar{x}\| = \|y(t) - y(t_k)\| \leqslant \varepsilon_2$。所以有

$$\|\omega(t)\| \leqslant \|(B + 2\Delta B)K\|\varepsilon_1 + \|L\|\varepsilon_2$$
$$\leqslant (\|B\| + 2\|H_1\|\|E_2\|)\|K\|\varepsilon_1 + \|L\|\varepsilon_2 \tag{8.14}$$

也就是说 $\|\omega(t)\|$ 有常数上界 δ。

因此，可以将系统 (8.10) 视为一个摄动系统，其中 $\omega(t)$ 是一个非零扰动项。下面按照类似于文献 [213] 中的方法来完成证明。

首先，选取定义在 $[0, \infty] \times D$ 上的 Lyapunov 函数 $V(\xi, t) = \xi^{\mathrm{T}} P \xi$，其中 $D = \{x \in \mathbb{R}^n \mid \|x\| < a\}$。那么

$$\lambda_{\min}(P)\|\xi\|^2 \leqslant V(\xi, t) \leqslant \lambda_{\max}(P)\|\xi\|^2 \tag{8.15}$$

$$\frac{\partial V}{\partial t} + \frac{\partial V}{\partial \xi}\Omega = \xi^{\mathrm{T}}[P\Omega + \Omega^{\mathrm{T}}P]\xi < -\gamma\|\xi\|^2 \tag{8.16}$$

$$\left\|\frac{\partial V}{\partial \xi}\right\| \leqslant 2\|P\|\|\xi\| \tag{8.17}$$

根据文献 [213] 中的引理 9.2，当 $\Omega(t)$ 满足

$$\|\omega(t)\| \leqslant \delta < \frac{\gamma}{2\|P\|}\sqrt{\frac{\lambda_{\min}(P)}{\lambda_{\max}(P)}}\theta a, \quad \theta < 1 \tag{8.18}$$

时就有 $\|\xi(t)\| \leqslant b$ 成立，其中

$$b = \frac{2\|P\|}{\theta\gamma} \sqrt{\frac{\lambda_{\max}(P)}{\lambda_{\min}(P)}} ((\|B\| + 2\|H_1\|\|E_2\|)\|K\|\varepsilon_1 + \|L\|\varepsilon_2) \tag{8.19}$$

证毕。

由于 Ω 中仍然存在着参数不确定性，引理 8.1 很难直接用于检验系统 (8.10) 的最终有界性。为此，需要引入一些新的工具来改进判别条件。

引理 8.2   对于给定的 $\gamma > 0$，如果存在正定矩阵 P_1 和 P_2，以及实数 $r_1 > 0$、$r_2 > 0$ 和 $r_3 > 0$ 使得下述不等式成立，那么系统 (8.10) 最终有界。

$$\begin{bmatrix} \Phi_1 + \gamma I & * & * & * & * & * & * & * \\ -K^{\mathrm{T}}B^{\mathrm{T}}P_1 & \Phi_2 + \gamma I & * & * & * & * & * & * \\ H_1^{\mathrm{T}}P_1 & H_1^{\mathrm{T}}P_2 & -r_1 I & * & * & * & * & * \\ r_1 E_1 & 0 & 0 & -r_1 I & * & * & * & * \\ H_1^{\mathrm{T}}P_1 & H_1^{\mathrm{T}}P_2 & 0 & 0 & -r_2 I & * & * & * \\ r_2 E_2 K & -r_2 E_2 K & 0 & 0 & 0 & -r_2 I & * & * \\ 0 & H_2^{\mathrm{T}}L^{\mathrm{T}}P_2 & 0 & 0 & 0 & 0 & -r_3 I & * \\ -r_3 E_1 & 0 & 0 & 0 & 0 & 0 & 0 & -r_3 I \end{bmatrix} < 0 \tag{8.20}$$

证明   根据引理 8.1，如果式 (8.13) 成立，则系统 (8.10) 最终有界。假设式 (8.13) 中的正定对称矩阵 P 为分块对角矩阵 $P = \mathrm{diag}\{P_1,\ P_2\}$，则式 (8.13) 可以写成

$$\begin{bmatrix} A + \Delta A + (B + \Delta B)K & -(B + \Delta B)K \\ \Delta A + \Delta BK - L\Delta C & A - LC - \Delta BK \end{bmatrix}^{\mathrm{T}} \begin{bmatrix} P_1 & 0 \\ 0 & P_2 \end{bmatrix}$$

$$+ \begin{bmatrix} P_1 & 0 \\ 0 & P_2 \end{bmatrix} \begin{bmatrix} A + \Delta A + (B + \Delta B)K & -(B + \Delta B)K \\ \Delta A + \Delta BK - L\Delta C & A - LC - \Delta BK \end{bmatrix}$$

$$+ \gamma I < 0 \tag{8.21}$$

定义 $\Phi_1 = (A + BK)^{\mathrm{T}}P_1 + P_1(A + BK)$ 和 $\Phi_2 = (A - LC)^{\mathrm{T}}P_2 + P_2(A - LC)$，式 (8.21) 可以分解为 5 个部分，即 $M + M_1 + M_2 + M_3 + \gamma I < 0$。其中，$M$ 为

$$M = \begin{bmatrix} \Phi_1 & * \\ -K^{\mathrm{T}}B^{\mathrm{T}}P_1 & \Phi_2 \end{bmatrix} \tag{8.22}$$

M_1、M_2 和 M_3 分别为

$$M_1 = \begin{bmatrix} \Delta A^{\mathrm{T}} P_1 + P_1 \Delta A & * \\ P_2 \Delta A & 0 \end{bmatrix} \qquad (8.23)$$

$$M_2 = \begin{bmatrix} K^{\mathrm{T}} \Delta B^{\mathrm{T}} P_1 + P_1 \Delta B K & * \\ -K^{\mathrm{T}} \Delta B^{\mathrm{T}} P_1 + P_2 \Delta B K & -K^{\mathrm{T}} \Delta B^{\mathrm{T}} P_2 - P_2 \Delta B K \end{bmatrix} \qquad (8.24)$$

$$M_3 = \begin{bmatrix} 0 & * \\ -P_2 L \Delta C & 0 \end{bmatrix} \qquad (8.25)$$

由式 (8.2) 可得

$$M_1 = \begin{bmatrix} P_1 H_1 \\ P_2 H_1 \end{bmatrix} F \begin{bmatrix} E_1 & 0 \end{bmatrix} + \begin{bmatrix} E_1 & 0 \end{bmatrix}^{\mathrm{T}} F^{\mathrm{T}} \begin{bmatrix} P_1 H_1 \\ P_2 H_1 \end{bmatrix}^{\mathrm{T}}$$

$$M_2 = \begin{bmatrix} P_1 H_1 \\ P_2 H_1 \end{bmatrix} F \begin{bmatrix} E_2 K & -E_2 K \end{bmatrix} + \begin{bmatrix} E_2 K & -E_2 K \end{bmatrix}^{\mathrm{T}} F^{\mathrm{T}} \begin{bmatrix} P_1 H_1 \\ P_2 H_1 \end{bmatrix}^{\mathrm{T}}$$

$$M_3 = \begin{bmatrix} 0 \\ P_2 L H_2 \end{bmatrix} F \begin{bmatrix} -E_1 & 0 \end{bmatrix} + \begin{bmatrix} -E_1 & 0 \end{bmatrix}^{\mathrm{T}} F^{\mathrm{T}} \begin{bmatrix} 0 \\ P_2 L H_2 \end{bmatrix}^{\mathrm{T}}$$

根据引理 8.2，可得式 (8.21) 与式 (8.20) 等价。证毕。

8.2.3　事件分离性

对于事件触发控制系统，如果系统在有限的时间间隔内出现了无限多次采样，即相邻两个触发时刻无限接近，那么就会导致芝诺现象的发生。接下来，定理 8.1 将会证明系统 (8.20) 具有事件分离性，从而排除芝诺现象。

定理 8.1　对于给定的常数 $\varepsilon_1 > 0$ 和 $\varepsilon_2 > 0$，如果闭环系统 (8.10) 在事件触发条件 (8.5) $\sim$ (8.7) 下最终有界，则一定具有事件分离性。

证明　对于事件触发条件式 (8.5)，令 $e_1(t) = \hat{x}(t) - \hat{x}(t_k)$，则 $\delta_{c,k+1} = t_{c,k+1} - t_k$ 表示 $\|e_1\|$ 从 0 增加到 ε_1 所需的时间。根据式 (8.5)，可以得到

$$\dot{e}_1 = \dot{\hat{x}} = A\hat{x}(t) + Bu(t) + L(C + \Delta C)x(t_k) - LC\hat{x}(t)$$

$$= (A - LC)e_1 + (A + BK - LC)\hat{x}(t_k)$$

$$+ LCx(t_k) + L\Delta Cx(t_k) \qquad (8.26)$$

因此，$\|e_1\|$ 的变化率满足

$$\frac{\mathrm{d}}{\mathrm{d}t}\|e_1\| = \frac{\dot{e}_1^{\mathrm{T}} e_1 + e_1^{\mathrm{T}} \dot{e}_1}{2\sqrt{e_1^{\mathrm{T}} e_1}}$$

$$\leqslant \frac{2\|\dot{e}_1\|\|e_1\|}{2\|e_1\|} = \|\dot{e}_1\|$$

$$\leqslant \|A - LC\|\| e_1\| + \|A + BK - LC\|\| \hat{x}(t_k)\|$$

$$+ \|LC\|\|x(t_k)\| + \|L\|\|H_2\|\|E_1\|\|x(t_k)\| \tag{8.27}$$

由于 $\|x(t_k)\|$ 和 $\|\hat{x}(t_k)\|$ 都是有界的, 可以假设 τ_1^* 为常微分方程 $\dot{\phi} = \alpha + \alpha_1\phi$ 在条件 $\phi(0, \tau_1^*) = \varepsilon_1$ 下的解, 其中 $\alpha = \|A + BK - LC\|\| \hat{x}(t_k)\| + \|LC\|\|x(t_k)\| + \|L\|\|H_2\|\|E_1\|\|x(t_k)\|$, $\alpha_1 = \|A - LC\|$. 因此, 显然可以得到 $\delta_{c,k+1} \geqslant \tau_1^*$.

对于事件触发条件 (8.6), 令 $e_2(t) = y(t) - y(t_k)$, $e_3(t) = x(t) - x(t_k)$, 那么 $\|e_2\| \leqslant (\|C\| + \|H_2\|\|E_1\|)\|e_3\|$ 成立. 令 $\delta_{o,k+1} = t_{o,k+1} - t_k$ 表示 $\|e_2\|$ 从 0 增加 到 ε_2 所需要的时间, τ_1 表示 $\|e_3\|$ 从 0 增加到 $\varepsilon_2/(\|C\| + \|H_2\|\|E_1\|)$ 所需要的 时间. 显然, $\delta_{o,k+1} \geqslant \tau_1$ 成立. 接下来, 用与处理 e_1 类似的方法来处理 e_3, 即 可得到

$$\frac{\mathrm{d}}{\mathrm{d}t}\|e_3\| \leqslant (\|A\| + \|H_1\| \|E_1\|)\|e_3\|$$

$$+ (\|A\| + \|BK\| + \|H_1\|\|E_1\|$$

$$+ \|H_1\|\|E_2\|\|K\|)\|x(t_k)\| \tag{8.28}$$

假设 τ_2^* 是常微分方程 $\dot{\hat{\phi}} = \hat{\alpha} + \hat{\alpha}_1\hat{\phi}$ 在条件 $\hat{\phi}(0, \tau_2^*) = \varepsilon_2/(\|C\| + \|H_2\|\|E_1\|)$ 下的解, 其中 $\hat{\alpha} = (\|A\| + \|BK\| + \|H_1\|\|E_1\| + \|H_1\|\|E_2\|\|K\|)\|x(t_k)\|$, $\hat{\alpha}_1 = \|A\| + \|H_1\|\| E_1\|$. 所以, 可以得到 $\delta_{o,k+1} \geqslant \tau_1 \geqslant \tau_2^*$.

总之, $\tau_{\min} = \min\{\delta_{c,k+1}, \delta_{o,k+1}\} \geqslant \min\{\tau_1^*, \tau_2^*\}$. 证毕.

注 8.1 定理 8.1 证明了本节采取的绝对形式的事件触发条件, 即使在系统 中存在一定的参数不确定性的情况下, 仍然能够保证不会发生芝诺现象. 与之相 反, 相对形式的事件触发条件对于本节讨论的参数不确定线性系统就不能排除芝 诺现象, 详细情况可以参考文献 [117].

8.3 存在数据丢包和动态量化器的参数不确定线性系统的 事件触发控制

8.3.1 问题描述

考虑如下系统输出存在随机传输丢包的线性系统:

$$\begin{cases} \dot{x}(t) = (A + \Delta A)x(t) + (B + \Delta B)u(t) \\ y(t) = \alpha(t)(C + \Delta C)x(t) \end{cases} \tag{8.29}$$

其中，$x(t) \in \mathbb{R}^n$ 是系统的状态变量；$u(t) \in \mathbb{R}^m$ 是控制输入；$y(t) \in \mathbb{R}^r$ 是系统输出；矩阵 A、B 和 C 分别是已知的适当维度的系统矩阵，标称系统 (A, B, C) 具有可控性和可观测性；随机变量 $\alpha(t) \in \mathbb{R}$ 服从如下伯努利分布：

$$\begin{aligned} \text{Prob}\{\alpha(t) = 1\} &= \mathbb{E}\{\alpha(t)\} = \overline{\alpha} \\ \text{Prob}\{\alpha(t) = 0\} &= 1 - \mathbb{E}\{\alpha(t)\} = 1 - \overline{\alpha} \end{aligned} \tag{8.30}$$

而参数不确定矩阵 ΔA、ΔB 和 ΔC 仍然满足式 (8.2) 中的假设。

考虑基于状态观测器的控制器：

$$\begin{cases} \dot{\hat{x}}(t) = A\hat{x}(t) + Bu(t) + L(y(t) - \overline{\alpha}C\hat{x}(t)) \\ \hat{u}(t) = K\hat{x}(t) \\ u(t) = \beta(t)\hat{u}(t) \end{cases} \tag{8.31}$$

其中，$\hat{x}(t) \in \mathbb{R}^n$ 是观测器的状态；K 和 L 分别是控制器增益和观测器增益；$\hat{u}(t) \in \mathbb{R}^m$ 是不考虑传输丢包情况下的控制输入；随机变量 $\beta(t)$ 与 $\alpha(t)$ 相互独立，并且服从伯努利分布：

$$\begin{aligned} \text{Prob}\{\beta(t) = 1\} &= \mathbb{E}\{\beta(t)\} = \overline{\beta} \\ \text{Prob}\{\beta(t) = 0\} &= 1 - \mathbb{E}\{\beta(t)\} = 1 - \overline{\beta} \end{aligned} \tag{8.32}$$

采样时刻序列用 $\{kh\}_{k=1}^{\infty}$ 表示，其中 $h > 0$ 是一个常数采样周期。事件触发时刻序列可以写成 $\{i_k h\}_{k=1}^{\infty}$。显然，事件触发时刻序列 $\{i_k h\}_{k=1}^{\infty}$ 是采样时刻序列 $\{kh\}_{k=1}^{\infty}$ 根据事件触发条件生成的一个子列。在本节中，事件触发时刻由以下混合触发条件决定：

$$i_{k+1}h = i_k h + \min_{l \in \mathbb{Z}^+} \left\{ lh \middle| \|\hat{x}(i_k h + lh) - q(\hat{x}(i_k h))\|^2 \right.$$
$$\left. \geqslant \delta \|q(\hat{x}(i_k h))\|^2 + \epsilon^3 \right\} \tag{8.33}$$

其中，$0 < \delta < 1$ 和 $\epsilon > 0$ 是可调节因子；$q(\cdot)$ 表示一个有限层的动态量化器，它的具体形式将在接下来的内容中给出。在事件触发条件 (8.33) 的作用下，式 (8.31) 可以写成

$$\begin{cases} \dot{\hat{x}}(t) = A\hat{x}(t) + Bu(t) + L(y(t) - \overline{\alpha}C\hat{x}(t)) \\ \hat{u}(t) = Kq(\hat{x}(i_k h)), \quad t \in [i_k h, i_{k+1}h) \\ u(t) = \beta(t)\hat{u}(t) \end{cases} \tag{8.34}$$

对于 $t \in [i_k h, i_{k+1}h)$，定义

$$\eta(t) = t - \max_{l \in \mathbb{Z}^+}\{i_k h + lh | i_k + lh \leqslant t\} \tag{8.35}$$

$$e_k(t) = \hat{x}(t - \eta(t)) - q(\hat{x}(i_k h)) \tag{8.36}$$

那么有

$$q(\hat{x}(i_k h)) = \hat{x}(t - \eta(t)) - e_k(t) \tag{8.37}$$

定义 $e_o(t) = x(t) - \hat{x}(t)$ 为系统状态与观测器状态之间的误差变量。根据式 (8.34) ~ 式 (8.37)，原系统和误差系统方程可以写成

$$\dot{x}(t) = (A + \Delta A)x(t) + \beta(t)(B + \Delta B)Kx(t - \eta(t))$$
$$- \beta(t)(B + \Delta B)Ke_o(t - \eta(t))$$
$$- \beta(t)(B + \Delta B)Ke_k(t)$$

$$\dot{e}_o(t) = [\Delta A - (\alpha(t) - \overline{\alpha})LC - \alpha(t)L\Delta C]x(t)$$
$$+ (A - \overline{\alpha}LC)e_o(t) + \beta(t)\Delta BKx(t - \eta(t))$$
$$- \beta(t)\Delta BKe_o(t - \eta(t)) - \beta(t)\Delta BKe_k(t)$$

增广形式为

$$\dot{\xi}(t) = (\tilde{A}_1 + \Delta\tilde{A}_1)\xi(t) + (\tilde{A}_2 + \Delta\tilde{A}_2)\xi(t - \eta(t)) + (\tilde{B} + \Delta\tilde{B})e_k(t) \tag{8.38}$$

其中，$\xi := [x^{\mathrm{T}}\ e_o^{\mathrm{T}}]^{\mathrm{T}}$，各参数矩阵为

$$\tilde{A}_1 = \begin{bmatrix} A & 0 \\ -(\alpha(t) - \overline{\alpha})LC & A - \overline{\alpha}LC \end{bmatrix}, \quad \Delta\tilde{A}_1 = \begin{bmatrix} \Delta A & 0 \\ \Delta A - \alpha(t)L\Delta C & 0 \end{bmatrix}$$

$$\tilde{A}_2 = \begin{bmatrix} \beta(t)BK & -\beta(t)BK \\ 0 & 0 \end{bmatrix}, \quad \Delta\tilde{A}_2 = \begin{bmatrix} \beta(t)\Delta BK & -\beta(t)\Delta BK \\ \beta(t)\Delta BK & -\beta(t)\Delta BK \end{bmatrix}$$

以及

$$\tilde{B} = \begin{bmatrix} -\beta(t)BK \\ 0 \end{bmatrix}, \quad \Delta\tilde{B} = \begin{bmatrix} -\beta(t)\Delta BK \\ -\beta(t)\Delta BK \end{bmatrix}$$

下面给出本节需要用到的均值最终有界的定义。

定义 8.3 如果存在一个常数 $\varepsilon > 0$，对于任意系统初值 $\xi(0)$，都存在一个时间 $T_{\xi(0),\varepsilon} > 0$，使得闭环系统 (8.38) 所有的解都满足 $\mathbb{E}\{\|\xi(t)\|\} \leqslant \varepsilon, \forall t > T_{\xi(0),\varepsilon}$，那么称闭环系统 (8.38) 均值最终有界。

8.3.2 均值最终有界性

定理 8.2 在事件触发条件 (8.33) 和控制器 (8.34) 的作用下，如果存在适维实数矩阵 $P > 0$、$Q > 0$、$R_1 = R_1^{\mathrm{T}}$、R_2、Y_1、Y_2、Y_3、Z_1、Z_2，使得式 (8.39) ~

式 (8.42) 成立:

$$\begin{bmatrix} P + hR_1 & * \\ hR_2^{\mathrm{T}} - hR_1 & hR_1 - hR_2 - hR_2^{\mathrm{T}} \end{bmatrix} > 0 \tag{8.39}$$

$$\begin{bmatrix} \Xi_{11} & * & * & * & * & * & * & * & * \\ \Xi_{21} & \Xi_{22} & * & * & * & * & * & * & * \\ \Xi_{31} & \Xi_{32} & \Xi_{33} & * & * & * & * & * & * \\ hY_1 & hY_2 & hY_3 & -hQ & * & * & * & * & * \\ \Xi_{51} & \Xi_{52} & -\delta G & 0 & \delta - 1 & * & * & * & * \\ \Xi_{61} & \Xi_{62} & 0 & 0 & 0 & -r_1 I & * & * & * \\ [r_1 E_1 \ 0] & 0 & 0 & 0 & 0 & 0 & -r_1 I & * & * \\ 0 & 0 & \Xi_{83} & 0 & -\bar{\beta} E_2 K & 0 & 0 & -r_2 I & * \\ r_2 \begin{bmatrix} H_1^{\mathrm{T}} & H_1^{\mathrm{T}} \end{bmatrix} Z_1 & r_2 \begin{bmatrix} H_1^{\mathrm{T}} & H_1^{\mathrm{T}} \end{bmatrix} Z_2 & 0 & 0 & 0 & 0 & 0 & 0 & -r_2 I \end{bmatrix}$$
$$< 0 \tag{8.40}$$

$$\begin{bmatrix} \Xi_{11} & * & * & * & * & * & * & * \\ \Xi_{21} + hR_1 & \Xi_{22} + hQ & * & * & * & * & * & * \\ \Xi_{31} & \Xi_{32} + h\Omega & \Xi_{33} & * & * & * & * & * \\ \Xi_{51} & \Xi_{52} & -\delta G & \delta - 1 & * & * & * & * \\ \Xi_{61} & \Xi_{62} & 0 & 0 & -r_1 I & * & * & * \\ [r_1 E_1 \ 0] & 0 & 0 & 0 & 0 & -r_1 I & * & * \\ 0 & 0 & \Xi_{83} & -\bar{\beta} E_2 K & 0 & 0 & -r_2 I & * \\ r_2 \begin{bmatrix} H_1^{\mathrm{T}} & H_1^{\mathrm{T}} \end{bmatrix} Z_1 & r_2 \begin{bmatrix} H_1^{\mathrm{T}} & H_1^{\mathrm{T}} \end{bmatrix} Z_2 & 0 & 0 & 0 & 0 & 0 & -r_2 I \end{bmatrix}$$
$$< 0 \tag{8.41}$$

$$\begin{bmatrix} \Xi_{11} & * & * & * \\ \Xi_{21} + (h - \eta(t))R_1 & \Xi_{22} + (h - \eta(t))Q & * & * \\ \Xi_{31} & \Xi_{32} + (h - \eta(t))\Omega & \Xi_{33} & * \\ \eta(t)Y_1 & \eta(t)Y_2 & \eta(t)Y_3 & -\eta(t)Q \\ \Xi_{51} & \Xi_{52} & -\delta G & 0 \\ \Xi_{61} & \Xi_{62} & 0 & 0 \\ [r_1 E_1 \ 0] & 0 & 0 & 0 \\ 0 & 0 & \Xi_{83} & 0 \\ r_2 \begin{bmatrix} H_1^{\mathrm{T}} & H_1^{\mathrm{T}} \end{bmatrix} Z_1 & r_2 \begin{bmatrix} H_1^{\mathrm{T}} & H_1^{\mathrm{T}} \end{bmatrix} Z_2 & 0 & 0 \end{bmatrix}$$

$$\begin{bmatrix} * & * & * & * & * \\ * & * & * & * & * \\ * & * & * & * & * \\ * & * & * & * & * \\ \delta - 1 & * & * & * & * \\ 0 & -r_1 I & * & * & * \\ 0 & 0 & -r_1 I & * & * \\ -\bar{\beta} E_2 K & 0 & 0 & -r_2 I & * \\ 0 & 0 & 0 & 0 & -r_2 I \end{bmatrix} < 0 \quad (8.42)$$

其中

$$\Xi_{11} = Z_1^{\mathrm{T}} \hat{A}_1 + \hat{A}_1^{\mathrm{T}} Z_1 - R_1 - Y_1 - Y_1^{\mathrm{T}} + \epsilon I$$

$$\Xi_{21} = -Z_1 + Z_2^{\mathrm{T}} \hat{A}_1 - Y_2^{\mathrm{T}} + P$$

$$\Xi_{31} = Y_1 - Y_3^{\mathrm{T}} + R_1 - R_2^{\mathrm{T}} + \hat{A}_2^{\mathrm{T}} Z_1$$

$$\Xi_{51} = \hat{B}^{\mathrm{T}} Z_1, \quad \Xi_{61} = \begin{bmatrix} H_1^{\mathrm{T}} & H_1^{\mathrm{T}} - \bar{\alpha} H_2^{\mathrm{T}} L^{\mathrm{T}} \end{bmatrix} Z_1$$

$$\Xi_{22} = -Z_2 - Z_2^{\mathrm{T}}, \quad \Xi_{32} = \hat{A}_2^{\mathrm{T}} Z_2 + Y_2$$

$$\Xi_{52} = \hat{B}^{\mathrm{T}} Z_2, \quad \Xi_{62} = \begin{bmatrix} H_1^{\mathrm{T}} & H_1^{\mathrm{T}} - \bar{\alpha} H_2^{\mathrm{T}} L^{\mathrm{T}} \end{bmatrix} Z_2$$

$$\Xi_{33} = -R_1 + R_2 + R_2^{\mathrm{T}} + Y_3 + Y_3^{\mathrm{T}} + \delta G^{\mathrm{T}} G$$

$$\Xi_{83} = \bar{\beta} \begin{bmatrix} E_2 K & E_2 K \end{bmatrix}, \quad \Omega = R_2^{\mathrm{T}} - R_1$$

以及

$$\hat{A}_1 = \begin{bmatrix} A & 0 \\ 0 & A - \bar{\alpha} L C \end{bmatrix}, \quad \hat{A}_2 = \begin{bmatrix} \bar{\beta} B K & -\bar{\beta} B K \\ 0 & 0 \end{bmatrix}, \quad \hat{B} = \begin{bmatrix} -\bar{\beta} B K \\ 0 \end{bmatrix}$$

则系统 (8.38) 均值最终有界。

证明　令

$$r_{k,j} h = i_k h + j h, \quad j = 0, 1, \cdots, i_{k+1} - i_k - 1$$

$$e_k(r_{k,j} h) = \hat{x}(r_{k,j} h) - q(\hat{x}(i_k h))$$

当 $j \neq 0$ 时，由事件触发条件 (8.33) 可得

$$\|e_k(r_{k,j} h)\|^2 < \delta \|q(\hat{x}(i_k h))\|^2 + \epsilon^3 \quad (8.43)$$

当 $j = 0$ 时，$e_k(r_{k,j}h) = \hat{x}(i_kh) - q(\hat{x}(i_kh))$ 为量化器的量化误差。在 8.3.3 节将设计量化器的结构，使它能够满足如下不等式：

$$\left\| \hat{x}(i_kh) - q(\hat{x}(i_kh)) \right\|^2 < \delta \left\| q(\hat{x}(i_kh)) \right\|^2 + \epsilon^3 \tag{8.44}$$

对于任意的时刻 $t \in [i_kh,\ i_{k+1}h)$，都有

$$\left\| e_k(t) \right\|^2 < \delta \left\| q(\hat{x}(i_kh)) \right\|^2 + \epsilon^3$$

$$= \delta \left\| \hat{x}(t - \eta(t)) - e_k(t) \right\|^2$$

$$= \delta \left\| G\xi(t - \eta(t)) - e_k(t) \right\|^2 \tag{8.45}$$

其中，$G = [1 \ \ -1]$。

构造 Lyapunov-Krasovskii 泛函

$$V(t,\ \xi(t)) = \xi^{\mathrm{T}}(t)P\xi(t) + (h - \eta(t))\int_{t-\eta(t)}^{t} \dot{\xi}^{\mathrm{T}}(s)Q\dot{\xi}(s)\mathrm{d}s$$

$$+ (h - \eta(t))\begin{bmatrix} \xi^{\mathrm{T}}(t) & \xi^{\mathrm{T}}(t - \eta(t)) \end{bmatrix}$$

$$\times \begin{bmatrix} R_1 & R_2 - R_1 \\ * & R_1 - R_2 - R_2^{\mathrm{T}} \end{bmatrix} \begin{bmatrix} \xi(t) \\ \xi(t - \eta(t)) \end{bmatrix} \tag{8.46}$$

显然，$V(t,\ \xi(t))$ 是对时间 t 连续的。然而，它在采样时刻序列 $\{kh\}_{k=1}^{\infty}$ 处是不可导的。为此，本节考虑 $V(t,\ \xi(t))$ 关于时间 t 的右导数。

由定义可知，$\dot{\eta}(t) = 1$。那么，$V(t,\ \xi(t))$ 的右导数的数学期望满足

$$\mathbb{E}\{\dot{V}(t,\xi(t))\} = \mathbb{E}\Bigg\{ 2\xi^{\mathrm{T}}(t)P\dot{\xi}(t) - \int_{t-\eta(t)}^{t} \dot{\xi}^{\mathrm{T}}(s)Q\dot{\xi}(s)\mathrm{d}s$$

$$+ 2(h - \eta(t))\left[\xi^{\mathrm{T}}(t)R_1 + \xi^{\mathrm{T}}(t - \eta(t))(R_2^{\mathrm{T}} - R_1) \right]\dot{\xi}(t)$$

$$+ (h - \eta(t))\dot{\xi}^{\mathrm{T}}(t)Q\dot{\xi}(t) - (h - \eta(t))\begin{bmatrix} \xi^{\mathrm{T}}(t) & \xi^{\mathrm{T}}(t - \eta(t)) \end{bmatrix}$$

$$\times \begin{bmatrix} R_1 & R_2 - R_1 \\ * & R_1 - R_2 - R_2^{\mathrm{T}} \end{bmatrix} \begin{bmatrix} \xi(t) \\ \xi(t - \eta(t)) \end{bmatrix} \Bigg\} \tag{8.47}$$

由引理 1.1 可知

$$-\int_{t-\eta(t)}^{t} \dot{\xi}^{\mathrm{T}}(s)Q\dot{\xi}(s)\mathrm{d}s \leqslant -\eta(t)v^{\mathrm{T}}Qv \tag{8.48}$$

其中，$v = \dfrac{1}{\eta(t)} \displaystyle\int_{t-\eta(t)}^{t} \dot{\xi}(s)\mathrm{d}s$，$v|_{\eta(t)=0} := \lim_{\eta(t)\to 0+} v = \dot{\xi}(t)$。

引入自由权矩阵 Y_1、Y_2、Y_3、Z_1、Z_2 使得

$$2(\xi^{\mathrm{T}}(t)Y_1^{\mathrm{T}} + \dot{\xi}^{\mathrm{T}}(t)Y_2^{\mathrm{T}} + \xi^{\mathrm{T}}(t-\eta(t))Y_3^{\mathrm{T}})(-\xi(t) \atop +\xi(t-\eta(t)) + \eta(t)v) = 0 \tag{8.49}$$

$$2(\xi^{\mathrm{T}}(t)Z_1^{\mathrm{T}} + \dot{\xi}^{\mathrm{T}}(t)Z_2^{\mathrm{T}})[(\tilde{A}_1 + \Delta\tilde{A}_1)\xi(t) \atop +(\tilde{A}_2 + \Delta\tilde{A}_2)\xi(t-\eta(t)) + (\tilde{B} + \Delta\tilde{B})e_k(t) - \dot{\xi}(t)] = 0 \tag{8.50}$$

由式 (8.47) ~ 式 (8.50) 可得

$$\mathbb{E}\{\dot{V}(t,\xi(t))\} \leqslant \mathbb{E}\{\zeta^{\mathrm{T}}(t)\Gamma\zeta(t)\} - \epsilon\xi^{\mathrm{T}}(t)\xi(t) + \epsilon^3 \tag{8.51}$$

其中

$$\zeta(t) := \mathrm{col}\{\xi(t), \dot{\xi}(t), \xi(t-\eta(t)), v, e_k(t)\} \tag{8.52}$$

$$\Gamma = \begin{bmatrix} \Gamma_{11} & * & * & * & * \\ \Gamma_{21} & \Gamma_{22} & * & * & * \\ \Gamma_{31} & \Gamma_{32} & \Gamma_{33} & * & * \\ \eta(t)Y_1 & \eta(t)Y_2 & \eta(t)Y_3 & -\eta(t)Q & * \\ \Gamma_{51} & \Gamma_{52} & -\delta G & 0 & \delta-1 \end{bmatrix} \tag{8.53}$$

以及

$$\Gamma_{11} = Z_1^{\mathrm{T}}(\tilde{A}_1 + \Delta\tilde{A}_1) + (\tilde{A}_1 + \Delta\tilde{A}_1)^{\mathrm{T}}Z_1 - R_1 - Y_1 - Y_1^{\mathrm{T}} + \epsilon I$$

$$\Gamma_{21} = -Z_1 + Z_2^{\mathrm{T}}(\tilde{A}_1 + \Delta\tilde{A}_1) - Y_2^{\mathrm{T}} + P + (h - \eta(t))R_1$$

$$\Gamma_{22} = -Z_2 - Z_2^{\mathrm{T}} + (h - \eta(t))Q$$

$$\Gamma_{31} = Y_1 - Y_3^{\mathrm{T}} + R_1 - R_2^{\mathrm{T}} + (\tilde{A}_2 + \Delta\tilde{A}_2)^{\mathrm{T}}Z_1$$

$$\Gamma_{51} = (\tilde{B} + \Delta\tilde{B})^{\mathrm{T}}Z_1$$

$$\Gamma_{32} = (\tilde{A}_2 + \Delta\tilde{A}_2)^{\mathrm{T}}Z_2 + Y_2 + (h - \eta(t))\Omega$$

$$\Gamma_{52} = (\tilde{B} + \Delta\tilde{B})^{\mathrm{T}}Z_2$$

$$\Gamma_{33} = -R_1 + R_2 + R_2^{\mathrm{T}} + Y_3 + Y_3^{\mathrm{T}} + \delta G^{\mathrm{T}}G$$

显见，随机丢包和系统参数不确定性仍然存在于矩阵 Γ 中。因此，需要根据式 (8.2)、式 (8.30)、式 (8.32) 以及引理 8.2，将它转换成一个可以求解的等价矩

阵。注意到 $\mathbb{E}\{\zeta^{\mathrm{T}}(t)\Gamma\zeta(t)\} < 0$ 等价于不等式 $\hat{X} + W_1 F V_1 + V_1^{\mathrm{T}} F^{\mathrm{T}} W_1^{\mathrm{T}} + W_2 F V_2 + V_2^{\mathrm{T}} F^{\mathrm{T}} W_2^{\mathrm{T}} < 0$，其中

$$\hat{X} = \begin{bmatrix} \Xi_{11} & * & * & * & * \\ \Xi_{21} & \Xi_{22} & * & * & * \\ \Xi_{31} & \Xi_{32} & \Xi_{33} & * & * \\ \eta(t)Y_1 & \eta(t)Y_2 & \eta(t)Y_3 & -\eta(t)Q & * \\ \Xi_{51} & \Xi_{52} & -\delta G & 0 & \delta - 1 \end{bmatrix}$$

$$W_1 = \begin{bmatrix} \Xi_{61} & \Xi_{62} & 0 & 0 & 0 \end{bmatrix}^{\mathrm{T}}$$

$$V_1 = \begin{bmatrix} [E_1\ 0] & 0 & 0 & 0 & 0 \end{bmatrix}$$

$$W_2 = \begin{bmatrix} 0 & 0 & \Xi_{83} & 0 & -\bar{\beta} E_2 K & 0 & 0 \end{bmatrix}^{\mathrm{T}}$$

$$V_2 = \begin{bmatrix} [H_1^{\mathrm{T}}\ H_1^{\mathrm{T}}]\ Z_1 & [H_1^{\mathrm{T}}\ H_1^{\mathrm{T}}]\ Z_2 & 0 & 0 & 0 & 0 & 0 \end{bmatrix}$$

　　由引理 8.2 可得，不等式 $\mathbb{E}\{\zeta^{\mathrm{T}}(t)\Gamma\zeta(t)\} < 0$ 成立当且仅当存在标量 $r_1 > 0$ 和 $r_2 > 0$ 使得线性矩阵不等式 (8.42) 成立。根据线性组合原理，式 (8.40) 和式 (8.41) 可以保证式 (8.42) 成立，即使得 $\mathbb{E}\{\zeta^{\mathrm{T}}(t)\Gamma\zeta(t)\} < 0$。当 $\|\xi(t)\| \geqslant \varepsilon$ 时，有 $-\epsilon\xi^{\mathrm{T}}(t)\xi(t) + \epsilon^3 \leqslant 0$，因而有 $\mathbb{E}\{\dot{V}(t, \xi(t))\} < 0$。因此，系统 (8.38) 均值最终有界。证毕。

8.3.3　量化器设计

　　下面根据事件触发条件 (8.33) 设计本节所需要的量化器。如定理 8.3 所述，量化器需要满足式 (8.44)，即对所有的 $k \in \mathbb{Z}^+$ 都有

$$\|\hat{x}(i_k h) - q(\hat{x}(i_k h))\|^2 < \delta\,\|q(\hat{x}(i_k h))\|^2 + \epsilon^3$$

　　为此，参考文献 [210]，考虑如下量化器：

$$q(\hat{x}(i_{k+1} h)) = \begin{cases} \dfrac{1}{2}\epsilon^{3/2}, & 0 \leqslant \hat{x}(i_{k+1} h) \leqslant \epsilon^{3/2} \\ \|q(\hat{x}(i_k h))\|\,\rho^i, & \epsilon^{3/2}(1 - \sqrt{\delta})\,\|q(\hat{x}(i_k h))\|\,\rho^i < \hat{x}(i_{k+1} h) \\ & \quad\quad \leqslant (1 + \sqrt{\delta})\,\|q(\hat{x}(i_k h))\|\,\rho^i, \quad i \in \mathbb{Z} \\ -q(-\hat{x}(i_{k+1} h)), & \hat{x}(i_{k+1} h) < 0 \end{cases}$$

$$\tag{8.54}$$

其中，$\rho = (1 + \sqrt{\delta})/(1 - \sqrt{\delta})$。假设量化器的初始值为状态观测器的初始值，即 $q(\hat{x}(0)) = \hat{x}(0)$。接下来，证明量化器 (8.54) 满足式 (8.44)。

当 $\|\hat{x}(i_kh)\| \leqslant \epsilon^{3/2}$ 时，有 $\|q(\hat{x}(i_kh))\| = 1/2\epsilon^{3/2}$，故

$$\|\hat{x}(i_kh) - q(\hat{x}(i_kh))\| \leqslant \frac{1}{2}\epsilon^{3/2} \tag{8.55}$$

而当 $\|\hat{x}(i_kh)\| > \epsilon^{3/2}$ 时，有 $\|q(\hat{x}(i_kh))\| = \|q(\hat{x}(i_{k-1}h))\|\rho^i$。此时

$$\|\hat{x}(i_kh) - q(\hat{x}(i_kh))\| \leqslant \sqrt{\delta}\|q(\hat{x}(i_kh))\| \tag{8.56}$$

综合式 (8.55) 和式 (8.56) 可知，量化器 (8.54) 满足条件 (8.44)。

注 8.2　由量化器的结构可以看出，如果参数 $\epsilon = 0$，那么当 $\hat{x}(i_kh)$ 趋近于 0 时，量化器的能级数量会趋于无穷大。因此，在设计事件触发条件 (8.33) 时，必须要求参数 $\epsilon > 0$。在这种情况下，可以证明量化器 (8.54) 是一个有限能级量化器。具体证明可以参考文献 [210]。

8.4　数值仿真

例 8.1　考虑文献 [214] 中的例子。实验系统是一个位于移动小车上的倒立摆，它的线性化系统可以写成式 (8.1) 的形式，参数矩阵为

$$A = \begin{bmatrix} 0 & 1 & 0 & 0 \\ 0 & 0 & -\dfrac{mg}{M} & 0 \\ 0 & 0 & 0 & 1 \\ 0 & 0 & \dfrac{g}{l} & 0 \end{bmatrix}, \quad B = \begin{bmatrix} 0 \\ \dfrac{1}{M} \\ 0 \\ -\dfrac{1}{Ml} \end{bmatrix}, \quad C = \begin{bmatrix} 1 & 0 & 0 & 0 \\ 0 & 0 & 1 & 0 \end{bmatrix}$$

其中，M 表示小车的质量；m 表示摆锤的质量；l 表示摆臂的长度；g 表示重力加速度。在仿真实验中，系统的标称参数为 $M = 1\text{kg}$，$m = 0.1\text{kg}$，$l = 0.3\text{m}$，$g = 10\text{m/s}^2$，而式 (8.2) 中的不确定参数为

$$H_1 = \begin{bmatrix} 0 \\ 1 \\ 0 \\ 1 \end{bmatrix}, \quad E_1 = \begin{bmatrix} 0 & 0 & 0 & 1 \end{bmatrix}, \quad H_2 = \begin{bmatrix} 0.5 \\ 0.5 \end{bmatrix}, \quad E_2 = 0.2$$

以及 $F(t) = 0.9\sin(100t)$。系统的输出为 $y = [y_p \ \ y_\theta]^{\text{T}}$，其中第一个分量 y_p 表示小车的位置，第二个分量 y_θ 表示倒立摆的角度。在事件触发条件 (8.5) 和 (8.6) 中，选取参数 $\varepsilon_1 = \varepsilon_2 = 0.03$。初始条件为 $x(0) = [0.87 \ \ 0.34 \ \ 0 \ \ 0.65]^{\text{T}}$，$\hat{x}(0) = 0$。最后，根据极点配置原理，选取标称系统的控制器增益 K 和观测器增益 L 为

$$K = \begin{bmatrix} 5.0000 & 5.9167 & 34.6000 & 6.1250 \end{bmatrix}, \quad L = \begin{bmatrix} 8.1258 & -0.4858 \\ 15.5663 & -3.1864 \\ -0.4854 & 9.8742 \\ -2.1843 & 56.7671 \end{bmatrix}$$

图 8.1 显示了例 8.1 中事件触发控制系统和时间驱动控制系统的输出值比较。可以看出，带有参数不确定性的事件触发控制系统状态趋向于最终有界。当然，与时间驱动控制系统相比，事件触发控制系统存在一定的稳态误差。误差的大小，可以通过选取不同的参数 ε_1 和 ε_2 来进行调整。

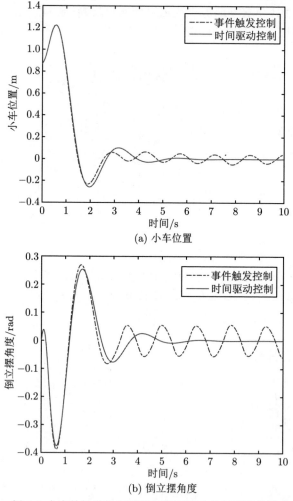

(a) 小车位置

(b) 倒立摆角度

图 8.1　例 8.1 中事件触发控制系统和时间驱动控制系统的输出值比较

图 8.2 显示了例 8.1 中事件触发控制系统的事件触发间隔的变化。可以看出，所有的事件触发间隔都严格大于本次实验的物理采样间隔 10^{-3}s。这意味着闭环系统 (8.10) 在事件触发条件 (8.7) 下具有事件分离性，与定理 8.2 中的理论结果相吻合。此外，还可以看出事件间隔在 0.002s 到 0.159s 之间波动。相较于传统时间驱动的采样间隔 10^{-3}s，事件触发控制显著减少了采样次数，避免了网络传输资源和计算资源的浪费。

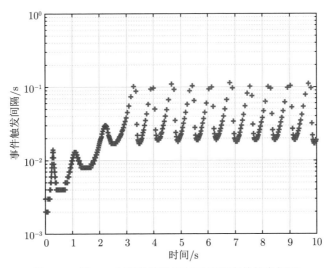

图 8.2　例 8.1 中事件触发控制系统的事件触发间隔

例 8.2 考虑文献 [215] 中的经典算例。参数矩阵 A、B、C 为

$$A = \begin{bmatrix} 5 & 0.1 & -0.3 \\ -0.2 & 3 & -0.2 \\ 0.2 & -0.3 & 2 \end{bmatrix}, \quad B = \begin{bmatrix} 5 & 0.2 & 0 \\ 0 & 3 & 1 \\ 0.1 & 0 & 3 \end{bmatrix}, \quad C = \begin{bmatrix} 0.1 & 0 & 0 \\ 0 & 0 & 0.1 \end{bmatrix}$$

而式 (8.2) 中的不确定参数为

$$H_1 = \begin{bmatrix} 1 & 0 & 0 \\ 0 & 1 & 0 \\ 0 & 0 & 1 \end{bmatrix}, \quad E_1 = \begin{bmatrix} 0.2 & 0 & 0 \\ 0 & 0.1 & 0 \\ 0 & 0 & 0.2 \end{bmatrix}$$

$$H_2 = \begin{bmatrix} 0 & 0 & 0 \\ 0 & 0 & 0 \end{bmatrix}, \quad E_2 = \begin{bmatrix} 0.1 & 0 & 0 \\ 0 & 0.1 & 0 \\ 0 & 0 & 0.5 \end{bmatrix}$$

$$F(t) = \begin{bmatrix} 0.2 & 0 & 0 \\ 0 & 0.2 & 0 \\ 0 & 0 & 0.2 \end{bmatrix} \sin(100t)$$

系统的输出为 $y = [y_1,\ y_2]^{\mathrm{T}}$。在事件触发条件 (8.5) 和 (8.6) 中，选取参数 $\varepsilon_1 = \varepsilon_2 = 0.25$。初始条件为 $x(0) = [0.1\ \ 0.8\ \ 0]^{\mathrm{T}}$，$\hat{x}(0) = [0.4\ \ 0.7\ \ 0.5]^{\mathrm{T}}$。采样间隔为 $h = 0.001\mathrm{s}$。最后，根据极点配置原理，选取标称系统的控制器增益 K 和观测器增益 L 为

$$K = \begin{bmatrix} -2.6024 & 0.0746 & 0.0262 \\ 0.0600 & -2.3658 & 0.8447 \\ 0.0201 & 0.0975 & -2.3342 \end{bmatrix}, \quad L = \begin{bmatrix} 0.0989 & -0.0269 \\ 0.5994 & -1.6019 \\ -0.0245 & 0.1311 \end{bmatrix} \times \mathrm{e}^3$$

图 8.3 显示了例 8.2 中事件触发控制系统和时间驱动控制系统的输出值比较。与例 8.1 类似，从图中可以看出，随着时间趋向于无穷，带有参数不确定性的事件触发控制系统状态趋向于最终有界。与时间驱动控制系统相比，事件触发控制系统存在着一定的稳态误差。误差的大小，可以通过选取不同的参数 ε_1 和 ε_2 来进行调整。

图 8.4 显示了例 8.2 中事件触发控制系统的事件触发间隔的变化，可见所有的事件触发间隔都是严格大于本次实验的物理采样间隔 $10^{-3}\mathrm{s}$ 的。这意味着闭环系统 (8.10) 在事件触发条件 (8.7) 下具有事件分离性，与定理 8.2 中的理论结果相吻合。此外，还可以看出事件触发间隔在 $0.002\mathrm{s}$ 到 $0.6\mathrm{s}$ 之间波动。相较于传统时间驱动的采样间隔 $10^{-3}\mathrm{s}$，事件触发控制显著降低了采样次数，避免了网络传输资源和计算资源的浪费。

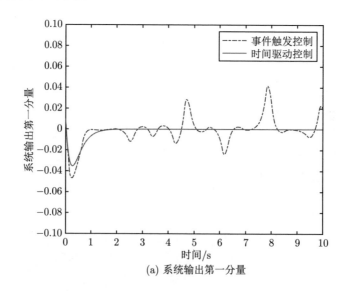

(a) 系统输出第一分量

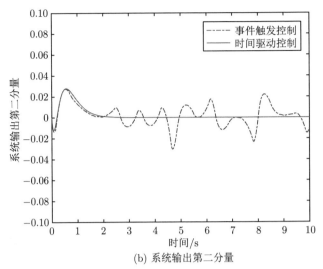

(b) 系统输出第二分量

图 8.3　例 8.2 中事件触发控制系统和时间驱动控制系统的输出值比较

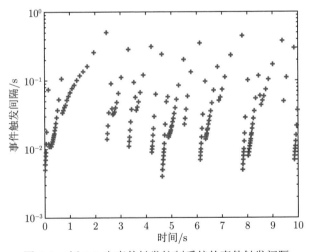

图 8.4　例 8.2 中事件触发控制系统的事件触发间隔

例 8.3　继续考虑例 8.1 中的系统。实验系统是一个位于移动小车上的倒立摆，它的线性化系统可以写成式 (8.29) 的形式，参数矩阵的选取与例 8.1 保持一致。在事件触发条件 (8.33) 中，选取参数 $\delta = 0.5$，$\epsilon = 0.05$。初始条件为 $x(0) = [0.87 \quad 0.54 \quad 0 \quad 0.2]^{\mathrm{T}}$，$\hat{x}(0) = [0.5 \quad 0.6 \quad 0.2 \quad 0.15]^{\mathrm{T}}$。丢包率参数选取 $\bar{\alpha} = \bar{\beta} = 0.95$。采样间隔为 $h = 0.01\mathrm{s}$。

图 8.5 显示了例 8.3 中事件触发控制系统和时间驱动控制系统的输出值比较。图中，实线表示带有参数不确定性和随机丢包的原系统的状态，虚线表示在基于

量化器的事件触发控制下的系统状态。可以看出，随着时间趋向于无穷，带有参数不确定性的事件触发控制系统状态趋向于最终有界。

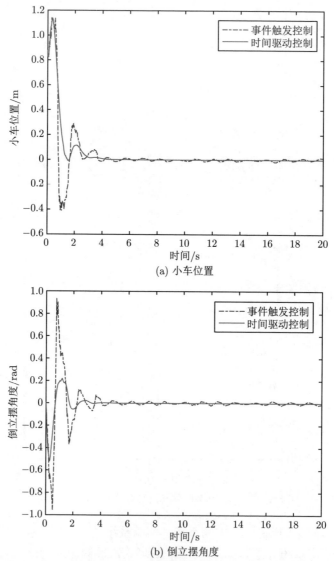

图 8.5　例 8.3 中事件触发控制系统和时间驱动控制系统的输出值比较

图 8.6 显示了例 8.3 中事件触发控制系统的事件触发间隔的变化。可以看出，事件触发间隔在 0.01s 到 0.26s 之间波动。在仿真时间 0~20s 之内，事件触发控制触发了 859 次，而传统时间驱动采样了 2000 次。显然，事件触发控制显著降

低了采样次数，避免了网络传输资源和计算资源的浪费。

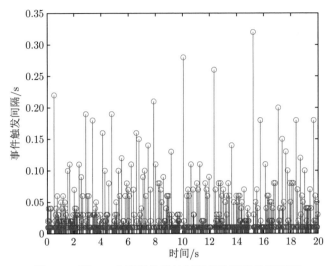

图 8.6 例 8.3 中事件触发控制系统的事件触发间隔

例 8.4 考虑文献 [215] 中的经典算例。参数矩阵与例 8.2 保持一致。在事件触发条件 (8.33) 中，选取参数 $\delta = 0.2$，$\epsilon = 0.01$。初始条件为 $x(0) = [0\ \ 0.2\ \ 0]^{\mathrm{T}}$，$\hat{x}(0) = [0.2\ \ 0.2\ \ 0.2]^{\mathrm{T}}$。采样间隔为 $h = 0.01\mathrm{s}$。

首先考虑丢包率比较低的情形，即丢包率 $\bar{\alpha} = \bar{\beta} = 0.95$。系统的状态变化和采样间隔分别如图 8.7 和图 8.8 所示。

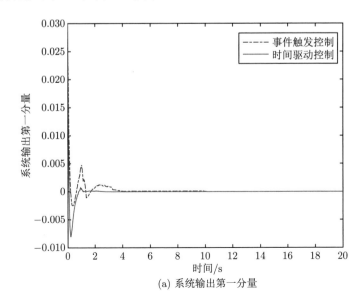

(a) 系统输出第一分量

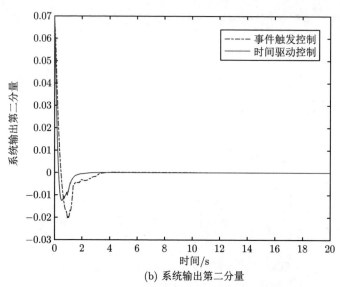

(b) 系统输出第二分量

图 8.7　例 8.4 中低丢包率下事件触发控制系统和时间驱动控制系统的输出值比较

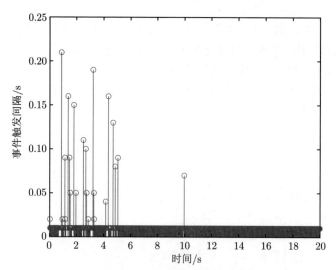

图 8.8　例 8.4 中低丢包率下事件触发控制系统的事件触发间隔

接下来考虑丢包率比较高的情形，也就是丢包率 $\bar{\alpha} = \bar{\beta} = 0.75$。系统的状态变化和采样间隔分别如图 8.9 和图 8.10 所示。

图 8.7 和图 8.9 显示了例 8.4 中在低丢包率和高丢包率下事件触发控制系统和时间驱动控制系统的输出值比较。可以看出，随着时间趋向于无穷，低丢包率和高丢包率下带有参数不确定性的事件触发控制系统状态都能趋向于最终有界；

与时间驱动控制系统相比，事件触发控制系统存在着一定的稳态误差；高丢包率下的误差比低丢包率下的误差大。由图 8.8 和图 8.10 可以看出，高丢包率下事件触发控制系统的事件触发次数比高丢包率下事件触发控制系统的事件触发次数更多。

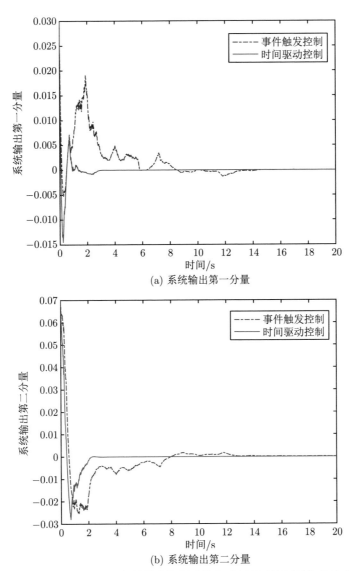

(a) 系统输出第一分量

(b) 系统输出第二分量

图 8.9　例 8.4 中高丢包率下事件触发控制系统和时间驱动控制系统的输出值比较

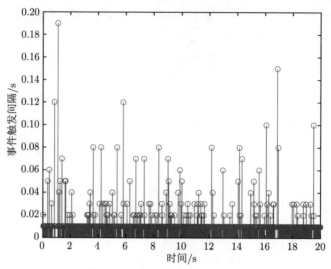

图 8.10　例 8.4 中高丢包率下事件触发控制系统的事件触发间隔

8.5　本　章　小　结

在本章中，首先针对参数不确定性线性系统，提出了一种新型事件触发控制策略，得到保证系统的最终有界的充分性条件。理论证明表明所提出的事件触发条件能够确保系统实现事件分离，从而避免芝诺现象。在此基础上，进一步考虑数据丢包和量化，引入伯努利丢包模型和有限能级的动态量化器，提出了一种基于量化器结构的事件触发条件，得到闭环系统均值最终有界性的充分条件。数值仿真验证了算法的有效性，提出的算法可以在保证系统稳定性的同时降低通信频率，减少网络带宽的占用率。

第 9 章 基于小增益定理的非线性系统
动态事件触发控制

9.1 引　　言

针对事件触发控制系统，研究人员提出了多种不同的分析方法，如混杂系统方法[125,126]、切换系统方法[122]、基于模型的控制方法[112] 和时滞系统方法[216]，但这些方法并不能很好地处理非线性事件触发控制系统。Liu 等[128] 提出一种基于小增益定理的事件触发系统分析方法，将原始事件触发控制系统转化为由两个输入状态稳定 (ISS) 的子系统组成的级联系统。相比于其他建模方法，这种方法可以放松利普希茨连续的假设，并通过引入小增益定理来处理非线性不确定性。文献 [129] 中将上述结论拓展到部分状态反馈和输出反馈系统。

一般来讲，动态事件触发控制可以得到比静态事件触发控制更大的平均触发间隔[140,146,147]。Postoyan 等[147] 通过混杂系统建模分析方法，在分析传统事件触发条件的基础上提出两种新的带有额外动态变量的事件触发策略，这些事件触发策略在降低传输频率、提高触发间隔方面优于传统事件触发策略。进一步，文献 [146] 设计了与系统状态相关的额外变量，使得驱动条件可以根据系统状态的变化而发生改变。受到文献 [128] 的启发，可以将动态事件触发控制系统转化为由三个输入状态稳定的子系统 (即原系统、事件触发条件、额外动态变量系统) 组成的一个级联系统。根据循环小增益定理[217,218]，可以分析级联系统的稳定性并设计事件触发条件中的参数变量。本章将考虑小增益定理框架下的非线性系统动态事件触发控制问题。

9.2 问 题 描 述

考虑如下的非线性系统：

$$\dot{x} = f(x,\ u) \tag{9.1}$$

其中，$x \in \mathbb{R}^n$ 是系统的状态变量；$u \in \mathbb{R}^m$ 是系统的控制输入；$f : \mathbb{R}^n \times \mathbb{R}^m \to \mathbb{R}^n$ 是一个局部利普希茨连续的函数且满足 $f(0,\ 0) = 0$。下面引入一些关于输入状态稳定的基本概念。

定义 9.1　对于系统 (9.1)，如果存在一个函数 $\beta \in \mathscr{KL}$ 和一个函数 $\gamma \in \mathscr{K}$，使得对于任意初始状态 x_0 和任意可测的、局部本性有界的控制输入 u 以及任意满足 $t \geqslant 0$ 的解 $x(t)$ 都有

$$\|x(t)\| \leqslant \max\{\beta(\|x(0)\|,\, t),\, \gamma(\|u_t\|_\infty)\} \tag{9.2}$$

其中，u_t 是控制输入 u 在区间 $[0,\, t]$ 上的截断函数，那么称系统 (9.1) 是输入状态稳定的。为了方便表示，用 $\|u\|_\infty$ 代替 $\|u_t\|_\infty$。

定义 9.2　对于一个光滑的函数 $V : \mathbb{R}^n \to \mathbb{R}_0^+$，如果存在 $\mathscr{K}_\infty$ 类函数 $\overline{\alpha}$、$\underline{\alpha}$、α、$\widetilde{\gamma}$，满足对所有的 x 和 u 都有

$$\underline{\alpha}(\|x\|) \leqslant V(x) \leqslant \overline{\alpha}(\|x\|) \tag{9.3}$$

$$\nabla V(x) \cdot f(x, u) \leqslant -\alpha(\|x\|) + \widetilde{\gamma}(\|u\|) \tag{9.4}$$

则称函数 V 为系统 (9.1) 的一个输入状态稳定 Lyapunov 函数。其中，$\nabla V(x) = \partial V(x)/\partial x$。

引理 9.1[219]　一个系统是输入状态稳定的，当且仅当它存在一个光滑的输入状态稳定 Lyapunov 函数。

引理 9.2[220]　一个光滑函数 V 是系统 (9.1) 的一个输入状态稳定 Lyapunov 函数，当且仅当存在 $\mathscr{K}_\infty$ 类函数 $\overline{\alpha}$、$\underline{\alpha}$ 和 $\mathscr{K}$ 类函数 α'、χ，使得式 (9.3) 成立且

$$\nabla V(x) \cdot f(x, u) \leqslant -\alpha'(V(x)) \tag{9.5}$$

对任意满足 $V(x) \geqslant \chi(\|u\|)$ 的状态 $x \in \mathbb{R}^n$ 和输入 $u \in \mathbb{R}^m$ 都成立。

注 9.1　由定义 9.2 和引理 9.2 可以看出，输入状态稳定系统存在着数学上等价的两种形式的 Lyapunov 函数：增益形式和耗散形式[220]。其中，耗散形式可以由式 (9.3) 和式 (9.4) 表示，而增益形式由式 (9.3) 和式 (9.5) 表示。

下面介绍 Liu 等[218] 提出的循环小增益定理，为证明本章的主要结论做准备。

考虑一个由 N 个子系统组成的级联系统

$$\begin{aligned}
\dot{x}_1 &= f_1(x_1(t),\, x_2(t),\, \cdots,\, x_N(t),\, u_1(t)) \\
\dot{x}_2 &= f_2(x_1(t),\, x_2(t),\, \cdots,\, x_N(t),\, u_2(t)) \\
&\vdots \\
\dot{x}_N &= f_N(x_1(t),\, x_2(t),\, \cdots,\, x_N(t),\, u_N(t))
\end{aligned} \tag{9.6}$$

对于每个 $1 \leqslant i \leqslant N$，$x_i \in \mathbb{R}^{n_i}$ 表示子系统的状态，$u_i \in \mathbb{R}^{m_i}$ 表示外部的输入，

$f_i : \mathbb{R}^n \times \mathbb{R}^{m_i} \to \mathbb{R}^{n_i}$ 是一个满足 $f_i(0, 0) = 0$ 的局部利普希茨连续函数，其中 $n = \sum\limits_{j=1}^{N} n_j$ 表示所有子系统的维数之和。

引理 9.3[217]　对于形如式 (9.6) 的级联系统，假设其中的每个子系统都是关于输入 $(x_1(t), \cdots, x_{i-1}(t), x_{i+1}(t), \cdots, x_N(t), u_i(t))$ 输入状态稳定的，即存在一些函数 $\beta_i \in \mathscr{KL} \cup \{0\}$、$\gamma_{ij} \in \mathscr{K} \cup \{0\}$ $(j = 1, 2, \cdots, N, j \neq i)$ 和 $\gamma_{ui} \in \mathscr{K} \cup \{0\}$，使得

$$\|x_i(t)\| \leqslant \max_{j \neq i}\{\beta_i(\|x_i(0)\|, t), \gamma_{ij}(\|x_j\|_\infty), \gamma_{ui}(\|u_i\|_\infty)\} \tag{9.7}$$

对任意的 $1 \leqslant i \leqslant N$ 都成立。

如果对于任意一个增益有向图上的简单环 $(i_1, i_2, \cdots, i_r, i_1)$，都有

$$\gamma_{i_1 i_2} \circ \gamma_{i_2 i_3} \circ \cdots \circ \gamma_{i_r i_1} < \mathrm{Id} \tag{9.8}$$

其中，$r = 2, 3, \cdots, N$，$1 \leqslant i_j \leqslant N$ 且当 $j \neq j'$ 时，$i_j \neq i_{j'}$，那么称系统 (9.6) 是关于状态 x 和输入 $u = (u_1, u_2, \cdots, u_N)$ 输入状态稳定的。其中，Id 表示单位映射。

接下来，介绍基于 Lyapunov 函数循环的小增益定理。

假设对于 $i = 1, 2, \cdots, N$，每个 x_i 子系统都存在一个连续可微的输入状态稳定 Lyapunov 函数 $V_i : \mathbb{R}^{n_i} \to \mathbb{R}^+$ 满足：

(1) 存在函数 $\underline{\alpha_i}, \overline{\alpha_i} \in \mathscr{K}_\infty$，使得

$$\underline{\alpha_i}(\|x_i\|) \leqslant V_i(x_i) \leqslant \overline{\alpha_i}(\|x_i\|), \quad \forall x_i \tag{9.9}$$

成立；

(2) 存在函数 $\widetilde{\gamma}_{ij} \in \mathscr{K} \cup \{0\}(j = 1, 2, \cdots, N, j \neq i)$ 和函数 $\widetilde{\gamma}_{ui} \in \mathscr{K} \cup \{0\}$，使得

$$\nabla V_i(x_i) \cdot f_i(x, u_i) \leqslant -\alpha_i(V_i(x_i)) \tag{9.10}$$

对于任意满足 $V_i(x_i) \geqslant \max\limits_{j \neq i}\{\widetilde{\gamma}_{ij}(V_j(x_j)), \widetilde{\gamma}_{ui}(\|u_i\|)\}$ 的 x 和 u_i 成立，其中 α_i 为正定函数。

引理 9.4[218]　考虑级联系统 (9.6)，其中每个 x_i 子系统都存在一个连续可微的输入状态稳定 Lyapunov 函数 V_i 满足式 (9.9) 和式 (9.10)。如果对于任意一个增益有向图上的简单环 $(i_1, i_2, \cdots, i_r, i_1)$，都有

$$\widetilde{\gamma}_{i_1 i_2} \circ \widetilde{\gamma}_{i_2 i_3} \circ \cdots \circ \widetilde{\gamma}_{i_r i_1} < \mathrm{Id} \tag{9.11}$$

其中，$r = 2, 3, \cdots, N$，$1 \leqslant i_j \leqslant N$ 且当 $j \neq j'$ 时，$i_j \neq i_{j'}$，那么称系统 (9.6) 是关于状态 x 和输入 $u = (u_1, u_2, \cdots, u_N)$ 输入状态稳定的。而且，关于系统 (9.6) 的一种输入状态稳定 Lyapunov 函数可以按照如下方式构造：

$$V(x) = \max_{i=1,\cdots,N}\{\sigma_i(V_i(x))\} \tag{9.12}$$

其中，σ_i 是适当选取的在 $(0, \infty)$ 上局部利普希茨连续的 $\mathcal{K}_\infty$ 类函数。

注 9.2　在引理 9.3 中，结论在极端情况 $\beta_i = 0$ 下仍然是成立的，也就是说 x_i 子系统可以是无记忆的。对于具体的系统，有时可以根据原始定义来判别出子系统的输入状态稳定性质，有时则不得不通过构造 Lyapunov 函数来证明它们。因此，引理 9.3 和引理 9.4 事实上从直接定义和 Lyapunov 函数两个角度分别给出了判别系统 (9.6) 输入状态稳定的充分条件，以满足不同需求。

9.3　动态事件触发策略

考虑如下事件触发控制系统：

$$
\begin{aligned}
\dot{x}(t) &= f(x(t), u(t)) \\
u(t) &= k(x(t_k)), \quad t \in [t_k, t_{k+1}), \quad k \in \mathbb{S} \subseteq \mathbb{Z}_+
\end{aligned}
\tag{9.13}
$$

其中，$\{t_k\}_{k\in\mathbb{S}}$ 表示由 9.4 节中的事件触发条件所决定的触发时刻序列。在触发时刻，控制输入会根据当前的系统状态进行更新；而在触发时刻的间隔中，控制输入会保持不变。如果触发次数是无限的，那么 $\mathbb{S} = \mathbb{Z}_+$。在这种情况下，将会在定理 9.1 中证明 $t_k \to \infty$，也就意味着无限的触发时刻不可能在有限的时间内发生，即没有芝诺现象。

定义事件触发误差为

$$e(t) = x(t_k) - x(t), \quad t \in [t_k, t_{k+1}) \tag{9.14}$$

并且将控制器写成

$$u(t) = k(x(t) + e(t)) \tag{9.15}$$

系统 (9.13) 可以写成

$$\dot{x}(t) = f(x(t), k(x(t) + e(t))) := \bar{f}(x(t), x(t) + e(t)) \tag{9.16}$$

假设 9.1　系统 (9.16) 是关于误差 e 输入状态稳定的，也就是说存在函数 $\beta \in \mathcal{KL}$ 和 $\gamma \in \mathcal{K}$ 使得对于任意初始状态 $x(0)$ 和任意可测的、局部本性有界的误差 e，都有

$$\|x(t)\| \leqslant \max\{\beta(\|x(0)\|, t), \gamma(\|e\|_\infty)\} \tag{9.17}$$

对于任意的 $t \geqslant 0$ 成立。

根据引理 9.1 和引理 9.2，在假设 9.1 的情况下，系统 (9.16) 存在一个连续可微的输入状态稳定 Lyapunov 函数 $V_1 : \mathbb{R}^n \to \mathbb{R}^+$，满足存在 $\mathcal{K}_\infty$ 类函数 $\overline{\alpha_1}$、$\underline{\alpha_1}$ 和 $\mathcal{K}$ 类函数 α_1、χ，使得

$$\underline{\alpha_1}(\|x\|) \leqslant V_1(x) \leqslant \overline{\alpha_1}(\|x\|) \tag{9.18}$$

$$\nabla V_1(x) \cdot \bar{f}(x,\, x+e) \leqslant -\alpha_1(V_1(x)) \tag{9.19}$$

对任意满足 $V_1(x) \geqslant \chi(\|e\|)$ 的 $x,\, e \in \mathbb{R}^n$ 都成立。在面对一个非线性系统函数时，一般需要通过引理 9.1 或引理 9.2 来构造相应的 Lyapunov 函数，以判别系统函数是否满足假设 9.1。

传统静态事件触发策略只考虑系统状态 x 和事件触发误差 e 的变化，而忽略了事件触发条件的内部动态。在本章中，受到 Girard[146] 相关研究的启发，采取一种动态事件触发的策略，来增加平均事件触发间隔。

为此，引入一个额外的动态变量 ζ 满足如下微分方程：

$$\dot{\zeta} = -\phi(\zeta) + \rho(\|x\|) - \|e\|, \quad \zeta(0) = \zeta_0 \tag{9.20}$$

其中，局部利普希茨连续的 $\mathcal{K}_\infty$ 类函数 ϕ、ρ 和 $\zeta_0 \in \mathbb{R}_0^+$ 可根据需要来设计。

加入额外变量之后，事件触发条件可以设计为如下形式：

$$t_{k+1} = \inf\{t > t_k | \zeta(t) + \theta(\rho(\|x(t)\|) - \|e(t)\|) \leqslant 0\} \tag{9.21}$$

其中，$\theta \in \mathbb{R}^+$ 是可以设计的额外参数。

事件触发条件 (9.21) 可以保证，对于所有的 $t \geqslant 0$，都有

$$\|e(t)\| \leqslant \rho(\|x(t)\|) + \frac{1}{\theta}\zeta(t) \tag{9.22}$$

下面证明 $\zeta(t)$ 对于所有的 $t \geqslant 0$ 保持非负性。

根据式 (9.22)，有

$$\rho(\|x(t)\|) - \|e(t)\| \geqslant -\frac{1}{\theta}\zeta(t) \tag{9.23}$$

由式 (9.20) 可以得到

$$\dot{\zeta}(t) \geqslant -\phi(\zeta(t)) - \frac{1}{\theta}\zeta(t), \quad \zeta(0) \geqslant 0 \tag{9.24}$$

根据比较原理[213]，可知 $\zeta(t) \geqslant 0$ 对于所有的 $t \geqslant 0$ 都成立。

注 9.3　在事件触发条件 (9.21) 中，如果 θ 趋向于 $+\infty$，那么条件将变为

$$t_{k+1} = \inf\{t > t_k | \rho(\|x(t)\|) - \|e(t)\| \leqslant 0\} \tag{9.25}$$

这与 Liu 等[128] 提出的事件触发条件是一致的。从这个意义上来说，静态事件触发策略可以看作动态事件触发策略的一种特殊情形。由上面的推导可以看出，$\zeta(t) \geqslant 0$ 对于所有的 $t \geqslant 0$ 都成立。相较于静态策略 (9.25)，动态策略允许 $\|e(t)\|$ 在某些时刻可以比 $\rho(\|x(t)\|)$ 大，只要这个差距可以被动态变量 ζ 限制住。

　　实际上，可以将式 (9.16)、式 (9.20) 和式 (9.22) 看作三个输入状态稳定的子系统，它们之间形成一个结构如图 9.1 所示的级联系统。接下来，将运用循环小增益定理分析该互联系统的稳定性。

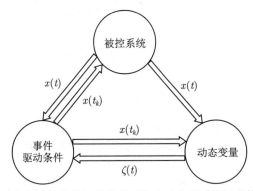

图 9.1　动态事件触发控制系统表示为由三个子系统组成的级联系统

9.4　稳定性分析

　　本节将分析系统的稳定性，同时保证最小事件触发间隔的存在性，以避免芝诺现象。

　　定理 9.1　考虑事件触发闭环控制系统 (9.16) 和满足 $\bar{f}(0, 0) = 0$ 的局部利普希茨连续函数 $\bar{f}$。如果假设 9.1 对于一个局部利普希茨连续函数 γ 成立，那么存在函数 $\rho, \phi \in \mathscr{K}_\infty$，满足 ρ^{-1} 是局部利普希茨连续函数，且

$$2\rho \circ \gamma < \mathrm{Id} \tag{9.26}$$

$$\gamma \circ \frac{2}{\theta} \circ \beta^{-1} \circ 2\rho < \mathrm{Id} \tag{9.27}$$

使得在事件触发策略为式 (9.20) 和式 (9.21) 的情况下，对于任意初始状态 $x(0)$，系统 (9.16) 都是渐近稳定的，且系统的事件触发间隔严格大于 0。

证明　考虑由三个子系统组成的级联系统:

$$
\begin{cases}
\dot{x} = \bar{f}(x, x+e) \\
\|e(t)\| \leqslant \rho(\|x(t)\|) + \dfrac{1}{\theta}\zeta(t) \\
\dot{\zeta} = -\phi(\zeta) + \rho(\|x\|) - \|e\|
\end{cases}
\tag{9.28}
$$

对于级联系统 (9.28),它的增益有向图所构成的简单环,一共有以下五种情形:

$$
\begin{aligned}
&\gamma_{xe} \circ \gamma_{ex} \\
&\gamma_{x\zeta} \circ \gamma_{\zeta x} \\
&\gamma_{e\zeta} \circ \gamma_{\zeta e} \\
&\gamma_{xe} \circ \gamma_{e\zeta} \circ \gamma_{\zeta x} \\
&\gamma_{x\zeta} \circ \gamma_{\zeta e} \circ \gamma_{ex}
\end{aligned}
\tag{9.29}
$$

对于 x 子系统,根据假设 9.1,可以知道它是输入状态稳定的,且有增益 $\gamma_{xe} = \gamma$ 和 $\gamma_{x\zeta} = 0$。

对于 e 子系统,由式 (9.22) 可得

$$
\|e(t)\| \leqslant \max\left\{ 2\rho(\|x\|),\ \frac{2}{\theta}\zeta(t) \right\}
\tag{9.30}
$$

因而增益 $\gamma_{ex} = 2\rho$, $\gamma_{e\zeta} = \dfrac{2}{\theta}$。

对于 ζ 子系统,通过式 (9.20) 可得

$$
\dot{\zeta} \leqslant -\phi(\zeta) + \rho(\|x\|)
\tag{9.31}
$$

为此,选取 Lyapunov 函数 $V(\zeta) = \zeta$,根据文献 [213] 中给出的定理 4.19,可得

$$
\zeta \leqslant \max\{\widetilde{\beta}(\zeta_0,\ t), \phi^{-1} \circ 2\rho(\|x\|_\infty)\}
\tag{9.32}
$$

其中,函数 $\widetilde{\beta} \in \mathscr{KL}$。因此,可以得到增益 $\gamma_{\zeta x} = \phi^{-1} \circ 2\rho$ 和 $\gamma_{\zeta e} = 0$。

当条件 (9.26) 和 (9.27) 都满足时,式 (9.29) 中的所有简单环都满足增益条件 (9.8)。根据循环小增益定理 (引理 9.3),整个级联系统 (9.28) 是关于状态 $\varXi = [x^{\mathrm{T}},\ e^{\mathrm{T}},\ \zeta]^{\mathrm{T}}$ 输入状态稳定的。这里没有考虑外界的扰动,级联系统 (9.28) 是渐近稳定的,所以事件触发闭环控制系统 (9.16) 也是渐近稳定的。

下面证明由事件触发条件 (9.21) 所决定的触发间隔是严格大于 0 的。考虑动态事件触发条件 (9.21) 和静态事件触发条件 (9.25)。如果在 t_k 时刻有一个事件触发,假设 t'_{k+1} 是由动态条件 (9.21) 所决定的下一个触发时刻,而 t_{k+1} 是由静

态条件 (9.25) 所决定的下一个触发时刻。如果 $t_{k+1} > t'_{k+1}$ 成立，那么显然在时刻 t'_{k+1}，静态事件触发条件 (9.25) 没有触发，即

$$\rho(\|x(t'_{k+1})\|) - \|e(t'_{k+1})\| > 0 \tag{9.33}$$

同时，根据动态事件触发条件 (9.21)，有

$$\zeta(t'_{k+1}) + \theta(\rho(\|x(t'_{k+1})\|) - \|e(t'_{k+1})\|) \leqslant 0 \tag{9.34}$$

由于 $\zeta(t'_{k+1}) \geqslant 0$ 且 $\theta > 0$，可以得到 $\rho(\|x(t'_{k+1})\|) - \|e(t'_{k+1})\| \leqslant 0$。这与式 (9.33) 相矛盾。因此，$t_{k+1} \leqslant t'_{k+1}$ 成立，这就意味着动态条件 (9.21) 的触发间隔不小于静态条件 (9.25) 的触发间隔。

在 Liu 等 [128] 的工作中已经证明

$$\inf_{k \in \mathbb{S}}\{t_{k+1} - t_k\} > 0 \tag{9.35}$$

因此，有

$$\inf_{k \in \mathbb{S}}\{t'_{k+1} - t'_k\} \geqslant \inf_{k \in \mathbb{S}}\{t_{k+1} - t_k\} > 0 \tag{9.36}$$

证毕。

注 9.4　式 (9.26) 和式 (9.27) 中给出的增益条件，可以指导非线性系统中事件触发条件 (9.20) 和 (9.21) 中的参数设计。正如 9.5 节中的数值实验所展示的那样，如果按照这些增益条件来设计动态事件触发机制，就可以保证系统的稳定性。与此同时，还可以得到比静态事件触发机制更大的最小时间间隔，因而节约了大量的通信和计算资源。此外，与 Liu 等 [128] 的工作类似，定理 9.1 也不要求式 (9.19) 中的函数 α_1 是局部利普希茨连续的，这在一定程度上放松了 Girard 等 [146] 给出的充分条件。

接下来，针对事件触发机制 (9.20) 和 (9.21) 下的闭环控制系统 (9.16)，给出基于 Lyapunov 函数的稳定性条件。

由定义 9.2 和引理 9.2 可以得出，系统 (9.16) 的输入状态稳定性质可以等价转化成式 (9.18) 和式 (9.19)。由式 (9.22) 可以看出 $e(t)$ 子系统关于 $x(t)$ 和 $\zeta(t)$ 输入状态稳定，那么就可以找到一个分段光滑的输入状态稳定 Lyapunov 函数 V_2，满足存在 $\mathscr{K}_\infty$ 类函数 $\overline{\alpha_2}$、$\underline{\alpha_2}$ 和 $\mathscr{K}$ 类函数 α_2、$\tilde{\gamma}_{ex}$、$\tilde{\gamma}_{e\zeta}$，使得

$$\underline{\alpha_2}(\|e\|) \leqslant V_2(e) \leqslant \overline{\alpha_2}(\|e\|) \tag{9.37}$$

$$\nabla V_2(e) \cdot (-\bar{f}(x,\ x+e)) \leqslant -\alpha_2(V_2(e)) \tag{9.38}$$

对任意满足 $V_2(e) \geqslant \max\{\widetilde{\gamma}_{ex}(V_1(x)),\ \widetilde{\gamma}_{e\zeta}(\zeta)\}$ 的 $x,\ e \in \mathbb{R}^n$ 以及任意的 $\zeta \in \mathbb{R}_0^+$ 都成立。

由式 (9.37)，式 (9.19) 可以写成

$$\nabla V_1(x) \cdot \bar{f}(x,\ x+e) \leqslant -\alpha_1(V_1(x)) \tag{9.39}$$

对于任意满足 $V_1(x) \geqslant \widetilde{\gamma}_{xe}(V_2(e))$ 的 $x, e \in \mathbb{R}^n$ 都成立。其中，增益 $\widetilde{\gamma}_{xe} = \chi \circ \underline{\alpha_2}^{-1}$。

同时，对满足式 (9.20) 的动态变量 $\zeta(t)$ 选取 Lyapunov 函数 $V_3(\zeta) = \zeta$。那么，显然有系统 (9.20) 关于 $x(t)$ 输入状态稳定：

$$\dot{\zeta} \leqslant -\phi(\zeta) + \rho(\|x\|) \tag{9.40}$$

为了保证 $\mathscr{K}_\infty$ 函数 $\phi - \hat{\phi}$ 中的 $\hat{\phi}$ 也是 $\mathscr{K}_\infty$ 函数，令

$$\widetilde{\gamma}_{\zeta x} = (\phi - \hat{\phi})^{-1} \circ \rho \circ \underline{\alpha_1}^{-1} \tag{9.41}$$

显然，$\widetilde{\gamma}_{\zeta x}$ 是一个 $\mathscr{K}$ 类函数。当 $\zeta \geqslant (\phi - \hat{\phi})^{-1} \circ \rho \circ \underline{\alpha_1}^{-1}(V_1(x))$ 时，根据式 (9.18)，有 $\zeta \geqslant (\phi - \hat{\phi})^{-1} \circ \rho(\|x\|)$。结合式 (9.40)，可知 $\dot{\zeta} \leqslant -\hat{\phi}(\zeta)$ 成立。

综上可知

$$\nabla V_3(\zeta) \leqslant -\hat{\phi}(V_3(\zeta)) \tag{9.42}$$

对任意满足 $V_3(\zeta) \geqslant \widetilde{\gamma}_{\zeta x}(V_1(x))$ 的 $x \in \mathbb{R}^n$ 和任意的 $\zeta \in \mathbb{R}_0^+$ 都成立。

接下来给出如下定理。

定理 9.2　考虑事件触发闭环控制系统 (9.16)，以及满足 $\bar{f}(0,\ 0) = 0$ 的局部利普希茨连续函数 $\bar{f}$。如果假设 9.1 对于一个局部利普希茨连续函数 γ 成立，那么可以找到函数 $\rho, \hat{\phi}, \phi, \phi - \hat{\phi} \in \mathscr{K}_\infty$，满足 ρ^{-1} 是局部利普希茨连续的，且

$$\widetilde{\gamma}_{xe} \circ \widetilde{\gamma}_{ex} < \mathrm{Id} \tag{9.43}$$

$$\widetilde{\gamma}_{xe} \circ \widetilde{\gamma}_{e\zeta} \circ \widetilde{\gamma}_{\zeta x} < \mathrm{Id} \tag{9.44}$$

其中，$\widetilde{\gamma}_{xe}$、$\widetilde{\gamma}_{ex}$、$\widetilde{\gamma}_{e\zeta}$、$\widetilde{\gamma}_{\zeta x}$ 分别为在式 (9.39)、式 (9.38) 和式 (9.42) 中定义的 $\mathscr{K}$ 类函数。在满足上述条件的动态事件触发策略 (9.20) 和 (9.21) 作用下，对于任意的初始状态 $x(0)$，系统 (9.16) 都是渐近稳定的，且最小事件间隔严格大于 0。

证明　基于上述讨论，可以看出输入状态稳定 Lyapunov 函数 V_1、V_2 和 V_3 满足引理 9.4 中的条件。对于级联系统 (9.28)，增益有向图中的简单环有下列五种情况：

$$
\begin{aligned}
&\widetilde{\gamma}_{xe} \circ \widetilde{\gamma}_{ex} \\
&\widetilde{\gamma}_{x\zeta} \circ \widetilde{\gamma}_{\zeta x} \\
&\widetilde{\gamma}_{e\zeta} \circ \widetilde{\gamma}_{\zeta e} \\
&\widetilde{\gamma}_{xe} \circ \widetilde{\gamma}_{e\zeta} \circ \widetilde{\gamma}_{\zeta x} \\
&\widetilde{\gamma}_{x\zeta} \circ \widetilde{\gamma}_{\zeta e} \circ \widetilde{\gamma}_{ex}
\end{aligned}
\tag{9.45}
$$

注意到 $\widetilde{\gamma}_{x\zeta} = \widetilde{\gamma}_{\zeta e} = 0$，而且增益条件 (9.43) 和 (9.44) 满足式 (9.11)。那么根据循环小增益定理 (引理 9.4)，整个级联系统 (9.28) 是关于状态 $\Xi = [x^{\mathrm{T}} \ e^{\mathrm{T}} \ \zeta]^{\mathrm{T}}$ 输入状态稳定的。由于这里不考虑外界扰动，系统是渐近稳定的。

类似于定理 9.1 的证明，可以得到由动态事件触发条件 (9.21) 所产生的触发间隔是严格大于 0 的，也就意味着在事件触发控制系统 (9.16) 中排除了芝诺现象。证毕。

注 9.5　定理 9.2 提供了一种基于 Lyapunov 函数的动态事件触发条件设计方法。在实际应用中，有时通过输入状态稳定 Lyapunov 函数来刻画系统的输入状态稳定性质会比直接根据定义要方便得多。在这种情形下，定理 9.2 会是一种更好的选择。

9.5　数 值 仿 真

例 9.1　考虑如下二阶非线性系统：

$$
\begin{cases}
\dot{x}_1 = -x_1 + x_2 \sin x_2 \\
\dot{x}_2 = u - x_1 \sin x_2
\end{cases}
\tag{9.46}
$$

在每个事件触发的时间间隔 $[t_k, \ t_{k+1})$ 内，都使用状态反馈 $u(t) = -x_2(t_k)$ 作为系统的控制输入。

首先，选取光滑的输入状态稳定 Lyapunov 函数 $V_1(x) = \dfrac{1}{2}(x_1^2 + x_2^2) = \dfrac{1}{2}\|x(t)\|$。显然，$V_1(x)$ 可以满足式 (9.18) 和式 (9.19)，其中 $\underline{\alpha_1}(s) = \overline{\alpha_1}(s) = \dfrac{1}{2}s^2$ 和 $\chi(s) = s^2$。

然后，选取光滑的输入状态稳定 Lyapunov 函数 $V_2(e) = \|e\|$ 和 $V_3(\zeta) = \zeta$。根据增益条件 (9.43) 和 (9.44)，动态函数 (9.20) 和动态事件触发条件 (9.21) 中的参数可以按照如下方式选取：$\rho(s) = 0.2s$，$\theta = 5$，$\phi(s) = 0.5s$，$\hat{\phi}(s) = 0.3s$。当初始条件为 $\zeta_0 = 1.5$ 和 $x(0) = [14 \ \ 16]^{\mathrm{T}}$ 时，仿真结果如图 9.2 和图 9.3 所示。

由图 9.2 可知，相比于传统的静态事件触发方法，动态事件触发控制策略可以得到相似的系统性能。与此同时，图 9.3 显示本章提出的动态事件触发控制策略可以在某种程度上降低事件触发的频率，从而节约系统的传输和计算资源。具体来说，系统 (9.46) 在上述参数指标下，从 $t = 0$s 到 $t = 10$s，在动态事件触发策略下的平均事件间隔为 0.714s，而在静态事件触发策略[128] 下的平均事件间隔为 0.476s。

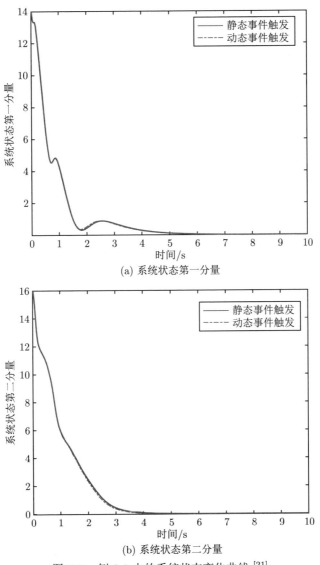

(a) 系统状态第一分量

(b) 系统状态第二分量

图 9.2 例 9.1 中的系统状态变化曲线[21]

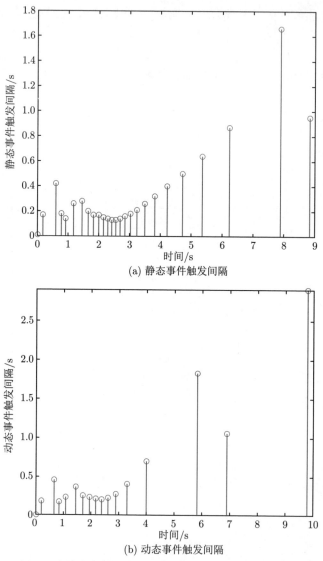

图 9.3　例 9.1 中静态事件触发方法和动态事件触发方法触发间隔的对比

例 9.2　考虑如下非线性系统[213]：

$$\begin{cases} \dot{x}_1 = -x_1 + x_2^2 \\ \dot{x}_2 = u \end{cases} \tag{9.47}$$

在每个事件触发触发间隔 $[t_k,\ t_{k+1})$ 内都采用状态反馈控制器 $u(t) = -x_2(t_k)$。选取光滑的输入状态稳定 Lyapunov 函数，$V_1(x) = \dfrac{1}{2}x_1^2 + \dfrac{1}{4}x_2^4$。注意，这里采用的范

数是无穷范数 $\|x\|_\infty = \max\{|x_1|, |x_2|\}$。可以看出，系统是关于 $e(t)$ 输入状态稳定的，其中 $\underline{\alpha_1}(s) = \min\left\{\dfrac{1}{2}s^2, \dfrac{1}{4}s^4\right\}$，$\overline{\alpha_1}(s) = \dfrac{1}{2}s^2 + \dfrac{1}{4}s^4$，$\chi(s) = \max\{4s, (4s)^2\}$。仍然选取光滑的输入状态稳定 Lyapunov 函数 $V_2(e) = \|e\|$ 和 $V_3(\zeta) = \zeta$。对于参数设计，选取 $\rho(s) = 0.05\mathrm{s}$，$\theta = 3$，$\phi(s) = 0.5\mathrm{s}$，$\hat{\phi}(s) = 0.3\mathrm{s}$，来保证满足相应的增益条件。在初始条件选取为 $\zeta_0 = 1.5$ 和 $x(0) = [14 \quad 16]^{\mathrm{T}}$ 的情况下，最终的仿真结果如图 9.4 和图 9.5 所示。

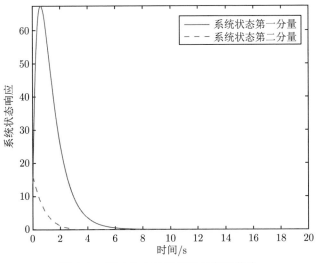

图 9.4　例 9.2 中的系统状态变化曲线

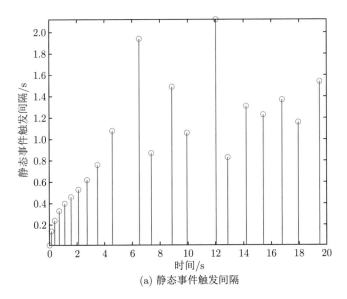

(a) 静态事件触发间隔

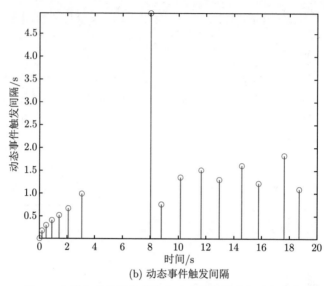

(b) 动态事件触发间隔

图 9.5　　例 9.2 中静态事件触发方法和动态事件触发方法触发间隔的对比

　　由图 9.4 可知，整个非线性系统在动态事件触发策略的控制下，系统状态是渐近稳定的。与图 9.3 类似，图 9.5 也反映了例 9.2 中动态事件触发策略相比于静态事件触发策略在降低触发频率方面的效果。在仿真时间 $t = 0\mathrm{s}$ 到 $t = 20\mathrm{s}$ 之内，动态事件触发策略下的平均事件间隔为 $1.176\mathrm{s}$，而文献 [128] 中静态事件触发策略下的平均事件间隔为 $0.870\mathrm{s}$。

9.6　本 章 小 结

　　本章提出了一种基于小增益定理的动态事件触发控制策略。根据循环小增益定理，得到了保证事件触发控制闭环系统的稳定性和事件分离性质的充分条件。根据这些条件，可以设计具体的动态事件触发策略，在能够保持与静态事件触发策略相似的系统性能的同时进一步降低网络通信带宽的占用率。两个数值仿真实例验证了本章提出的理论结果的正确性。

第 10 章　连续时间非线性系统的绝对/混合事件触发模型预测控制

10.1　引　　言

模型预测控制由于具有显式处理系统约束及复杂非线性的能力而受到广泛关注，常被用来解决多智能体、智能电网、智能交通等多个领域的控制问题。模型预测控制先通过求解优化问题获得一个最优控制序列，然后仅将序列中的第一个值作用到被控对象，其余值舍掉。这样的控制方式具有极大的计算负担。当模型预测控制用于网络化控制系统的控制时，同样存在网络带宽受限问题。为了解决网络带宽有限和计算负担大的问题，本章研究基于事件触发的模型预测控制算法。文献 [221] 研究了带加性干扰的非线性连续时间系统的模型预测控制问题，其中求解优化问题得到的最优控制序列由多个分段的常数值组成，同样也是将第一个控制输入作用到实际系统；稳定性分析中，在采样时刻上使用值函数作为 Lyapunov 函数，在采样间隔内部设计了基于性能函数的新的 Lyapunov 函数，指出系统满足输入-状态实用稳定性定理。基于文献 [221] 中的理论，文献 [222] 引入混合事件触发条件，给出了保证优化问题可行性的充分条件，但是没有给出系统鲁棒性证明过程。现有的大量文献先使用状态偏差[223-225] 设计事件触发条件，然后使用双模模型预测控制框架设计控制算法。这种方法需要两个控制器，即模型预测控制器和局部控制器，同时由于该事件触发控制算法需要保证实际状态进入到终端约束集，因而可容许的干扰上界较小。

本章针对连续时间非线性系统设计了两种事件触发控制算法。首先，采用文献 [224] 中的事件触发条件，使用准无穷时域模型预测控制框架设计了第一种事件触发控制算法。本章所提出的准无穷时域事件触发模型预测控制算法不需要实际系统状态进入到终端约束集，因而相比文献 [224] 中的稳定性条件保守性更小。其次，为了进一步增大事件触发间隔，设计了第二种事件触发控制算法，在其条件中增加了状态相关项并去掉了事件触发间隔上界。另外，本章给出了保证两种事件触发控制算法优化问题可行性和系统稳定性的充分条件，并给出了具体分析过程。

10.2　系 统 描 述

考虑如下所示的一类带加性干扰的连续时间非线性系统:

$$\dot{x}_t = f(x_t, u_t) + v_t, \quad t \in \mathbb{R}, \quad x_0 = \bar{x} \tag{10.1}$$

其中, $x_t \in X \subset \mathbb{R}^n$ 表示系统状态; $u_t \in U \subset \mathbb{R}^m$ 表示控制输入; $v_t \in V \subseteq \mathbb{R}^n$ 是加性干扰; $\bar{x}$ 是系统初始状态。集合 U 和 X 是内部包含原点的紧约束集。系统干扰 v_t 的上界表示为 $\bar{v} \overset{\text{def}}{=} \max_{v_t \in V} \|v_t\|$, 其中 V 是包含原点的紧约束集。

系统 (10.1) 的标称系统表示为

$$\dot{\hat{x}}_t = f(\hat{x}_t, u_t) \tag{10.2}$$

其中, 非线性函数 $f : \mathbb{R}^n \times \mathbb{R}^m \to \mathbb{R}^n$ 是二次连续可微的, 并满足 $f(0,0) = 0$; $\hat{x}_t$ 表示标称系统状态。

标称系统 (10.2) 在原点进行 Jacobian (雅可比) 线性化得到的线性系统为

$$\dot{\hat{x}}_t = A\hat{x}_t + Bu_t \tag{10.3}$$

其中, $A = (\partial f / \partial \hat{x})|_{(0,0)}$, $B = (\partial f / \partial u)|_{(0,0)}$。对于线性系统 (10.3), 有如下的假设 [223, 224, 226]。

假设 10.1　线性系统 (10.3) 在原点是可镇定的, 也就是说存在一个线性的状态反馈控制器 $u_t = K\hat{x}_t$ 使得 $A_K = A + BK$ 是 Hurwitz (赫尔维茨) 的, 其中 $K \in \mathbb{R}^{m \times n}$ 是以 $R > 0$ 和 $Q > 0$ 为权重矩阵的线性二次型调节器最优反馈矩阵。

如果假设 10.1 成立, 有下面的引理 [226] 成立。

引理 10.1 [226]　如果假设 10.1 成立, 则 Lyapunov 等式 $(A_K + \kappa I)^{\mathrm{T}} P + P(A_K + \kappa I) = -Q^*$ 存在一个唯一正定对称矩阵 P, 其中 $Q^* = Q + K^{\mathrm{T}} RK$ 是正定对称矩阵, $\kappa \in [0, \infty)$ 满足 $\kappa < -\bar{\lambda}(A_K)$; 而且, 存在一个包含原点的集合 $\Phi := \{\hat{x}_t \in \mathbb{R}^n | \hat{x}_t^{\mathrm{T}} P \hat{x}_t \leqslant \varepsilon^2\}$, $\varepsilon \in (0, \infty)$, 使得对于任意的 $\hat{x}_t \in \Phi$, 有 $K\hat{x}_t \in \mathscr{U}$ 和 $\dot{V}_f(\hat{x}_t)|_{\dot{\hat{x}}_t = f(\hat{x}_t, K\hat{x}_t)} \leqslant -\|\hat{x}_t\|_{Q^*}^2$ 成立, 其中 $V_f(x_t) = x_t^{\mathrm{T}} P x_t$。

标称系统 (10.2) 满足下面的假设。

假设 10.2　非线性函数 $f(\hat{x}, u)$ 在集合 $X \times U$ 中关于参数 $\hat{x}$ 是利普希茨连续的, 也就是说存在一个正实数 L_f 满足

$$\|f(\hat{x}_1, u) - f(\hat{x}_2, u)\| \leqslant L_f \|\hat{x}_1 - \hat{x}_2\| \tag{10.4}$$

非线性函数 $f(\hat{x}, K\hat{x})$ 在集合 $\Phi \times U$ 中关于参数 $\hat{x}$ 是利普希茨连续的, 也就是说存在一个正实数 L_{f_k} 满足

$$\|f(\hat{x}_1, K\hat{x}_1) - f(\hat{x}_2, K\hat{x}_2)\| \leqslant L_{f_k} \|\hat{x}_1 - \hat{x}_2\| \tag{10.5}$$

注 10.1 式 (10.4) 是系统的一般性假设[223-225, 227]。为了分析系统的稳定性，还需要满足式 (10.5)，类似的假设可参见文献 [228] 和 [229]。

由于存在加性干扰，实际系统状态与预测状态之间的偏差会随着时间逐渐变大。下面的引理给出了状态偏差上界。

引理 10.2[230] 考虑实际系统 (10.1) 和标称系统 (10.2)，满足假设 10.2，并且干扰存在上界 $\|v_t\| \leqslant \bar{v}$，则状态偏差范数 $\|x_t - \hat{x}_t\|$ 满足下面的条件：

$$\|x_t - \hat{x}_t\| \leqslant \|x_0 - \hat{x}_0\| \mathrm{e}^{L_f t} + \frac{\bar{v}}{L_f}(\mathrm{e}^{L_f t} - 1) \tag{10.6}$$

根据式 (10.6)，如果满足 $x_0 = \hat{x}_0$，有

$$\|x_t - \hat{x}_t\| \leqslant \frac{\bar{v}}{L_f}(\mathrm{e}^{L_f t} - 1) \tag{10.7}$$

10.3 绝对事件触发模型预测控制算法

本节将研究连续时间系统的绝对事件触发模型预测控制策略。首先给出事件触发时刻上优化问题的定义，然后设计基于实际系统状态和预测状态偏差的事件触发条件，最后给出优化问题的可行性分析过程和事件触发控制系统的稳定性分析过程。

10.3.1 优化问题

在事件触发模型预测控制中，仅需要在事件触发时刻 $t_j(j \in \mathbb{N})$ 上求解开环优化问题。$u_{t|t_j}(t \in [t_j, t_j + T])$ 表示预测时域为 T 的控制序列。

给出下面的性能函数：

$$J(x_{t_j}, u_{t|t_j}, T) \overset{\text{def}}{=} \int_{t_j}^{t_j+T} \left(\|\hat{x}_{s|t_j}\|_Q^2 + \|u_{s|t_j}\|_R^2 \right) \mathrm{d}s + \|\hat{x}_{t_j+T|t_j}\|_P^2 \tag{10.8}$$

优化问题的定义如下。

定义 10.1 (优化问题) 考虑事件触发时刻 t_j，给定预测时域 T，单步性能函数 $L(x, u) = x^{\mathrm{T}}Qx + u^{\mathrm{T}}Ru$, $Q > 0$, $R > 0$，终端惩罚函数 $V_f(x) = x^{\mathrm{T}}Px$, $P > 0$，状态约束集 $X_{t|t_j} \subseteq X(t \in [t_j, t_j + T])$ 和终端约束集 $X_f = \{x \in \mathbb{R}^n : V_f(x) \leqslant \epsilon_f\}$，优化问题定义为求解性能函数 (10.8) 的最小值问题：

$$u_{t|t_j}^* = \underset{u_{t|t_j}}{\arg\min}\, J(x_{t_j}, u_{t|t_j}, T)$$

s.t.

$$\dot{\hat{x}}_{t|t_j} = f(\hat{x}_{t|t_j}, u_{t|t_j}), \quad \hat{x}_{t_j|t_j} = x_{t_j}$$

$$u_{t|t_j} \in U, \quad \forall t \in [t_j, t_j + T]$$

$$\hat{x}_{t|t_j} \in X_{t|t_j}, \quad \forall t \in [t_j, t_j + T] \tag{10.9}$$

$$\hat{x}_{t_j+T|t_j} \in X_f$$

其中，$u_{t|t_j}^*$ 表示求解优化问题得到的最优控制序列；终端约束集 X_f 是集合 Φ 的一个子集。用 $\hat{x}_{t|t_j}^*$ 表示相应的最优状态轨迹。假设 10.3 给出了设计集合 X_f 的方法。根据引理 10.2，实际系统状态 x_t 与预测状态 $\hat{x}_{t|t_j}$ 之间的偏差上界为 $\|x_t - \hat{x}_{t|t_j}\| \leqslant (\bar{v}/L_f)(\mathrm{e}^{L_f(t-t_j)} - 1)$，其中 $x_{t_j} = \hat{x}_{t_j|t_j}$。因此，紧约束集可以被设计为 $X_{t|t_j} \overset{\text{def}}{=} X \sim \mathscr{B}(\varrho_{t|t_j})$，其中 $\varrho_{t|t_j} = (\bar{v}/L_f)(\mathrm{e}^{L_f(t-t_j)} - 1)$，$\mathscr{B}(\varrho_{t|t_j})$ 表示以状态 x_t 为球心，$\varrho_{t|t_j}$ 为半径的椭球面。

10.3.2　设计事件触发条件

用 $\hat{x}_{t|t_j}^*$ 表示最优状态轨迹，x_t 表示将最优控制序列作用到系统 (10.1) 得到的实际系统状态。定义 $\omega_t = x_t - \hat{x}_{t|t_j}^*$，受文献 [223] 和 [224] 中的结果启发，设计如下事件触发条件：

$$\bar{t}_{j+1} = \inf_{t \geqslant t_j}\{\|\omega_t\| = \|x_t - \hat{x}_{t|t_j}^*\| = \mu\}$$

$$t_{j+1} = \min\{\bar{t}_{j+1}, t_j + T\} \tag{10.10}$$

其中，$\mu = (\bar{v}/L_f)(\mathrm{e}^{\theta T L_f} - 1)$，$0 < \theta < 1$。

结合事件触发条件 (10.10)，算法 10.1 给出了相应的事件触发控制算法的实现步骤。

算法 10.1　基于绝对事件触发条件的模型预测控制算法。

(1) 离线给定参数：预测时域 T，初始状态 x_0，事件触发参数 μ，权重矩阵 Q、R 和 P，终端约束集 X_f，参数 $j = 0$，$t_0 = 0$；

(2) 在线测量系统 (10.2) 的实际状态 x_{t_j}；

(3) 求解优化问题得到最优控制序列 $u_{t|t_j}^*$，$t \in [t_j, t_j + T]$；

(4) 持续监测事件触发条件 (10.10)，如果事件没有触发，则将控制输入 $u_{t|t_j}^*$ 作用到系统 (10.1)；如果事件触发，令 $j = j + 1$，$t_j = t$，转到步骤 (2)。

为了确保所提出的事件触发机制不会出现芝诺现象，下面的引理给出了最小事件触发间隔。

引理 10.3　对于系统 (10.1)，如果时间序列 $\{t_j\}$，$j \in \mathbb{N}$ 表示由事件触发机制 (10.10) 产生的事件触发时刻，则事件触发间隔的上界为 $\tau = \theta T$，下界为 T。

证明　证明过程参考文献 [224]。

注 10.2 文献 [224] 使用了双模模型预测控制算法，也就是说，在终端约束集外面通过求解优化问题 (定义 10.1) 得到系统控制输入，在终端约束集内使用位于系统端的局部状态反馈控制器 Kx 镇定系统。算法 10.1 采用了"单模式"模型预测控制算法，也就是说，在整个状态空间中通过求解优化问题 (定义 10.1) 得到系统控制输入。

10.3.3 可行性分析

下面将研究如何保证优化问题迭代可行性。

首先给出关于终端约束集 X_f 的假设条件。

假设 10.3 如果系统状态 x_t 在集合 Φ 中，在局部控制器 $K\hat{x}_{s|t}$ 的作用下，标称系统 (10.2) 的状态能够在时刻 $s \geqslant t+\tau$ 进入到终端约束集 $X_f = \{\hat{x}_{s|t} : \hat{x}_{s|t}^{\mathrm{T}} P \hat{x}_{s|t} \leqslant \epsilon_f^2\}$，$\epsilon_f > 0$；而且，对于 $\forall t$，满足条件 $\Phi \subset X_{s|t}$，$s \in [t, t+T]$。

注 10.3 离散时间模型预测控制 [231] 和连续时间模型预测控制 [232] 都有类似假设 10.3 的假设条件。在文献 [231] 中，标称系统状态 $\forall \hat{x}_t \in \Phi$ 在局部控制器 $K\hat{x}_t$ 的作用下可以一步到达集合 X_f。文献 [232] 要求终端约束集 X_f 是集合 Φ 的子集。基于这两个集合的大小关系，文献 [232] 设计了能够保证优化问题迭代可行性的事件触发机制。在本章，集合 Φ 和 X_f 被用来推导优化问题迭代可行性的充分条件。

时刻 $t \in (t_j, t_j + T]$ 的控制序列选为

$$\bar{u}_{s|t} = \begin{cases} u_{s|t_j}^*, & s \in [t, t_j + T] \\ K\hat{x}_{s|t}, & s \in (t_j + T, t + T] \end{cases} \tag{10.11}$$

定理 10.1 考虑带控制约束和状态约束的系统 (10.1)，满足假设 10.1、假设 10.2 和假设 10.3。如果下面的条件成立：

$$\bar{v} \leqslant \frac{L_f(\epsilon - \epsilon_f)}{\bar{\lambda}(\sqrt{P})(\mathrm{e}^{L_f T} - \mathrm{e}^{L_f T(1-\theta)})} \tag{10.12}$$

则式 (10.11) 是定义 10.1 的一个可行控制输入序列；而且，对于 $\forall x_t, t \in (t_j, t_{j+1}]$，系统的预测状态满足 $\hat{x}_{t_j+T|t} \in \Phi$。

证明 下面分三部分来完成此证明。

(1) 求取满足 $\hat{x}_{t+T|t} \in X_f, t \in [t_j + \tau, t_{j+1}]$ 的充分条件。

考虑 Gronwall-Bellman (格朗沃尔-贝尔曼) 不等式，有下面的不等式成立：

$$\|\hat{x}_{t_j+T|t} - \hat{x}_{t_j+T|t_j}^*\|_P \leqslant \|x_t - \hat{x}_{t|t_j}^*\|_P \mathrm{e}^{L_f(t_j+T-t)} \tag{10.13}$$

使用三角不等式，有如下结果：

$$\|\hat{x}_{t_j+T|t}\|_P \leqslant \|\hat{x}^*_{t_j+T|t_j}\|_P + \|x_t - \hat{x}^*_{t|t_j}\|_P e^{L_f(t_j+T-t)}$$

$$\leqslant \epsilon_f + \|x_t - \hat{x}^*_{t|t_j}\|_P e^{L_f(t_j+T-t)} \tag{10.14}$$

考虑式 (10.12) 和式 (10.14)，有 $\|\hat{x}_{t_j+T|t}\|_P \leqslant \epsilon$。考虑 $t \geqslant t_j + \tau$ 和假设 10.3，可得到结果 $\hat{x}_{t+T|t} \in X_f \subset \Phi$。

下面将说明在条件 (10.12) 下可以得到 $\hat{x}_{t_j+T|t} \in \Phi$，$t \in [t_j, t_j+T]$。

首先，由上面的推导结果可得到 $\hat{x}_{t_j+T|t} \in \Phi$，$t \in [t_j+\tau, t_j+T]$。然后，推导条件 $\hat{x}_{t_j+T|t} \in \Phi$，$t \in (t_j, t_j+\tau)$。考虑式 (10.13)，有下面的结果：

$$\|\hat{x}_{t_j+T|t} - \hat{x}^*_{t_j+T|t_j}\|_P$$

$$\leqslant \|x_t - \hat{x}^*_{t|t_j}\|_P e^{L_f(t_j+T-t)}$$

$$\leqslant (\bar{\lambda}(\sqrt{P})\bar{v}/L_f)(e^{L_f(t-t_j)} - 1)e^{L_f(t_j+T-t)}$$

$$\leqslant (\bar{\lambda}(\sqrt{P})\bar{v}/L_f)(e^{L_f T} - e^{L_f T(1-\theta)}) \tag{10.15}$$

考虑式 (10.12) 和式 (10.15)，有

$$\|\hat{x}_{t_j+T|t}\|_P \leqslant \|\hat{x}^*_{t_j+T|t_j}\|_P + \|\hat{x}_{t_j+T|t} - \hat{x}^*_{t_j+T|t_j}\|_P$$

$$\leqslant \epsilon_f + (\bar{\lambda}(\sqrt{P})\bar{v}/L_f)(e^{L_f T} - e^{L_f T(1-\theta)})$$

$$\leqslant \epsilon \tag{10.16}$$

式 (10.16) 说明 $\hat{x}_{t_j+T|t} \in \Phi$ 成立，进而可得到 $\hat{x}_{t+T|t} \in \Phi$。由上面的分析可知，对于任意 $t \in (t_j, t_j+T]$，在条件 (10.12) 作用下可得到 $\hat{x}_{t_j+T|t} \in \Phi$。

(2) 条件 $\bar{u}_{s|t} \in U$，$s \in [t, t+T]$ 成立。

由于最优解 $u^*_{s|t_j}$，$s \in [t, t_j+T]$ 的可行性，且对于任意的 $\hat{x}_{s|t} \in \Phi$，$s \in [t_j+T, t+T]$，满足条件 $K\hat{x}_{s|t} \in U$，则 $\bar{u}_{s|t} \in U$，$s \in [t, t+T]$ 成立。

(3) 条件 $\hat{x}_{s|t} \in X_{s|t}$，$s \in [t, t+T]$ 成立。

对于任意的 $s \in [t, t_j+T]$，有 $\|\hat{x}_{s|t} - \hat{x}^*_{s|t_j}\| \leqslant (\bar{v}/L_f)(e^{L_f(t-t_j)} - 1) + L_f \int_t^s \|\hat{x}_{s|t} - \hat{x}^*_{s|t_j}\|\mathrm{d}s \leqslant (\bar{v}/L_f)(e^{L_f(s-t_j)} - e^{L_f(s-t)})$。令 $\xi = \hat{x}_{s|t} - \hat{x}^*_{s|t_j} + \eta$，$\eta \in \mathcal{B}(\varrho_{s|t})$，则有 $\|\xi\| \leqslant \|\hat{x}_{s|t} - \hat{x}^*_{s|t_j}\| + \|\eta\| \leqslant (\bar{v}/L_f)(e^{L_f(s-t_j)} - 1)$。因为 $\hat{x}^*_{s|t_j}$ 是可行状态，有 $\xi + \hat{x}^*_{s|t_j} = \hat{x}_{s|t} + \eta \in X$。因此，$\hat{x}_{s|t} \in X_{s|t}$，$s \in [t, t_j+T]$ 成立。对于任意的 $s \in [t_j+T, t+T]$，由于 $\hat{x}_{t_j+T|t} \in \Phi$ 和式 (10.11) 成立，可得到 $\hat{x}_{s|t} \in \Phi$。由于满足假设 10.3，可知 $\Phi \subset X_{t+T|t} \subseteq X_{s|t}$，$s \in [t_j+T, t+T]$，也就是

有 $\hat{x}_{s|t} \in X_{s|t}$，$s \in [t_j + T, t + T]$。由前面分析可知，条件 $\hat{x}_{s|t} \in X_{s|t}$，$s \in [t, t + T]$ 成立。

证毕。

10.3.4 稳定性分析

本节将研究事件触发控制系统的稳定性问题。t 时刻的 Lyapunov 函数选为 $V(x_t) \stackrel{\text{def}}{=} J(x_t, \bar{u}_{s|t})$；当 $t = t_j$ 时，$V(x_t) = J(x_{t_j}, u^*_{s|t_j})$ 是 t_j 时刻的值函数。Lyapunov 函数 $V(x_t)$ 的右导数表示为

$$D^+ V(x_t) = \lim_{h \to +0} \frac{V(x_{t+h}) - V(x_t)}{h} \tag{10.17}$$

其中，$[t, t+h] \in [t_j, t_j + T]$，$h > 0$。

在得到稳定性结果之前，给出下面的引理来说明 Lyapunov 函数 $V(x_{1,t})$ 与 $V(x_{2,t})$ 之差的上界，其中 $x_{1,t}$ 和 $x_{2,t}$ 是 t 时刻的两个状态。

定理 10.2 考虑 Lyapunov 函数 $V(x_t)$，$x_{1,t}$ 和 $x_{2,t}$ 是 $t \in [t_j, t_j + T]$ 时刻的两个状态，$\hat{x}_{1,s|t}$ 和 $\hat{x}_{2,s|t}$，$s \in [t_j, t_j + T]$ 是在控制序列 (10.11) 的作用下产生的预测状态。如果满足条件 $\hat{x}_{1,t_j+T|t} \in \Phi$、$\hat{x}_{2,t_j+T|t} \in \Phi$ 和 $x_{1,t_j} = x_{2,t_j}$，则下式成立：

$$V(x_{1,t}) - V(x_{2,t}) \leqslant \rho_v(\|x_{1,t} - x_{2,t}\|) \tag{10.18}$$

其中，$\rho_v(s) = \sup_{t_j \leqslant t \leqslant t_j + T} \left\{ (2\bar{\lambda}(Q)c_x/L_f)(\mathrm{e}^{L_f(t_j + T - t)} - 1) + \frac{2\bar{\lambda}(Q^*)\epsilon}{L_{f_k}\lambda(\sqrt{P})}\mathrm{e}^{L_f(t_j + T - t)} \cdot \right.$ $\left. (\mathrm{e}^{L_{f_k}(t - t_j)} - 1) + 2\bar{\lambda}(\sqrt{P})\epsilon \mathrm{e}^{L_{f_k}(t - t_j) + L_f(t_j + T - t)} \right\} s$。

证明 在 $t \in [t_j, t_j + T]$ 时刻考虑两个不同的状态 $x_{1,t}$ 和 $x_{2,t}$，Lyapunov 函数 $V(x_{1,t})$ 与 $V(x_{2,t})$ 的差值表示为

$$V(x_{1,t}) - V(x_{2,t})$$

$$= \int_t^{t_j + T} \left(\|\hat{x}_{1,s|t}\|_Q^2 + \|\bar{u}_{s|t}\|_R^2 \right) \mathrm{d}s + \int_{t_j + T}^{t+T} \|\hat{x}_{1,s|t}\|_{Q*}^2 \mathrm{d}s$$

$$+ \|\hat{x}_{1,t_j+T|t}\|_P^2 - \int_t^{t_j + T} \left(\|\hat{x}_{2,s|t}\|_Q^2 + \|\bar{u}_{s|t}\|_R^2 \right) \mathrm{d}s$$

$$- \int_{t_j + T}^{t+T} \|\hat{x}_{2,s|t}\|_{Q*}^2 \mathrm{d}s - \|\hat{x}_{2,t_j+T|t}\|_P^2$$

$$\leqslant \int_t^{t_j + T} \left(\|\hat{x}_{1,s|t}\|_Q^2 - \|\hat{x}_{2,s|t}\|_Q^2 \right) \mathrm{d}s + \int_{t_j + T}^{t+T} \left(\|\hat{x}_{1,s|t}\|_{Q^*}^2 - \|\hat{x}_{2,s|t}\|_{Q^*}^2 \right) \mathrm{d}s$$

$$+ \|\hat{x}_{1,t+T|t}\|_P^2 - \|\hat{x}_{2,t+T|t}\|_P^2 \tag{10.19}$$

当 $s \in [t, t_j + T]$ 时，使用 Gronwall-Bellman 不等式可得

$$\int_t^{t_j+T} \left(\|\hat{x}_{1,s|t}\|_Q^2 - \|\hat{x}_{2,s|t}\|_Q^2 \right) \mathrm{d}s$$

$$\leqslant \bar{\lambda}(Q) \int_t^{t_j+T} \|\hat{x}_{1,s|t} - \hat{x}_{2,s|t}\| (\|\hat{x}_{1,s|t}\| + \|\hat{x}_{2,s|t}\|) \mathrm{d}s$$

$$\leqslant 2\bar{\lambda}(Q)c_x\|x_{1,t} - x_{2,t}\| \int_t^{t_j+T} \mathrm{e}^{L_f(s-t)} \mathrm{d}s$$

$$\leqslant (2\bar{\lambda}(Q)c_x/L_f)(\mathrm{e}^{L_f(t_j+T-t)} - 1)\|x_{1,t} - x_{2,t}\| \tag{10.20}$$

当 $s \in [t_j + T, t + T]$ 时，有

$$\int_{t_j+T}^{t+T} \left(\|\hat{x}_{1,s|t}\|_{Q^*}^2 - \|\hat{x}_{2,s|t}\|_{Q^*}^2 \right) \mathrm{d}s$$

$$\leqslant \frac{\bar{\lambda}(Q^*)}{\underline{\lambda}(\sqrt{P})} \int_{t_j+T}^{t+T} \|\hat{x}_{1,s|t} - \hat{x}_{2,s|t}\| (\|\hat{x}_{1,s|t}\|_P + \|\hat{x}_{2,s|t}\|_P) \mathrm{d}s$$

$$\leqslant \frac{2\bar{\lambda}(Q^*)}{\underline{\lambda}(\sqrt{P})} \epsilon \mathrm{e}^{L_f(t_j+T-t)} \|x_{1,t} - x_{2,t}\| \int_{t_j+T}^{t+T} \mathrm{e}^{L_{f_k}(s-t_j-T)} \mathrm{d}s$$

$$\leqslant \frac{2\bar{\lambda}(Q^*)\epsilon}{L_{f_k}\underline{\lambda}(\sqrt{P})} \mathrm{e}^{L_f(t_j+T-t)} (\mathrm{e}^{L_{f_k}(t-t_j)} - 1)\|x_{1,t} - x_{2,t}\| \tag{10.21}$$

考虑 $\hat{x}_{t_j+T|t} \in \Phi$ 和引理 10.1，有 $\hat{x}_{t+T|t} \in \Phi$ 成立，进而可得

$$\|\hat{x}_{1,t+T|t}\|_P^2 - \|\hat{x}_{2,t+T|t}\|_P^2$$

$$\leqslant \bar{\lambda}(\sqrt{P})(\|\hat{x}_{1,t+T|t} - \hat{x}_{2,t+T|t}\|)(\|\hat{x}_{1,t+T|t}\|_P + \|\hat{x}_{2,t+T|t}\|_P)$$

$$\leqslant 2\bar{\lambda}(\sqrt{P})\epsilon \mathrm{e}^{L_{f_k}(t-t_j)+L_f(t_j+T-t)}\|x_{1,t} - x_{2,t}\| \tag{10.22}$$

对于任意的 $t \in (t_j, t_j + T]$，考虑式 (10.19) 和式 (10.22)，有下式成立：

$$V(x_{1,t}) - V(x_{2,t}) \leqslant \rho_v(\|x_{1,t} - x_{2,t}\|) \tag{10.23}$$

其中，$\rho_v(s) = \sup\limits_{t_j \leqslant t \leqslant t_j+T} \left\{ (2\bar{\lambda}(Q)c_x/L_f)(\mathrm{e}^{L_f(t_j+T-t)} - 1) + \frac{2\bar{\lambda}(Q^*)\epsilon}{L_{f_k}\underline{\lambda}(\sqrt{P})} \mathrm{e}^{L_f(t_j+T-t)} \cdot \right.$

$\left. (\mathrm{e}^{L_{f_k}(t-t_j)} - 1) + 2\bar{\lambda}(\sqrt{P})\epsilon \mathrm{e}^{L_{f_k}(t-t_j)+L_f(t_j+T-t)} \right\} s$。

　　由上面的结果可知，对于 $\forall t \in (t_j, t_j + T]$，式 (10.18) 成立。

　　证毕。

接下来，将给出事件触发控制系统的稳定性结论。

定理 10.3　考虑带有事件触发机制 (10.10) 的系统 (10.1)，如果满足假设 10.1 ～ 假设 10.3 并且式 (10.12) 成立，则存在函数 $\beta \in \mathscr{KL}$、$\gamma_v \in \mathscr{K}$ 和变量 $d > 0$ 使得系统 (10.1) 的状态轨迹满足

$$\|x_t\| \leqslant \beta(\|x_0\|, t) + \gamma_v(\bar{v}) + d \tag{10.24}$$

事件触发控制系统关于干扰 v_t 是输入-状态实用稳定的。

证明　由黎曼积分原理可知，存在一个常数 $c_l > 0$ 使得下式成立：

$$V(x_t) \geqslant c_l L(\hat{x}_{t|t}, u_{t|t})$$
$$\geqslant \alpha_l(\|x_t\|), \quad x_t \in X \tag{10.25}$$

其中，$\alpha_l(s) = c_l \underline{\lambda}(Q) s^2 \in \mathscr{K}_\infty$。

对于 $\forall x_t \in X_f$，考虑引理 10.1，可得到

$$J(x_t, K\hat{x}_{s|t}, T)$$
$$= \int_t^{t+T} \left(\|\hat{x}_{s|t}\|_Q^2 + \|K\hat{x}_{s|t}\|_R^2 \right) \mathrm{d}s + \|\hat{x}_{t+T|t}\|_P^2$$
$$\leqslant \|x_t\|_P^2 \tag{10.26}$$

因此，对于 $\forall x_t \in X_f$，$V(x_t)$ 的上界为

$$V(x_t) \leqslant \|x_t\|_P^2 + d_1 \tag{10.27}$$

其中，$d_1 = \sup_{x_t \in X_f, \bar{u}_{s|t} \in U} \left\{ |V(x_t) - J(x_t, K\hat{x}_{s|t}, T)| \right\}$。

由于 X 是紧约束集，存在一个常数 $c_v > \varepsilon_f$ 使得 $V(x_t) \leqslant c_v^2, \forall x_t \in X$ 成立，进而可得

$$V(x_t) \leqslant \frac{c_v^2}{\varepsilon_f^2} \|x_t\|_P^2, \quad \forall x_t \in X/X_f \tag{10.28}$$

根据式 (10.27) 和式 (10.28)，Lyapunov 函数的上界为

$$V(x_t) \leqslant \alpha_u(\|x_t\|) + d_1, \quad \forall x_t \in X \tag{10.29}$$

其中，$\alpha_u(s) = \bar{\lambda}(P) \dfrac{c_v^2}{\varepsilon_f^2} s^2 \in \mathscr{K}_\infty$。

考虑在控制输入 $\bar{u}_{s|t_j}$ 作用下产生的标称系统状态 $\hat{x}_{t|t_j}^*$，$t+h$ 和 t 时刻的 Lyapunov 函数的差值表示为

$$V(\hat{x}_{t+h|t_j}^*) - V(\hat{x}_{t|t_j}^*)$$

$$
\begin{aligned}
= & -\int_{t}^{t+h}\left(\|\hat{x}_{s|t_j}^*\|_Q^2 + \|u_{s|t_j}^*\|_R^2\right)\mathrm{d}s + \int_{t+h}^{t_j+T}\left(\|\hat{x}_{s|t_j}^*\|_Q^2 - \|\hat{x}_{s|t_j}^*\|_Q^2\right)\mathrm{d}s \\
& + \int_{t_j+T}^{t+T}\left(\|\hat{x}_{s|t_j}\|_{Q^*}^2 - \|\hat{x}_{s|t_j}\|_{Q^*}^2\right)\mathrm{d}s \\
& + \int_{t+T}^{t+h+T}\|\hat{x}_{s|t_j}\|_{Q^*}^2\mathrm{d}s + \|\hat{x}(t+h+T|t_j)\|_P^2 \\
& - \|\hat{x}(t+T|t_j)\|_P^2 \\
\leqslant & -\int_{t}^{t+h}\|\hat{x}_{s|t_j}^*\|_Q^2\mathrm{d}s
\end{aligned}
\tag{10.30}
$$

其中，$[t, t+h] \subset [t_j, t_j + T]$，$h > 0$。

对于 $\forall t \in [t_j, t_{j+1})$，有下式成立：

$$
\begin{aligned}
D^+V(\hat{x}_{t|t_j}^*) &= \lim_{h \to +0}\frac{V(\hat{x}_{t+h|t_j}^*) - V(\hat{x}_{t|t_j}^*)}{h} \\
&\leqslant -\|\hat{x}_{t|t_j}^*\|_Q^2 \\
&\leqslant -\delta V(\hat{x}_{t|t_j}^*) + \delta d_1
\end{aligned}
\tag{10.31}
$$

其中，$\delta = \dfrac{\lambda(Q)\varepsilon_f^2}{\bar{\lambda}(P)c_v^2}$。

根据比较引理和式 (10.31)，可以得到

$$
V(\hat{x}_{t|t_j}^*) \leqslant \mathrm{e}^{-\delta(t-t_j)}V(x_{t_j}) + d_1, \quad t \in [t_j, t_{j+1})
\tag{10.32}
$$

对于 $t \in [t_j, t_{j+1})$，根据定理 10.2 和式 (10.32) 可知

$$
\begin{aligned}
V(x_t) &\leqslant V(\hat{x}_{t|t_j}^*) + \rho_v(\|x_t - \hat{x}_{t|t_j}^*\|) \\
&\leqslant \mathrm{e}^{-\delta(t-t_j)}V(x_{t_j}) + \rho_v(\|\omega_t\|) + d_1
\end{aligned}
\tag{10.33}
$$

因为 $\bar{u}_{s|t_{j+1}}$ 是次优解，$V(x_{t_{j+1}}) \leqslant V(x_{t_{j+1}^-})$ 成立。因此，式 (10.33) 在 $t = t_{j+1}$ 时刻也成立。对于 $\forall t \in [t_j, t_{j+1}]$，有

$$
\begin{aligned}
V(x_t) &\leqslant \mathrm{e}^{-\delta t}V(x_0) + [(2 - \mathrm{e}^{-\delta \tau})/(1 - \mathrm{e}^{-\delta \tau})]\rho_v(|\omega|_{[t]}) \\
&\quad + [(2 - \mathrm{e}^{-\delta \tau})/(1 - \mathrm{e}^{-\delta \tau})]d_1
\end{aligned}
\tag{10.34}
$$

对于 $\forall x_t \in X$，由式 (10.25)、式 (10.29) 和式 (10.34) 可知

$$
\|x_t\| \leqslant \beta(\|x_0\|, t) + \gamma_\omega(|\omega|_{[t]}) + d
\tag{10.35}
$$

其中，$\beta(s,t) = \alpha_l^{-1}(3\mathrm{e}^{-\delta t}\alpha_u(s)) \in \mathscr{KL}$，$\gamma_\omega(s) = \alpha_l^{-1}\{3[(2 - \mathrm{e}^{-\delta\tau})/(1 - \mathrm{e}^{-\delta\tau})] \cdot \rho_v(s)\} \in \mathscr{K}$，$d = \alpha_l^{-1}\{3[(3 - 2\mathrm{e}^{-\delta\tau})/(1 - \mathrm{e}^{-\delta\tau})]d_1\} \in \mathscr{K}$。

对于 $\forall t \in [t_j, t_{j+1}]$，有 $|\omega|_{[t]} \leqslant (\bar{v}/L_f)(\mathrm{e}^{L_f\theta T} - 1)$ 成立，继而可得

$$\|x_t\| \leqslant \beta(\|x_0\|, t) + \gamma_v(\bar{v}) + d \tag{10.36}$$

其中，$\gamma_v(s) = \gamma_\omega[(s/L_f)(\mathrm{e}^{L_f\theta T} - 1)]$。

由定义 1.5 可知，事件触发控制系统关于 v_t 是输入-状态实用稳定的。
证毕。

注 10.4　为了保证稳定性，文献 [224] 要求值函数在触发时刻上递减，并给出了保证实际系统状态进入到终端约束集 X_f 的充分条件。文献 [224] 中的条件会导致一个比较小的干扰上界。在本章的算法中，由于实际系统状态不必进入终端约束集，所以保证系统稳定的充分条件较文献 [224] 保守性小。

10.4　混合事件触发模型预测控制算法

为了进一步减小计算量，本节将提出一个新的混合事件触发条件。相比于事件触发条件 (10.10)，新的事件触发条件引入一个状态相关项并去掉了事件触发间隔上界 T。此外，本节还将给出保证优化问题 (定义 10.1) 迭代可行性的充分条件，并给出系统稳定性结论。

10.4.1　设计事件触发条件

对于 $\forall x_{t_j} \in X$，由定义 10.1 可知 $\hat{x}^*_{t_j+T|t_j} \in X_f$。对于 $\forall t \geqslant t_j + T$，$\hat{x}_{t|t_j}$ 表示预测系统状态。系统 (10.2) 的动态模型表示为

$$\dot{\hat{x}}_{t|t_j} = f(\hat{x}_{t|t_j}, K\hat{x}_{t|t_j}), \quad \hat{x}_{t_j+T|t_j} = \hat{x}^*_{t_j+T|t_j} \tag{10.37}$$

令

$$\omega_t = \begin{cases} x_t - \hat{x}^*_{t|t_j}, & t \leqslant t_j + T \\ x_t - \hat{x}_{t|t_j}, & t > t_j + T \end{cases} \tag{10.38}$$

受文献 [222] 中的研究成果启发，提出下面的事件触发条件：

$$t_{j+1} - \inf_{t \geqslant t_j}\{\|\omega_t\| = \max\{\rho(\|x_t\|), \tilde{\mu}\}\} \tag{10.39}$$

其中，$\rho \in \mathscr{K}_\infty \cup \{0\}$，$\tilde{\mu} = (\bar{v}/L_f)(\mathrm{e}^{\tilde{\theta}TL_f} - 1)$，$0 < \tilde{\theta} < 1$。

注 10.5　文献 [222] 中考虑了采样保持系统，其事件触发条件中的状态相关项为 $\rho(s) = \eta s$，$0 < \eta < 1$，这只是事件触发条件 (10.39) 的一个特例。文献 [222]

省略了稳定性证明过程，本章将给出事件触发控制系统稳定性的详细证明过程。与基于状态切换控制器的事件触发双模模型预测控制算法不同的是，本章的混合事件触发双模模型预测算法基于事件触发时间切换控制器。

使用事件触发条件 (10.39) 所设计的事件触发模型预测控制算法实现步骤如算法 10.2 所示。

算法 10.2 基于混合事件触发条件的模型预测控制算法。

(1) 离线给定参数：预测时域 T，初始状态 x_0，触发条件参数 ρ、$\tilde{\mu}$，权重矩阵 Q、R 和 P，终端约束集 X_f，参数 $j = 0$、$t_0 = 0$。

(2) 在线测量系统 (10.2) 的实际状态 x_{t_j}。

(3) 求解优化问题得到最优控制序列 $u^*_{t|t_j}$，$t \in [t_j, t_j + T]$。

(4) 持续监测事件触发条件 (10.39)，如果事件没有触发，当 $t \leqslant t_j + T$ 时将控制输入 $u^*_{t|t_j}$ 作用到系统 (10.1)，当 $t \geqslant t_j + T$ 时将控制输入 $Kx^*_{t|t_j}$ 作用到系统 (10.2)；如果事件触发，令 $j = j + 1$，$t_j = t$，转到步骤 (2)。

下面的定理给出了最小事件触发间隔。

定理 10.4 考虑系统 (10.1)，假设时间序列 $\{t_j\}$，$j \in \mathbb{Z}_{\geqslant 0}$ 由事件触发条件 (10.39) 产生，则最小事件触发间隔是 $\tilde{\tau} = \tilde{\theta}T$。

证明 对于 $\forall x_t \in X$，分两种情形完成证明。

情形 1：$\rho(\|x_t\|) < \tilde{\mu}$。考虑引理 10.2，状态偏差上界为 $\|x_t - \hat{x}^*_{t|t_j}\| \leqslant (\bar{v}/L_f) \cdot (\mathrm{e}^{L_f(t-t_j)} - 1)$，其中 $x_{t_j} = \hat{x}^*_{t_j|t_j}$。因此，可知 $(\bar{v}/L_f)(\mathrm{e}^{L_f(t_{j+1}-t_j)} - 1) \geqslant \tilde{\mu}$，$t = t_{j+1}$，进而可得 $t_{j+1} - t_j \geqslant \tilde{\theta}T$。

情形 2：$\rho(\|x_t\|) \geqslant \tilde{\mu}$。有 $(\bar{v}/L_f)(\mathrm{e}^{L_f(t_{j+1}-t_j)} - 1) \geqslant \rho(\|x_t\|) \geqslant \tilde{\mu}$，$t = t_{j+1}$ 成立，因此可得 $t_{j+1} - t_j \geqslant \tilde{\theta}T$。

考虑上面的两种情形，事件触发最小间隔为 $\tilde{\tau} = \tilde{\theta}T$。

证毕。

10.4.2 可行性分析

假设 10.4 如果系统状态 x_t 在集合 Φ 中，在局部控制器 $K\hat{x}_{s|t}$ 的作用下，标称系统 (10.2) 的状态能够在时刻 $s \geqslant t + \tilde{\tau}$ 进入到终端约束集 $X_f = \{\hat{x}_{s|t} : \hat{x}^{\mathrm{T}}_{s|t}P\hat{x}_{s|t} \leqslant \epsilon_f^2\}$，$\epsilon_f > 0$；而且，对于 $\forall t$，满足条件 $\Phi \subset X_{s|t}$，$s \in [t, t + T]$。

时刻 $\forall t \in (t_j, t_{j+1}]$ 的控制序列设计为下面的这种形式。

当 $t_{j+1} \leqslant t_j + T$ 时，有

$$\bar{u}_{s|t} = \begin{cases} u^*_{s|t_j}, & s \in [t, t_j + T], \\ K\hat{x}_{s|t}, & s \in (t_j + T, t + T] \end{cases} \tag{10.40}$$

当 $t_{j+1} > t_j + T$ 时，有

$$\bar{u}_{s|t} = \begin{cases} u^*_{s|t_j}, & s \in [t, t_j + T] \\ K\hat{x}_{s|t}, & s \in (t_j + T, t + T] \end{cases}, \quad t \in (t_j, t_j + T] \tag{10.41a}$$

$$\bar{u}_{s|t} = K\hat{x}_{s|t}, s \in [t, t + T], \quad t > t_j + T \tag{10.41b}$$

定理 10.5　考虑带控制约束和状态约束的系统 (10.1)，如果假设 10.1、假设 10.2、假设 10.4 成立，并且对于 $\forall x_t \in X$ 存在一个常数 c_x 使得 $\|x_t\| \leqslant c_x$ 成立，则对于给定的参数 $\rho \in \mathscr{K}_\infty \cup \{0\}$、$\theta_\rho \geqslant 0$、$\tilde{\theta}$、$T$，如果下面的条件成立：

$$\bar{v} \leqslant \frac{L_f(\epsilon - \epsilon_f)}{\bar{\lambda}(\sqrt{P})(\mathrm{e}^{L_f T(1 + \max\{\theta_\rho - \tilde{\theta}, 0\})} - \mathrm{e}^{L_f T(1 - \tilde{\theta})})} \tag{10.42}$$

$$\bar{v} \leqslant \frac{L_f(\epsilon - \epsilon_f)}{\bar{\lambda}(\sqrt{P})(\mathrm{e}^{L_f T \max\{\tilde{\theta}, \theta_\rho\}} - 1)} \tag{10.43}$$

$\rho(c_x) = (\bar{v}/L_f)(\mathrm{e}^{L_f T \theta_\rho} - 1)$，那么，控制序列 (10.40) 或者 (10.41) 是优化问题 (定义 10.1) 的一个迭代可行解。同时，对于 $\forall t \in (t_j, t_j + T]$，预测状态 $\hat{x}_{t_j + T|t}$ 存在于集合 Φ 内部；并且对于 $\forall t \in (t_j + T, t_{j+1}]$，$x_t \in \Phi$ 成立。

证明　由于 X 是紧约束集，存在一个正实数 c_x 使得 $\|x_t\| \leqslant c_x$ 成立。对于选定的常数 $\theta_\rho > 0$，存在一个 $\rho \in \mathscr{K}_\infty \cup \{0\}$ 函数使得 $\rho(c_x) = (\bar{v}/L_f)(\mathrm{e}^{\theta_\rho T L_f} - 1)$。

首先考虑保证 $\hat{x}_{t+T|t} \in X_f$，$t \in [t_j + \tilde{\tau}, t_{j+1}]$ 的充分条件。分两种情形讨论。

(1) $t_{j+1} \leqslant t_j + T$。考虑控制输入序列 (10.40)、条件 (10.14) 和 (10.42)，下式成立：

$$\begin{aligned} \|\hat{x}_{t_j+T|t}\|_P &\leqslant \|\hat{x}^*_{t_j+T|t_j}\|_P + \|x_t - \hat{x}^*_{t|t_j}\|_P \mathrm{e}^{L_f(t_j+T-t)} \\ &\leqslant \epsilon_f + \|x_t - \hat{x}^*_{t|t_j}\|_P \mathrm{e}^{L_f(t_j+T-t)} \\ &\leqslant \epsilon_f + \bar{\lambda}(\sqrt{P})(\bar{v}/L_f)(\mathrm{e}^{L_f T \max\{\theta_\rho, \tilde{\theta}\}} - 1)\mathrm{e}^{L_f(t_j+T-t)} \end{aligned} \tag{10.44}$$

可得 $\|\hat{x}_{t_j+T|t}\|_P \leqslant \epsilon$，$t \in [t_j + \tilde{\tau}, t_{j+1}]$。因为 $t \geqslant t_j + \tilde{\tau}$ 和假设 10.4，有 $\hat{x}_{t+T|t} \in X_f \subset \Phi$。进一步，对于 $\forall t \in [t_j, t_j + \tilde{\tau}]$，由于式 (10.16) 和式 (10.42)，有 $\hat{x}_{t+T|t} \in \Phi$ 成立。所以，对于 $\forall t \in [t_j, t_j + T]$，有 $\hat{x}_{t+T|t} \in \Phi$ 成立。

(2) $t_{j+1} > t_j + T$。根据情形 1 中的结果，对于 $\forall t \in [t_j + \tilde{\tau}, t_j + T]$，可以得到 $\hat{x}_{t+T|t} \in X_f$；对于 $\forall t \in [t_j + T, t_{j+1}]$，考虑事件触发条件 (10.39) 和式 (10.43)，可得到 $\|x_t\| \leqslant \|\hat{x}_{t|t_j}\| + \max\{\rho(x_t), \tilde{\mu}\} \leqslant \epsilon$。因此，有 $x_t \in \Phi$ 成立。考虑假设 10.4，有 $\hat{x}_{t+T|t} \in X_f, t \in [t_j + T, l_{j+1}]$ 成立。根据上面的结果，可得 $\hat{x}_{t+T|t} \in X_f, t \in [t_j + \tilde{\tau}, t_{j+1}]$；而且，对于 $\forall t \in [t_j, t_{j+1}]$，有 $\hat{x}_{t+T|t} \in \Phi$。

参考定理 10.1 的证明过程，同样可以得到 $\bar{u}_{s|t} \in U, s \in [t, t + T]$ 和 $\hat{x}_{s|t} \in X_{s|t}, s \in [t, t + T]$。

证毕。

10.4.3　稳定性分析

本节考虑事件触发控制系统的稳定性问题，把性能函数选为 Lyapunov 函数 $V(x_t) \overset{\text{def}}{=} J(x_t, \bar{u}_{s|t})$，其中，$\bar{u}_{s|t}$ 为式 (10.40) 或式 (10.41)。

定理 10.6　针对标称系统 (10.2)，选择控制输入为式 (10.40) 或者式 (10.41)。考虑 Lyapunov 函数 $V(x_t)$，$x_{1,t}$ 和 $x_{2,t}$ 是 $t \in [t_j, t_{j+1}]$ 时刻的两个系统状态，满足 $x_{1,t_j} = x_{2,t_j}$。假设下面两个条件成立：① 如果 $t \in [t_j, t_j + T]$，$\hat{x}_{1,t_j+T|t} \in \Phi$ 和 $\hat{x}_{2,t_j+T|t} \in \Phi$ 成立；② 如果 $t \in (t_j + T, t_{j+1}]$，满足 $x_{1,t} \in \Phi$，$x_{2,t} \in \Phi$。那么，可以得到下面的条件：

$$V(x_{1,t}) - V(x_{2,t}) \leqslant \tilde{\rho}_v(\|x_{1,t} - x_{2,t}\|) \tag{10.45}$$

其中，$\tilde{\rho}_v(s) = \max\{\rho_v(s), \hat{\rho}_v(s)\}$，$\hat{\rho}_v(s) = \left[\dfrac{2\bar{\lambda}(Q^*)\epsilon}{L_{f_k}\underline{\lambda}(\sqrt{P})}(\mathrm{e}^{L_{f_k}T}-1)+2\bar{\lambda}(\sqrt{P})\epsilon\mathrm{e}^{L_{f_k}T}\right]s$。

证明　分两种情形来完成定理的证明。

(1) 在时刻 $t \in [t_j + T, t_{j+1}]$，考虑两个不同的状态 $x_{1,t}$ 和 $x_{2,t}$，Lyapunov 函数 $V(x_{1,t})$ 与 $V(x_{2,t})$ 的差值为

$$V(x_{1,t}) - V(x_{2,t})$$
$$= \int_t^{t+T} (\|\hat{x}_{1,s|t}\|_{Q*}^2 - \|\hat{x}_{2,s|t}\|_{Q*}^2)\,\mathrm{d}s + \|\hat{x}_{1,t+T|t}\|_P^2 - \|\hat{x}_{2,t+T|t}\|_P^2 \tag{10.46}$$

当 $s \in [t, t+T]$ 时有下式成立：

$$\int_t^{t+T}(\|\hat{x}_{1,s|t}\|_{Q*}^2 - \|\hat{x}_{2,s|t}\|_{Q*}^2)\,\mathrm{d}s$$
$$\leqslant \frac{\bar{\lambda}(Q^*)}{\underline{\lambda}(\sqrt{P})}\int_t^{t+T}\|\hat{x}_{1,s|t} - \hat{x}_{2,s|t}\|(\|\hat{x}_{1,s|t}\|_P + \|\hat{x}_{2,s|t}\|_P)\mathrm{d}s$$
$$\leqslant \frac{2\bar{\lambda}(Q^*)}{\underline{\lambda}(\sqrt{P})}\epsilon\|x_{1,t} - x_{2,t}\|\int_t^{t+T}\mathrm{e}^{L_{f_k}(s-t)}\mathrm{d}s$$
$$\leqslant \frac{2\bar{\lambda}(Q^*)\epsilon}{L_{f_k}\underline{\lambda}(\sqrt{P})}(\mathrm{e}^{L_{f_k}T}-1)\|x_{1,t} - x_{2,t}\| \tag{10.47}$$

因为 $x_t \in \Phi$ 和引理 10.1，有 $\hat{x}_{t+T|t} \in \Phi$ 成立，进而有

$$\|\hat{x}_{1,t+T|t}\|_P^2 - \|\hat{x}_{2,t+T|t}\|_P^2$$
$$\leqslant \bar{\lambda}(\sqrt{P})(\|\hat{x}_{1,t+T|t} - \hat{x}_{2,t+T|t}\|)(\|\hat{x}_{1,t+T|t}\|_P + \|\hat{x}_{2,t+T|t}\|_P)$$

$$\leqslant 2\bar{\lambda}(\sqrt{P})\epsilon e^{L_{f_k}T}\|x_{1,t} - x_{2,t}\| \tag{10.48}$$

对于 $t > t_j + T$, 考虑式 (10.46) 和式 (10.48), 有下面的结果:

$$V(x_{1,t}) - V(x_{2,t}) \leqslant \hat{\rho}_v(\|x_{1,t} - x_{2,t}\|) \tag{10.49}$$

其中, $\hat{\rho}_v(s) = \left[\dfrac{2\bar{\lambda}(Q^*)\epsilon}{L_{f_k}\underline{\lambda}(\sqrt{P})}(e^{L_{f_k}T} - 1) + 2\bar{\lambda}(\sqrt{P})\epsilon e^{L_{f_k}T}\right]s$。

(2) 对于 $\forall t \in [t_j, t_j + T]$, 由定理 10.2 可知 $V(x_{1,t}) - V(x_{2,t}) \leqslant \rho_v(\|x_{1,t} - x_{2,t}\|)$。由上面的分析结果可知, 对于 $\forall t \in [t_j, t_{j+1}]$, 式 (10.45) 成立。
证毕。

定理 10.7 如果满足假设 10.1、假设 10.2 和假设 10.3, 以及式 (10.42) 和式 (10.43), 则对于给定的参数 $\rho \in \mathcal{K}_\infty \cup \{0\}$, 存在 $\tilde{\beta} \in \mathcal{KL}$ 函数、$\tilde{\gamma}_v \in \mathcal{K}$ 函数和 $\tilde{d} > 0$ 使得系统 (10.1) 的状态轨迹满足下面的形式:

$$\|x_t\| \leqslant \tilde{\beta}(\|x_0\|, t) + \tilde{\gamma}_v(\bar{v}) + \tilde{d} \tag{10.50}$$

所以事件触发控制系统关于 v_t 是输入-状态实用稳定的。

证明 $\hat{x}_{t|t_j}$ 是标称系统 (10.2) 在控制输入 $\bar{u}_{t|t_j} = K\hat{x}_{t|t_j}, t \in [t_j + T, t_{j+1}]$ 作用下产生的标称状态。对于任意的 $[t, t+h] \subset [t_j + T, t_{j+1}], h > 0$, $t+h$ 和 t 时刻的 Lyapunov 函数差值满足

$$V(\hat{x}_{t+h|t_j}) - V(\hat{x}_{t|t_j}) \leqslant -\int_t^{t+h} \|\hat{x}_{s|t_j}\|_{Q^*}^2 \mathrm{d}s \tag{10.51}$$

因此, 对于 $\forall t \in [t_j + T, t_{j+1})$, 下式成立:

$$D^+V(\hat{x}_{t|t_j}) \leqslant -\|\hat{x}_{t|t_j}\|_{Q^*}^2$$
$$\leqslant -\hat{\delta}V(\hat{x}_{t|t_j}) \tag{10.52}$$

其中, $\hat{\delta} = \dfrac{\underline{\lambda}(Q^*)\varepsilon_f^2}{\bar{\lambda}(P)(c_v^2 + d)}$。

考虑比较引理, 由式 (10.32) 和式 (10.52) 可得

$$V(\hat{x}_{t|t_j}) \leqslant e^{-\hat{\delta}(t-t_j-T)}V(\hat{x}_{t_j+T|t_j})$$
$$\leqslant e^{-\tilde{\delta}(t-t_j)}V(x_{t_j}) + d_1, \quad t \in [t_j + T, t_{j+1}) \tag{10.53}$$

其中, $\tilde{\delta} = \min\{\delta, \hat{\delta}\}$。

对于 $\forall t \in [t_j, t_{j+1})$，由定理 10.6 和式 (10.53) 可知

$$V(x_t) \leqslant \mathrm{e}^{-\tilde{\delta}(t-t_j)} V(x_{t_j}) + \tilde{\rho}_v(\|\omega_t\|) + d_1 \tag{10.54}$$

因为 $\bar{u}_{s|t_{j+1}}$ 是次优解，有 $V(x_{t_{j+1}}) \leqslant V(x_{t_{j+1}^-})$ 成立。因此，式 (10.54) 成立。对于 $\forall t \in [t_j, t_{j+1}]$ 有

$$V(x_t) \leqslant \mathrm{e}^{-\tilde{\delta}t} V(x_0) + [(2 - \mathrm{e}^{-\tilde{\delta}\tau})/(1 - \mathrm{e}^{-\tilde{\delta}\tau})]\tilde{\rho}_v(|\omega|_{[t]}) + [(2 - \mathrm{e}^{-\tilde{\delta}\tau})/(1 - \mathrm{e}^{-\tilde{\delta}\tau})]d_1 \tag{10.55}$$

对于 $\forall x_t \in X$，考虑式 (10.25)、式 (10.29) 和式 (10.55)，有下式成立：

$$\|x_t\| \leqslant \tilde{\beta}(\|x_0\|, t) + \tilde{\gamma}_\omega(|\omega|_{[t]}) + \tilde{d} \tag{10.56}$$

其中，$\tilde{\beta}(s,t) = \alpha_l^{-1}(3\mathrm{e}^{-\tilde{\delta}t}\alpha_u(s)) \in \mathscr{KL}$，$\tilde{\gamma}_\omega(s) = \alpha_l^{-1}\{3[(2 - \mathrm{e}^{-\tilde{\delta}\tau})/(1 - \mathrm{e}^{-\tilde{\delta}\tau})] \cdot \tilde{\rho}_v(s)\} \in \mathscr{K}$，$\tilde{d} = \alpha_l^{-1}\{3[(3 - 2\mathrm{e}^{-\tilde{\delta}\tau})/(1 - \mathrm{e}^{-\tilde{\delta}\tau})]\tilde{d}_1\}$。

对于 $\forall \rho \in \mathscr{K}_\infty \cup \{0\}$，有 $|\omega|_{[t]} \leqslant (\bar{v}/L_f)(\mathrm{e}^{L_f T_s} - 1), t \in [t_j, t_j + T]$ 成立，其中 $T_s = \max\{\theta T, \theta_\rho T\}$。因此有

$$\|x_t\| \leqslant \tilde{\beta}(\|x_0\|, t) + \tilde{\gamma}_\omega(|\omega|_{[t]}) + \tilde{d}$$
$$\leqslant \tilde{\beta}(\|x_0\|, t) + \tilde{\gamma}_v(\bar{v}) + \tilde{d} \tag{10.57}$$

其中，$\tilde{\gamma}_v(s) = \tilde{\gamma}_\omega[(s/L_f)(\mathrm{e}^{L_f T_s} - 1)]$。

考虑定义 1.5，事件触发控制系统关于控制输入 v_t 是输入-状态实用稳定的。证毕。

10.5　数　值　仿　真

例 10.1　考虑将本章所提出的事件触发控制算法应用到弹簧-小车减震系统 [221]。系统模型表示为

$$\begin{cases} \dot{x}_{1,t} = x_{2,t} \\ \dot{x}_{2,t} = \dfrac{1}{M}(-k_0 \mathrm{e}^{-x_{1,t}} x_{1,t} - h_0 x_{2,t} + u_t) + v_t \end{cases} \tag{10.58}$$

其中，$x_{1,t}$ 是小车偏移状态；$x_{2,t}$ 是小车速度；u_t 表示控制输入；v_t 是系统外部干扰。系统参数选为 $M = 1\mathrm{kg}, k_0 = 0.33\mathrm{N/m}, h = 1.1\mathrm{N \cdot s/m}$。系统的状态约束和控制输入约束为 $X = \{x : -2 \leqslant x_{1,t} \leqslant 2, -2 \leqslant x_{2,t} \leqslant 2\}$ 和 $U = \{u : -1 \leqslant u \leqslant 1\}$。由此可知 c_x 为 $2\sqrt{2}$。局部控制器是 $u_t = Kx_t = [-0.4454, -1.0932]x_t$，权重矩阵选为

$Q = [0.1, 0; 0, 0.1]$，$R = 0.1$，$P = [0.3066, 0.1269; 0.1269, 0.2464]$。给定预测时域为 $T = 1\mathrm{s}$，参数选为 $\theta = 0.2$。满足假设 10.3 的集合 $\Phi = \{x : x^{\mathrm{T}} P x \leqslant 0.1079\}$，并且终端约束集选为 $X_f = \{x : x^{\mathrm{T}} P x \leqslant 0.1017\}$。系统的利普希茨常数为 $L_f = 1.4866$ 和 $L_{f_k} = 2.99$。

与传统时间触发 MPC 比较，事件触发条件中的参数设置为 $\theta = \tilde{\theta} = 0.2$，$\theta_\rho = 0.4$，$\rho(s) = 4.8 \times 10^{-3} s^{1/5}$。表 10.1 给出了由本章理论结果得出的干扰上界。从表 10.1 可知，混合事件触发机制可允许的干扰上界小于绝对事件触发机制的干扰上界，这是由混合事件触发条件中的状态相关项造成的。系统初始状态选为 $x_0 = [1.85, -2]^{\mathrm{T}}$，事件触发条件的检测周期为 $0.001\mathrm{s}$，干扰选为 $v_t = 0.0108\sin(1.6t)$，时间触发模型预测控制算法的采样周期是 $0.1\mathrm{s}$。

表 10.1　例 10.1 参数比较 ($\theta = \tilde{\theta} = 0.2$, $\theta_\rho = 0.4$)

算法	$\bar{v}$(可行性)	$\bar{v}$(稳定性)
AEMPC 算法	0.0254	——
MEMPC 算法	0.0108	——
EMPC 算法[224]	0.0189	0.0070

图 10.1 ～ 图 10.4 是在绝对事件触发模型预测控制 (absolute EMPC, AEMPC) 算法、混合事件触发模型预测控制 (mixed EMPC, MEMPC) 算法与鲁棒模型预测控制 (robust MPC) 算法作用下系统的仿真结果对比。从图 10.1 和图 10.2 可知，三种控制算法的控制输入都满足状态约束，在该控制输入的作用下，闭环系统稳定并且系统状态能够收敛到原点附近区域。从图 10.3 可知，在 14s 的仿真时间内，绝对事件触发机制和混合事件触发机制的触发次数分别为 30 和 24，这说明混合事件触发机制比绝对事件触发机制减少了 20% 的计算量。图 10.4 是两种事件触发机制状态偏差 ω_t 二范数的变化轨迹。从图中可以看出，状态偏差 ω_t 的二范数没有超过事件触发条件 (10.10) 的绝对门限值或者事件触发条件 (10.39) 的混合门限值。图 10.5 表示的是平均触发次数和平均控制性能随参数 $\theta(\tilde{\theta})$ 变化的曲线。

从图 10.4 和图 10.5 还可以看出，混合事件触发机制比绝对事件触发机制减少更多计算量的原因在于存在状态相关项，并去掉了事件触发间隔上界约束 T。

为了说明所提出的两种事件触发控制算法的控制性能和触发次数，考虑 $\theta(\tilde{\theta})$ 变化范围是 0.1～1，并把参数 $\theta(\tilde{\theta})$ 进行等分，间隔为 0.02。针对每一个固定的 $\theta(\tilde{\theta})$，取 10 个不同的初始状态和 5 个不同的干扰序列实现 50 组仿真，并根据得到的仿真结果求得平均控制性能和平均触发次数。对每一组仿真 $i \in \mathbb{Z}_{[1,50]}$，仿真时长为 $T_s = 14\mathrm{s}$ 的控制性能表示为 $J_p^i = \displaystyle\int_0^{14} (\|x_s\|_Q^2 + \|u_s\|_R^2)\,\mathrm{d}s$，从而平均控

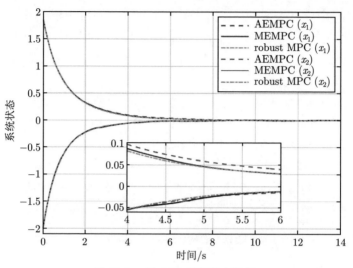

图 10.1　例 10.1 系统状态轨迹

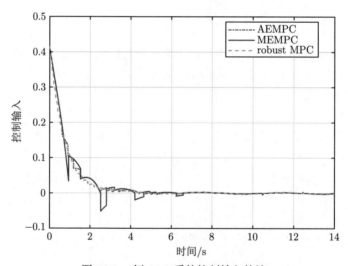

图 10.2　例 10.1 系统控制输入轨迹

制性能表示为 $J = \left(\sum\limits_{i=1}^{50} J_p^i \right) \Big/ 50$。函数 ρ 取为 $\rho(s) = 0.0018 s^{1/3}$。

从图 10.5 可以看出，随着 $\theta(\tilde{\theta})$ 的增大，所提出的两种事件触发算法的平均触发次数逐渐变小，然后达到稳定值。由于 MEMPC 算法的事件触发条件有状态相关项，并去掉了最大事件触发间隔限制，所以针对任意 $\theta(\tilde{\theta})$，MEMPC 算法的触发次数都少于 AEMPC 算法，也就是说 MEMPC 算法在减小计算负担方面更有效。

另外，AEMPC 算法的平均控制性能先增大，然后到达一个稳定值。最差情况下，AEMPC 算法的平均控制性能比鲁棒模型预测控制算法高 2.73%，所以 AEMPC 算法与鲁棒模型预测控制算法有相似的控制性能。从图中还可以看出，MEMPC 算法的控制性能要比鲁棒模型预测控制算法好。分析平均触发次数和平均控制性能的变化规律可知，随着触发次数的减少，控制性能可能变好。这种现象的出现基于两个原因：一是优化问题采用有限的预测时域；二是系统存在有界干扰。

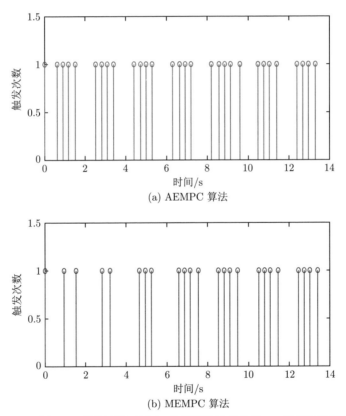

图 10.3 例 10.1 事件触发时刻 (0 表示事件没有触发，1 表示事件触发)

与已有事件触发 MPC 算法比较，表 10.1 还给出了由文献 [224] 中的理论结果得到的干扰上界。取预测时域 $T = 1$s，文献 [224] 可允许的干扰上界 $\bar{v} = 0.007$，小于本章所提出的事件触发算法所允许的干扰上界。本节采用 20 组仿真数据来求平均控制性能和终端约束集外的平均触发次数，如表 10.2 所示。由表 10.2 可知，MEMPC 算法的控制性能与文献 [224] 中的事件触发控制算法的控制性能相似，但 MEMPC 算法的平均触发次数更少；而 AEMPC 算法终端约束集外的平均触发次数与文献 [224] 的平均触发次数相同，但是 AEMPC 算法的控制性能更差。

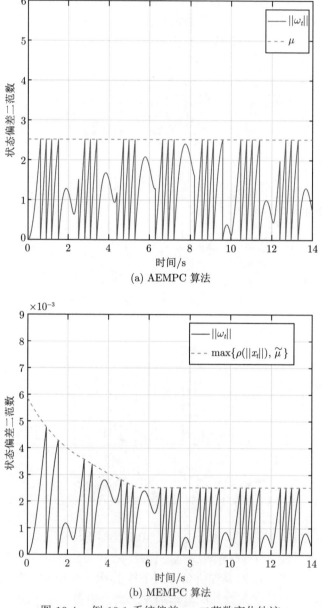

(a) AEMPC 算法

(b) MEMPC 算法

图 10.4   例 10.1 系统偏差 ω_t 二范数变化轨迹

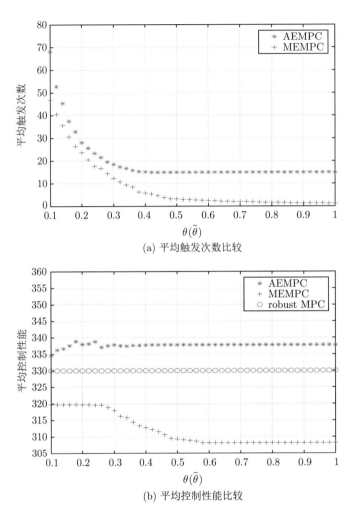

(a) 平均触发次数比较

(b) 平均控制性能比较

图 10.5　例 10.1 平均触发次数和平均控制性能

表 10.2　例 10.1 与已有事件触发 MPC 算法性能比较

算法	平均控制性能	终端约束集 X_f 外 平均触发次数
AEMPC 算法	322.78	2.4
MEMPC 算法	297.33	1
EMPC 算法 [224]	296.31	2.4

10.6　本 章 小 结

本章提出了两种事件触发模型预测控制算法。在第一种事件触发控制算法中设计了绝对事件触发条件，并基于准无穷时域框架设计了事件触发控制算法。为了进一步增大事件触发间隔，在第二种事件触发控制算法中设计了一种新的混合事件触发条件，并基于双模模型预测控制框架设计了事件触发控制算法。与基于系统状态切换控制器的双模模型预测控制框架不同，这里的事件触发双模模型预测控制算法基于事件触发时间切换控制器。另外，本章给出了优化问题迭代可行性和系统稳定性条件。最后，通过数值仿真实验验证了所提出的两种事件触发机制的有效性。

参 考 文 献

[1] Chen T, Francis B A. Optimal sampled-data control systems[M]. London: Springer, 1995.

[2] Hespanha J P, Naghshtabrizi P, Yonggang X. A survey of recent results in networked control systems[J]. Proceedings of the IEEE, 2007, 95(1): 138–162.

[3] Albertos P, Crespo A. Real-time control of non-uniformly sampled systems[J]. Control Engineering Practice, 1999, 7(4): 445–458.

[4] Cuenca A, Salt J. RST controller design for a non-uniform multi-rate control system[J]. Journal of Process Control, 2012, 22(10): 1865–1877.

[5] Raghavan H, Tangirala A K, Gopaluni R B, et al. Identification of chemical process with irregular output sampling[J]. Control Engineering Practice, 2006, 14(5): 467–480.

[6] Zhang W, Branicky M S, Phillips S M. Stability of networked control systems[J]. IEEE Control Systems Magazine, 2001, 21(1): 84–99.

[7] Antsaklis P, Baillieul J. Special issue on technology of networked control systems[J]. Proceedings of the IEEE, 2007, 95(1): 5–8.

[8] Gupta R A, Chow M Y. Networked control system: Overview and research trends[J]. IEEE Transactions on Industrial Electronics, 2010, 57(7): 2527–2535.

[9] Dorf R, Farren M, Phillips C. Adaptive sampling frequency for sampled-data control systems[J]. IEEE Transactions on Automatic Control, 2003, 7(1): 38–47.

[10] Cuenca A, Salt J, Albertos P. Implementation of algebraic controllers for nonconventional sampled-data systems[J]. Real-Time Systems, 2007, 35: 59–89.

[11] Mahmoud M S, Memon A M. Aperiodic triggering mechanisms for networked control systems[J]. Information Sciences, 2015, 296: 282–306.

[12] Tabuada P. Event-triggered real-time scheduling of stabilizing control tasks[J]. IEEE Transactions on Automatic Control, 2007, 52(9): 1680–1685.

[13] Heemels W H, Donkers M, Teel A R. Periodic event-triggered control for linear systems[J]. IEEE Transactions on Automatic Control, 2013, 58(4): 847–861.

[14] Arzén K E. A simple event-based pid controller[C]. 14th IFAC World Congress, Beijing, 1999: 423–428.

[15] Johanstrm K, Bernhardsson B. Comparison of periodic and event based sampling for first-order stochastic systems[J]. IFAC Proceedings Volumes, 1999, 32(2): 5006–5011.

[16] Heemels W P M H, Johansson K H, Tabuada P. An introduction to event-triggered and self-triggered control[C]. Proceeding of the 51st IEEE Conference on Decision and Control, Maui, 2012: 3270–3285.

[17] Antunes D, Heemels W P M H. Rollout event-triggered control: Beyond periodic control performance[J]. IEEE Transactions on Automatic Control, 59(12): 3296–3311.

[18] Yue D, Tian E, Han Q L. A delay system method for designing event-triggered controllers of networked control systems[J]. IEEE Transactions on Automatic Control, 2013, 58(2): 475–481.

[19] 李邱斌, 张贞凯, 田雨波. 目标跟踪时基于射频隐身的采样周期设计 [J]. 信号处理, 2015, 31(9): 1112–1116.

[20] Hetel L, Fiter C, Omran H, et al. Recent developments on the stability of systems with aperiodic sampling: An overview[J]. Automatica, 2017, 76: 309–335.

[21] Fridman E, Seuret A, Richard J P. Robust sampled-data stabilization of linear systems: An input delay approach[J]. Automatica, 2004, 40(8): 1441–1446.

[22] Fridman E, Niculescu S I. On complete Lyapunov–Krasovskii functional techniques for uncertain systems with fast-varying delays[J]. International Journal of Robust and Nonlinear Control, 2008, 18(3): 364–374.

[23] He Y, Wang Q G, Lin C, et al. Delay-range-dependent stability for systems with time-varying delay[J]. Automatica, 2007, 43(2): 371–376.

[24] 吴敏, 何勇. 时滞系统鲁棒控制——自由权矩阵方法 [M]. 北京: 科学出版社, 2008.

[25] Fridman E, Shaked U. An improved stabilization method for linear time-delay systems[J]. IEEE Transactions on Automatic Control, 2002, 47(11): 1931–1937.

[26] Fridman E, Shaked U. Delay-dependent stability and H_∞ control: Constant and time-varying delays[J]. International Journal of Control, 2003, 76(1): 48–60.

[27] Shao H. New delay-dependent stability criteria for systems with interval delay[J]. Automatica, 2009, 45(3): 744–749.

[28] Shao H, Han Q L. Less conservative delay-dependent stability criteria for linear systems with interval time-varying delays[J]. International Journal of Systems Science, 2012, 43(5): 894–902.

[29] Lee T H, Park J H. A novel lyapunov functional for stability of time-varying delay systems via matrix-refined-function[J]. Automatica, 2017, 80: 239–242.

[30] Lee T H, Park J H, Xu S. Relaxed conditions for stability of time-varying delay systems[J]. Automatica, 2017, 75: 11–15.

[31] Sun J, Liu G, Chen J, et al. Improved delay-range-dependent stability criteria for linear systems with time-varying delays[J]. Automatica, 2010, 46(2): 466–470.

[32] 孙健, 陈杰, 刘国平. 时滞系统稳定性分析与应用 [M]. 北京: 科学出版社, 2012.

[33] Fridman E. A refined input delay approach to sampled-data control[J]. Automatica, 2010, 46(2): 421–427.

[34] Fridman E, Uri S. Sampled-data H_∞ state-feedback control of systems with state delays[J]. International Journal of Control, 2000, 73(12): 1115–1128.

[35] Liu K, Fridman E. Wirtinger's inequality and Lyapunov-based sampled-data stabilization[J]. Automatica, 2012, 48(1): 102–108.

[36] Liu K, Suplin V, Fridman E. Stability of linear systems with general sawtooth delay[J]. IMA Journal of Mathematical Control & Information, 2010, 27(4): 419–436.

[37] Lee T H, Park J H. Stability analysis of sampled-data systems via free-matrix-based time-dependent discontinuous Lyapunov approach[J]. IEEE Transactions on Automatic Control, 2017, 62(7): 3653–3657.

[38] Seuret A, Gouaisbaut F. Wirtinger-based integral inequality: Application to time-delay systems[J]. Automatica, 2013, 49(9): 2860–2866.

[39] Zeng H B, He Y, Wu M, et al. Free-matrix-based integral inequality for stability analysis of systems with time-varying delay[J]. IEEE Transactions on Automatic Control, 2015, 60(10): 2768–2772.

[40] Park P G, Ko J W, Jeong C. Reciprocally convex approach to stability of systems with time-varying delays[J]. Automatica, 2011, 47(1): 235–238.

[41] Suplin V, Fridman E, Shaked U. Sampled-data H_∞ control and filtering: Nonuniform uncertain sampling[J]. Automatica, 2007, 43(6): 1072–1083.

[42] Suplin V, Fridman E, Shaked U. H_∞ sampled data control of systems with time-delays[J]. International Journal of Control, 2009, 82(2): 298–309.

[43] Gao H, Sun W, Shi P. Robust sampled-data control for vehicle active suspension systems[J]. IEEE Transactions on Control Systems Technology, 2010, 18(1): 238–245.

[44] Seuret A. A novel stability analysis of linear systems under asynchronous samplings[J]. Automatica, 2012, 48(1): 177–182.

[45] Seuret A. Stability analysis for sampled-data systems with a time-varying period[C]. Proceedings of the 48th IEEE Conference on Decision and Control, Shanghai, 2010: 8130–8135.

[46] Seuret A. Stability analysis of networked control systems with asynchronous sampling and input delay[C]. American Control Conference, San Francisco, 2011: 533–538.

[47] Gao H, Chen T, Lam J. A new delay system approach to network-based control[J]. Automatica, 2008, 44(1): 39–52.

[48] Liu K, Fridman E, Hetel L. Networked control systems in the presence of scheduling protocols and communication delays[J]. SIAM Journal on Control & Optimization, 2014, 53(4): 2808–2817.

[49] Liu K, Fridman E, Johansson K. Networked control with stochastic scheduling[J]. IEEE Transactions on Automatic Control, 2015, 60(11): 3071–3078.

[50] Mousa M, Miller R, Michel A. Stability analysis of hybrid composite dynamical systems: Descriptions involving operators and difference equations[J]. IEEE Transactions on Automatic Control, 1986, 31(7): 603–615.

[51] Goebel R, Sanfelice R G, Teel A R. Hybrid dynamical systems[J]. IEEE Control Systems Magazine, 2009, 29(2): 28–93.

[52] Kabamba P T, Hara S. Worst-case analysis and design of sampled-data control systems[J]. IEEE Transactions on Automatic Control, 1993, 38(9): 1337–1358.

[53] Sun W. H_∞ control and filtering for sampled-data systems[J]. IEEE Transactions on Automatic Control, 1993, 38(8): 1162–1175.

[54] Toivonen H T. Sampled-data H_∞ optimal control of time-varying systems[J]. Automatica, 1992, 28(4): 823–826.

[55] Nesic D, Teel A. Input-output stability properties of networked control systems[J]. IEEE Transactions on Automatic Control, 2004, 49(10): 1650–1667.

[56] Nesic D, Teel A. Explicit computation of the sampling period in emulation of controllers for nonlinear sampled-data systems[J]. IEEE Transactions on Automatic Control, 2009, 54(3): 619–624.

[57] Briat C. Convex conditions for robust stability analysis and stabilization of linear aperiodic impulsive and sampled-data systems under dwell-time constraints[J]. Automatica, 2013, 49(11): 3449–3457.

[58] Tarek A A, Romain P, Franoise L L. Continuous-discrete adaptive observers for state affine systems[J]. Automatica, 2009, 45(12): 2986–2990.

[59] Andrieu V, Nadri M. Observer design for lipschitz systems with discrete-time measurements[C]. Proceedings of the 49th IEEE Conference on Decision and Control, Atlanta, 2010: 6522–6527.

[60] Dinh T N, Andrieu V, Nadri M, et al. Continuous-discrete time observer design for lipschitz systems with sampled measurements[J]. IEEE Transactions on Automatic Control, 2015, 60(3): 787–792.

[61] Nadri M, Hammouri H, Grajales R M. Observer design for uniformly observable systems with sampled measurements[J]. IEEE Transactions on Automatic Control, 2013, 58(3): 757–762.

[62] Postoyan R, Nesic D. A framework for the observer design for networked control systems[J]. IEEE Transactions on Automatic Control, 2012, 57(5): 1309–1314.

[63] Bauer N W, Maas P, Heemels W. Stability analysis of networked control systems: A sum of squares approach[J]. Automatica, 2012, 48(8): 1514–1524.

[64] Fridman E, Shaked U. Sampled-data H_∞ state-feedback control of systems with state delays[J]. International Journal of Control, 2000, 73(12): 1115–1128.

[65] Dullerud E Geir, Sanjay L. Asynchronous hybrid systems with jumps—Analysis and synthesis methods[J]. Systems & Control Letters, 1999, 37(2): 61–69.

[66] Michel A N, Bo H. Towards a stability theory of general hybrid dynamical systems[J]. Automatica, 1999, 35(3): 371–384.

[67] Naghshtabrizi P, Hespanha J P, Teel A R. Exponential stability of impulsive systems with application to uncertain sampled-data systems[J]. Systems & Control Letters, 2010, 57(5): 378–385.

[68] Toivonen H T. Sampled-data control of continuous-time systems with an H_∞ optimality criterion[J]. Automatica, 1992, 28(1): 45–54.

[69] Allerhand L I, Shaked U. Robust stability and stabilization of linear switched systems with dwell time[J]. IEEE Transactions on Automatic Control, 2011, 56(2): 381–386.

[70] Xiang W, Tran H D, Johnson T T. Output reachable set estimation for switched linear systems and its application in safety verification[J]. IEEE Transactions on Automatic Control, 2017, 62(10): 5380–5387.

[71] Xiang W, Lam J, Li P. On stability and H_∞ control of switched systems with random switching signals[J]. Automatica, 2018, 95: 419–425.

[72] Hu L, Lam J, Cao Y, et al. A linear matrix inequality (LMI) approach to robust H_2 sampled-data control for linear uncertain systems[J]. IEEE Transactions on Systems Man & Cybernetics, Part B: Cybernetics, 2003, 33(1): 149–155.

[73] Hetel L, Jamal D, Sophie T, et al. Stabilization of linear impulsive systems through a nearly-periodic reset[J]. Nonlinear Analysis: Hybrid Systems, 2013, 7(1): 4–15.

[74] Fujioka H. Stability analysis of systems with aperiodic sample-and-hold devices[J]. Automatica, 2009, 45(3): 771–775.

[75] Ahmadi A A, Parrilo P A. Non-monotonic Lyapunov functions for stability of discrete time nonlinear and switched systems[C]. Proceedings of the 47th IEEE Conference on Decision and Control, Cancun, 2008: 614-621.

[76] Kruszewski A, Wang R, Guerra T M. Nonquadratic stabilization conditions for a class of uncertain nonlinear discrete time T-S fuzzy models: A new approach[J]. IEEE Transactions on Automatic Control, 2008, 53(2): 606–611.

[77] Hetel L, Kruszewski A, Perruquetti W, et al. Discrete and intersample analysis of systems with aperiodic sampling[J]. IEEE Transactions on Automatic Control, 2011, 56(7): 1696–1701.

[78] Sala A. Computer control under time-varying sampling period: An LMI gridding approach[J]. Automatica, 2000, 41(12): 2077–2082.

[79] Fujioka H. A discrete-time approach to stability analysis of systems with aperiodic sample-and-hold devices[J]. IEEE Transactions on Automatic Control, 2009, 54(10): 2440–2445.

[80] Skaf J, Boyd S. Analysis and synthesis of state-feedback controllers with timing jitter[J]. IEEE Transactions on Automatic Control, 2009, 54(3): 652–657.

[81] Suh Y S. Stability and stabilization of nonuniform sampling systems[J]. Automatica, 2008, 44(12): 3222–3226.

[82] Kao C Y, Fujioka H. On stability of systems with aperiodic sampling devices[J]. IEEE Transactions on Automatic Control, 2013, 58(8): 2085–2090.

[83] Heemels W P M H, Wouw N V D, Gielen R H, et al. Comparison of overapproximation methods for stability analysis of networked control systems[C]. Proceedings of the 13th ACM International Conference on Hybrid Systems: Computation and Control, Stockholm, 2010: 181-190.

[84] Oishi Y, Hisaya F. Stability and stabilization of aperiodic sampled-data control systems using robust linear matrix inequalities[J]. Automatica, 2010, 46(8): 1327–1333.

[85] Cloosterman M B G, van de Wouw N, Heemels W P M H, et al. Stability of networked control systems with uncertain time-varying delays[J]. IEEE Transactions on Automatic Control, 2009, 54(7): 1575–1580.

[86] Cloosterman M B G, Hetel L, Wouw N V D, et al. Controller synthesis for networked control systems[J]. Automatica, 2010, 46(10): 1584–1594.

[87] Gielen R H, Olaru S, Lazar M, et al. On polytopic inclusions as a modeling framework for systems with time-varying delays[J]. Automatica, 2010, 46(3): 615–619.

[88] Cloosterman M, Wouw N V D, Heemels M, et al. Robust stability of networked control systems with time-varying network-induced delays[C]. Proceedings of the 45th IEEE Conference on Decision and Control, San Diego, 2007: 4980–4985.

[89] Hetel L, Daafouz J, Iung C. Analysis and control of LTI and switched systems in digital loops via an event-based modelling[J]. International Journal of Control, 2008, 81(7): 1125–1138.

[90] Briat C. Theoretical and numerical comparisons of looped functionals and clock-dependent Lyapunov functions—The case of periodic and pseudo-periodic systems with impulses[J]. International Journal of Robust and Nonlinear Control, 2015, 26(10): 2232–2255.

[91] Briat C, Seuret A. A looped-functional approach for robust stability analysis of linear impulsive systems[J]. Systems & Control Letters, 2012, 61(10): 980–988.

[92] Seuret A, Briat C. Stability analysis of uncertain sampled-data systems with incremental delay using looped-functionals[J]. Automatica, 2015, 55(5): 274–278.

[93] Seuret A, Peet M M. Stability analysis of sampled-data systems using sum of squares[J]. IEEE Transactions on Automatic Control, 2013, 58(6): 1620–1625.

[94] Zeng H B, Teo K L, He Y. A new looped-functional for stability analysis of sampled-data systems[J]. Automatica, 2017, 82(8): 328–331.

[95] Mirkin L. Some remarks on the use of time-varying delay to model sample-and-hold circuits[J]. IEEE Transactions on Automatic Control, 2007, 52(6): 1109–1112.

[96] Kao C Y. An IQC approach to robust stability of aperiodic sampled-data systems[J]. IEEE Transactions on Automatic Control, 2016, 61(8): 2219–2225.

[97] Chen J, Meng S, Sun J. Stability analysis of networked control systems with aperiodic sampling and time-varying delay[J]. IEEE Transactions on Cybernetics, 2017, 47(8): 2312–2320.

[98] 孟苏. 变采样网络化控制系统的稳定性分析与控制器设计 [D]. 北京: 北京理工大学, 2018.

[99] Izák M, Görges D, Liu S. On stability and control of systems with time-varying sampling period and time delay[C]. Proceeding of the 7th IFAC Symposium on Nonlinear Control Systems, Pretoria, 2007: 858–863.

[100] Hetel L, Daafouz J, Iung C. LMI control design for a class of exponential uncertain systems with application to network controlled switched systems[C]. Proceedings of the American Control Conference, New York, 2007: 1401–1406.

[101] Izák M, Görges D, Liu S. Stabilization of systems with variable and uncertain sampling period and time delay[J]. Nonlinear Analysis: Hybrid Systems, 2010, 4(2): 291–305.

[102] Donkers M, Heemels W, van de Wouw N, et al. Stability analysis of networked control systems using a switched linear systems approach[J]. IEEE Transactions on Automatic Control, 2011, 56(9): 2101–2115.

[103] Naghshtabrizi P. Delay impulsive systems: A framework for modeling networked control systems[D]. Santa Barbara: University of California, 2007.

[104] Liu K, Fridman E. Networked-based stabilization via discontinuous Lyapunov functionals[J]. International Journal of Robust and Nonlinear Control, 2012, 22(4): 420–436.

[105] Astrom K J. Event based control[J]. Analysis and Design of Nonlinear Control Systems, 2008: 127–147.

[106] Draper C, Wrigley W, Hovorka J. Inertial Guidance[M]. Oxford: Pergamon Press, 1960.

[107] Hendricks E, Jensen M, Chevalier A, et al. Problems in event based engine control[C]. Proceedings of American Control Conference, Baltimore, 1994: 1585–1587.

[108] Astrom K J, Bernhardsson B. Comparison of periodic and event based sampling for first-order stochastic systems[J]. IFAC Proceedings Volumes, 1999, 32(2): 5006–5011.

[109] Arzen K E. A simple event-based PID controller[J]. IFAC Proceedings Volumes, 1999, 32(2): 8687–8692.

[110] Wang X, Lemmon M D. Event design in event-triggered feedback control systems[C]. Proceedings of the 47th IEEE Conference on Decision and Control, Cancun, 2008: 2105–2110.

[111] Wang X, Lemmon M D. Event-triggering in distributed networked systems with data dropouts and delays[C]. International Conference on Hybrid Systems: Computation and Control, San Francisco, 2009: 366–380.

[112] Garcia E, Antsaklis P. Model-based event-triggered control with time-varying network delays[C]. Proceedings of the 50th IEEE Conference on Decision and Control and European Control Conference, Orlando, 2012: 1650–1655.

[113] Yu H, Antsaklis P J. Event-triggered output feedback control for networked control systems using passivity: Achieving L_2 stability in the presence of communication delays and signal quantization[J]. Automatica, 2013, 49(1): 30–38.

[114] Lunze J, Lehmann D. A state-feedback approach to event-based control[J]. Automatica, 2010, 46(1): 211–215.

[115] Stocker C, Lunze J. Event-based feedback control of disturbed input-affine systems[J]. Journal of Applied Mathematics and Mechanics, 2014, 94(4): 290–302.

[116] Donkers M C F, Heemels W P M H. Output-based event-triggered control with guaranteed-gain and improved and decentralized event-triggering[J]. IEEE Transactions on Automatic Control, 2012, 57(6): 1362–1376.

[117] Borgers D P, Heemels W P M H. Event-separation properties of event-triggered control systems[J]. IEEE Transactions on Automatic Control, 2014, 59(10): 2644–2656.

[118] Hu S, Yue D. Event-based H_∞ filtering for networked system with communication delay[J]. Signal Processing, 2012, 92(9): 2029–2039.

[119] Peng C, Han Q. A novel event-triggered transmission scheme and L_2 control co-design for sampled-data control systems[J]. IEEE Transactions on Automatic Control, 2013, 58(10): 2620–2626.

[120] Shi P, Wang H, Lim C C. Network-based event-triggered control for singular systems with quantizations[J]. IEEE Transactions on Industrial Electronics, 2016, 63(2): 1230–1238.

[121] Heemels W P M H, Donkers M C F, Teel A R. Periodic event-triggered control for linear systems[J]. IEEE Transactions on Automatic Control, 2013, 58(4): 847–861.

[122] Wang Z, Sun J, Chen J. Stability analysis of event-triggered networked control systems with time-varying delay[C]. 34th Chinese Control Conference, Hangzhou, 2015: 6657–6661.

[123] Forni F, Galeani S, Nesic D, et al. Event-triggered transmission for linear control over communication channels[J]. Automatica, 2014, 50(2): 490–498.

[124] Abdelrahim M, Postoyan R, Daafouz J, et al. Stabilization of nonlinear systems using event-triggered output feedback controllers[J]. IEEE Transactions on Automatic Control, 2014, 61(9): 2682–2687.

[125] Abdelrahim M, Postoyan R, Daafouz J, et al. Robust event-triggered output feedback controllers for nonlinear systems[J]. Automatica, 2017, 75: 96–108.

[126] Borgers D P, Dolk V S, Heemels W P M H. Riccati-based design of event-triggered controllers for linear systems with delays[J]. IEEE Transactions on Automatic Control, 2017, 63(1): 174–188.

[127] Etienne L, Gennaro S D, Barbot J P. Event triggered observer-based control for linear systems with time varying uncertainties[C]. American Control Conference, Chicago, 2015: 1531–1536.

[128] Liu T, Jiang Z. A small-gain approach to robust event-triggered control of nonlinear systems[J]. IEEE Transactions on Automatic Control, 2015, 60(8): 2072–2085.

[129] Liu T, Jiang Z. Event-based control of nonlinear systems with partial state and output feedback[J]. Automatica, 2015, 53: 10–22.

[130] Liu T, Jiang Z. Event-based nonlinear control: From centralized to decentralized systems[C]. IEEE International Conference on Information and Automation, Lijiang, 2016: 690–695.

[131] Zhang P, Liu T, Jiang Z. Input-to-state stabilization of nonlinear discrete-time systems with event-triggered control[C]. 35th Chinese Control Conference, Chengdu, 2016: 885–890.

[132] Miskowicz M. Send-on-delta concept: An event-based data reporting strategy[J]. Sensors, 2006, 6(1): 49–63.

[133] Heemels W P M H, Sandee J H, Van Den Bosch P P J. Analysis of event-driven controllers for linear systems[J]. International Journal of Control, 2008, 81(4): 571–590.

[134] Kofman E, Braslavsky J H. Level crossing sampling in feedback stabilization under data-rate constraints[C]. Proceedings of the 45th IEEE Conference on Decision and Control, San Diego, 2007: 4423–4428.

[135] Otanez P G, Moyne J R, Tilbury D M. Using deadbands to reduce communication in networked control systems[C]. American Control Conference, 2002: 3015–3020.

[136] Wang X, Lemmon M D. Event-triggering in distributed networked control systems[J]. IEEE Transactions on Automatic Control, 2011, 56(3): 586–601.

[137] Garcia E, Antsaklis P J. Model-based event-triggered control for systems with quantization and time-varying network delays[J]. IEEE Transactions on Automatic Control, 2013, 58(2): 422–434.

[138] Tallapragada P, Chopra N. On event triggered tracking for nonlinear systems[J]. IEEE Transactions on Automatic Control, 2013, 58(9): 2343–2348.

[139] Henningsson T, Johannesson E, Cervin A. Sporadic event-based control of first-order linear stochastic systems[J]. Automatica, 2008, 44(11): 2890–2895.

[140] Seuret A, Prieur C. Event-triggered sampling algorithms based on a Lyapunov function[C]. 50th IEEE Conference on Decision and Control and European Control Conference, Orlando, 2011: 6128–6133.

[141] Tallapragada P, Chopra N. Decentralized event-triggering for control of nonlinear systems[J]. IEEE Transactions on Automatic Control, 2014, 59(12): 3312–3324.

[142] Chen X, Hao F. Periodic event-triggered state-feedback and output-feedback control for linear systems[J]. International Journal of Control Automation and Systems, 2015, 13(4): 779–787.

[143] Heemels W P M H, Donkers M C F. Model-based periodic event-triggered control for linear systems[J]. Automatica, 2013, 49(3): 698–711.

[144] Velasco M, Marti P, Bini E. On Lyapunov sampling for event-driven controllers[C]. Proceedings of the 48h IEEE Conference on Decision and Control held jointly with 28th Chinese Control Conference, Shanghai, 2009: 6238–6243.

[145] Mazo M, Anta A, Tabuada P. An ISS self-triggered implementation of linear controllers[J]. Automatica, 2010, 49: 1310–1314.

[146] Girard A. Dynamic triggering mechanisms for event-triggered control[J]. IEEE Transactions on Automatic Control, 2015, 60(7): 1992–1997.

[147] Postoyan R, Tabuada P, Nesic D, et al. A framework for the event-triggered stabilization of nonlinear systems[J]. IEEE Transactions on Automatic Control, 2015, 60(4): 982–996.

[148] Borgers D P, Dolk V S, Heemels W P M H. Dynamic event-triggered control with time regularization for linear systems[C]. Proceedings of the 55th IEEE Conference on Decision and Control, 2016: 1352–1357.

[149] Davo M, Fiacchini M, Prieur C. Output memory-based event-triggered control[C]. Proceedings of the 55th IEEE Conference on Decision and Control, Las Vegas, 2016: 3106–3111.

[150] Kao C Y. On robustness of discrete-time LTI systems with varying time delays[C]. Proceedings of the 17th IFAC World Congress, Seoul, 2008: 12336–12341.

[151] Gu K, Kharitonov V, Chen J. Stability of Time-Delay Systems[M]. Boston: Springer, 2003.

[152] 俞立. 鲁棒控制——线性矩阵不等式处理方法 [M]. 北京: 清华大学出版社, 2002.

[153] Skorokhod A V. Asymptotic methods in the theory of stochastic differential equations[M]. Providence: American Mathematical Society, 1989.

[154] Mao X. Stochastic Differential Equations and Applications[M]. Chichester: Horwood Publishing, 2007.

[155] 李大华. 应用泛函简明教程 [M]. 武汉: 华中理工大学出版社, 1999.

[156] Kao C Y, Ranzter A. Stability analysis with uncertain timevarying delays[J]. Automatica, 2007, 43(6): 959–970.

[157] Zhang W A, Liu A, Xing K. Stability analysis and stabilization of aperiodic sampled-data systems based on a switched system approach[J]. Journal of the Franklin Institute, 2016, 353(4): 955–970.

[158] Liu X, Zhao X. Stability analysis of discrete-time switched systems: A switched homogeneous Lyapunov function method[J]. International Journal of Control, 2016, 89(2): 297–305.

[159] Geromel J C, Colaneri P. Stability and stabilization of discrete time switched systems[J]. International Journal of Control, 2006, 79(7): 719–728.

[160] Xiao J, Xiang W. Convex sufficient conditions on asymptotic stability and L_2 gain performance for uncertain discrete-time switched linear systems[J]. IET Control Theory and Applications, 2014, 8(3): 211–218.

[161] Briat C. Convex lifted conditions for robust L_2-stability analysis and L_2-stabilization of linear discrete-time switched systems with minimum dwell-time constraint[J]. Automatica, 2014, 50(3): 976–983.

[162] Chesi G, Colaneri P, Geromel J, et al. A nonconservative LMI condition for stability of switched systems with guaranteed dwell time[J]. IEEE Transactions on Automatic Control, 2012, 57(5): 1297–1302.

[163] Xiang W, Tran H D, Johnson T T. Nonconservative lifted convex conditions for stability of discrete-time switched systems under minimum dwell-time constraint[J]. IEEE Transactions on Automatic Control, 2019, 64(8): 3407–3414.

[164] Cloosterman M. Control over communication networks: Modeling, analysis, and synthesis[D]. Eindhoven: Eindhoven University of Technology, 2008.

[165] Naghshtabrizi P, Hespanha J P. Designing an observer-based controller for a network control system[C]. Proceedings of the 44th IEEE Conference on Decision and Control, and the European Control Conference, Seville, 2005: 848–853.

[166] 胡寿松. 自动控制原理 [M]. 4 版. 北京: 科学出版社, 2001.

[167] Sun J, Chen J. Stability analysis of networked control systems with aperiodic sampling[C]. Proceedings of the 32nd Chinese Control Conference, Xi'an, 2013: 6611–6615.

[168] Gu K Q, Zhang Y S, Xu S Y. Small gain problem in coupled differential-difference equations, time-varying delays, and direct Lyapunov method[J]. International Journal of Robust and Nonlinear Control, 2011, 21(4): 429–451.

[169] Li X W, Gao H J. A new model transformation of discrete-time systems with time-varying delay and its application to stability analysis[J]. IEEE Transactions on Automatic Control, 2011, 56(9): 2172–2178.

[170] Xia Y Q, Liu G P, Shi P, et al. New stability and stabilzation conditions for systems with time-delay[J]. International Journal of Systems Science, 2007, 38(1): 17–24.

[171] Gu K Q. An integral inequality in the stability problem of time-delay systems[C]. Proceedings of the 39th IEEE Conference on Decision and Control, Sydney, 2000: 2805–2810.

[172] Loan C V. The sensitivity of the matrix exponential[J]. SIAM Journal on Numerical Analysis, 1977, 14(6): 971–981.

[173] Xie L H, Fu M Y, de Souza C E. H_∞ control and quadratic stabilization of systems with parameter uncertainty via output feedback[J]. IEEE Transactions on Automatic Control, 1992, 37(8): 1253–1256.

[174] Zhou K M, Doyle J C, Glover K. Robust and Optimal Control[M]. Englewood Cliffs: Prentice Hall, 1996.

[175] Kao C Y, Lincoln B. Simple stability criteria for systems with time-varying delays[J]. Automatica, 2004, 40(8): 1429–1434.

[176] Fridman E, Shaked U. Input-output approach to stability and L_2-gain analysis of systems with time-varying delays[J]. Systems & Control Letters, 2006, 55(12): 1041–1053.

[177] He Y, Liu G P, Rees D, et al. Improved stabilisation method for networked control systems[J]. IET Control Theory and Applications, 2007, 1(6): 1580–1585.

[178] Branicky M S, Phillips S M, Zhang W. Stability of networked control systems: Explicit analysis of delay[C]. Proceedings of the American Control Conference, Chicago, 2000: 2352–2357.

[179] Irwin J D. The Industrial Electronics Handbook[M]. Boca Raton: Students Quarterly Journal, 1997.

[180] Dorf R C, Bishop R H. Modern Control Systems[M]. 11th Edition. Upper Saddle River: Prentice Hall, 2008.

[181] Xie L H. Output feedback H_∞ control of systems with parameter uncertainty[J]. International Journal of Control, 1996, 63(4): 741–750.

[182] Hu L S, Bai T, Shi P, et al. Sampled-data control of networked linear control systems[J]. Automatica, 2007, 43(5): 903–911.

[183] Megretski A, Rantzer A. System analysis via integral quadratic constraints[J]. IEEE Transactions on Automatic Control, 1997, 42(6): 819–830.

[184] Yakubovich V A. Nonconvex optimization problem: The infinite-horizon linear-quadratic control problem with quadratic constraints[J]. International Journal of Control, 1992, 19(1): 13–22.

[185] Kao C Y. On stability of discrete-time LTI systems with varying time delays[J]. IEEE Transactions on Automatic Control, 2012, 57(5): 1243–1248.

[186] Kao C Y, Wu D R. On robust stability of aperiodic sampled-data systems — An integral quadratic constraint approach[C]. Proceedings of the American Control Conference, Portland, 2014: 4871–4876.

[187] Yuan C Z, Wu F. Dynamic IQC-based control of uncertain LFT systems with time-varying state delay[J]. IEEE Transactions on Cybernetics, 2016, 46(12): 3320–3329.

[188] Kao C Y. Stability analysis of discrete-time systems with time-varying delays via integral quadratic constraints[C]. Proceedings of the 19th International Symposium on Mathematical Theory of Networks and Systems, Budapest, 2010: 2309–2313.

[189] Gu K Q. A further refinement of discretized Lyapunov functional method for the stability of time-delay systems[J]. International Journal of Control, 2001, 74(10): 967–976.

[190] Rantzer A. On the Kalman-Yakubovich-Popov lemma[J]. Systems & Control Letters, 1996, 28(1): 7–10.

[191] Costa O L V, Fragoso M D, Todorov M G. Continuous-Time Markov Jump Linear Systems[M]. Berlin: Springer, 2013.

[192] Zhang L, Yang T, Shi P, et al. Analysis and design of Markov jump systems with complex transition probabilities[M]. Berlin: Springer, 2016.

[193] Akella R, Kumar P R. Optimal control of production rate in a failure prone manufacturing system[J]. IEEE Transactions on Automatic Control, 1986, 31(2): 116–126.

[194] Abdollahi F, Khorasani K. A decentralized markovian jump H_∞ control routing strategy for mobile multi-agent networked systems[J]. IEEE Transactions on Control Systems Technology, 2011, 19(2): 269–283.

[195] Chan A, Englehart K, Hudgins B, et al. Hidden markov model classification of myoelectric signals in speech[J]. IEEE Engineering in Medicine & Biology Magazine, 2001, 21(5): 143–146.

[196] Ullah M, Wolkenhauer O. Family tree of markov models in systems biology[J]. IET Systems Biology, 2007, 1(4): 247–254.

[197] Shi Y, Yu B. Output feedback stabilization of networked control systems with random delays modeled by Markov chains[J]. IEEE Transactions on Automatic Control, 2009, 54(7): 1668–1674.

[198] You K, Fu M, Xie L. Mean square stability for Kalman filtering with Markovian packet losses[J]. Automatica, 2011, 47(12): 2647–2657.

[199] Shu Z, Lam J, Xu S. Robust stabilization of Markovian delay systems with delay-dependent exponential estimates[J]. Automatica, 2006, 42(11): 2001–2008.

[200] Gao H, Fei Z, Lam J, et al. Further results on exponential estimates of Markovian jump systems with mode-dependent time-varying delays[J]. IEEE Transactions on Automatic Control, 2011, 56(1): 223–229.

[201] Huang H, Feng G, Chen X. Stability and stabilization of Markovian jump systems with time delay via new Lyapunov functionals[J]. IEEE Transactions on Circuits and Systems I— Regular Papers, 2013, 59(10): 2413–2421.

[202] Shen H, Park J H, Zhang L, et al. Robust extended dissipative control for sampled-data Markov jump systems[J]. International Journal of Control, 2014, 87(8): 1549–1564.

[203] Zhang W A, Yu L. Stabilization of sampled-data control systems with control inputs missing[J]. IEEE Transactions on Automatic Control, 2010, 55(2): 447–452.

[204] Wu Y Q, Su H, Lu R, et al. Passivity-based non-fragile control for Markovian jump systems with aperiodic sampling[J]. Systems & Control Letters, 2015, 84: 35–43.

[205] Rathinasamy S, Karimi H R, Joby M, et al. Resilient sampled-data control for Markovian jump systems with adaptive fault-tolerant mechanism[J]. IEEE Transactions on Circuits and Systems II— Express Briefs, 2017, 64(11): 1312–1316.

[206] Heemels W P M H, Donkers M C F, Teel A R. Periodic event-triggered control based on state feedback[C]. 50th IEEE Conference on Decision and Control and European Control Conference, Orlando, 2011: 2571–2576.

[207] Wang X F, Lemmon M. Technical communique: On event design in event-triggered feedback systems[J]. Automatica, 2011, 47(10): 2319–2322.

[208] Chen X, Hao F. Observer-based event-triggered control for certain and uncertain linear systems[J]. IMA Journal of Mathematical Control and Information, 2013, 30(4): 527–542.

[209] Wang Z, Yang F, Ho D W C, et al. Robust H_∞ control for networked systems with random packet losses[J]. IEEE Transactions on Systems, Man, and Cybernetics, Part B: Cybernetics, 2007, 37(4): 916–924.

[210] Guan Y, Han Q, Chen P. Event-triggered quantized-data feedback control for linear systems[C]. IEEE International Symposium on Industrial Electronics, Taipei, 2013, 1–6.

[211] Petersen I R. A stabilization algorithm for a class of uncertain linear systems[J]. Systems & Control Letters, 1987, 8(4): 351–357.

[212] Pramod P K, Petersen I R, Zhou K. Robust stabilization of uncertain linear systems: Quadratic stability and H_∞ control theory[J]. IEEE Transactions on Automatic Control, 1990, 35(3): 356–361.

[213] Khalil H K. Nonlinear Systems[M]. Upper Saddle River: Prentice Hall, 2002.

[214] Wang X F, Michael D L. Self-triggered feedback control systems with finite-gain L_2 stability[J]. IEEE Transactions on Automatic Control, 2009, 54(3): 452–467.

[215] Ge J, Frank P M, Lin C. Robust H_∞ state feedback control for linear systems with state delay and parameter uncertainty[J]. Automatica, 1996, 32(8): 1183–1185.

[216] Wang H J, Shi P, Lim C C, et al. Event-triggered control for networked Markovian jump systems[J]. International Journal of Robust and Nonlinear Control, 2015, 25(17): 3422–3438.

[217] Jiang Z P, Wang Y. A generalization of the nonlinear small-gain theorem for large-scale complex systems[C]. 7th World Congress on Intelligent Control and Automation, Chongqing, 2008, 1188–1193.

[218] Liu T F, Hill D J, Jiang Z P. Lyapunov formulation of iss cyclic-small-gain in discrete-time dynamical networks[J]. Automatica, 2011, 47(9): 2088–2093.

[219] Sontag E D. Input to State Stability: Basic Concepts and Results[M]. New Brunswick: Springer, 2008.

[220] Sontag E D, Wang Y. On characterizations of the input-to-state stability property[J]. Systems & Control Letters, 1995, 24(5): 351–359.

[221] Rubagotti M, Raimondo D M, Ferrara A, et al. Robust model predictive control with integral sliding mode in continuous-time sampled-data nonlinear systems[J]. IEEE Transactions on Automatic Control, 2011, 56(3): 556–570.

[222] Incremona G P, Ferrara A, Magni L. Asynchronous networked MPC with ISM for uncertain nonlinear systems[J]. IEEE Transactions on Automatic Control, 2017, 62(9): 4305–4317.

[223] Li H, Shi Y. Event-triggered robust model predictive control of continuous-time nonlinear systems[J]. Automatica, 2014, 50(5): 1507–1513.

[224] Liu C, Gao J, Li H, et al. Aperiodic robust model predictive control for constrained continuous-time nonlinear systems: An event-triggered approach[J]. IEEE Transactions on Cybernetics, 2018, 48(5): 1397–1405.

[225] Sun Z, Dai L, Xia Y, et al. Event-based model predictive tracking control of non-holonomic systems with coupled input constraint and bounded disturbances[J]. IEEE Transactions on Automatic Control, 2018, 63(2): 608–615.

[226] Chen H, Allgöwer F. A quasi-infinite horizon nonlinear model predictive control scheme with guaranteed stability[J]. Automatica, 1998, 34(10): 1205–1217.

[227] Li H, Yan W, Shi Y, et al. Periodic event-triggering in distributed receding horizon control of nonlinear systems[J]. Systems & Control Letters, 2015, 86: 16–23.

[228] Pin G, Raimondo D M, Magni L, et al. Robust model predictive control of nonlinear systems with bounded and state-dependent uncertainties[J]. IEEE Transactions on Automatic Control, 2009, 54(7): 1681–1687.

[229] Hashimoto K, Adachi S, Dimarogonas D V. Distributed aperiodic model predictive control for multi-agent systems[J]. IET Control Theory & Applications, 2014, 9(1): 10–20.

[230] Khalil H K, Grizzle J. Nonlinear Systems[M]. 3rd edition. Upper Saddle River: Prentice Hall, 2002.

[231] Marruedo D L, Alamo T, Camacho E. Input-to-state stable MPC for constrained discrete-time nonlinear systems with bounded additive uncertainties[C]. Proceedings of the 41st IEEE Conference on Decision and Control, Las Vegas, 2002: 4619–4624.

[232] Hashimoto K, Adachi S, Dimarogonas D V. Event-triggered intermittent sampling for nonlinear model predictive control[J]. Automatica, 2017, 81: 148–155.

索　引